T0254906

MINTUS – Beiträge zur mathematisch-naturwissenschaftlichen Bildung

Reihe herausgegeben von

Ingo Witzke, Siegen, Deutschland

Oliver Schwarz, Siegen, Deutschland

MINTUS ist ein Forschungsverbund der **MINT**-Didaktiken an der **U**niversität **S**iegen. Ein besonderes Merkmal für diesen Verbund ist, dass die Zusammenarbeit der beteiligten Fachdidaktiken gefördert werden soll. Vorrangiges Ziel ist es, gemeinsame Projekte und Perspektiven zum Forschen und auf das Lehren und Lernen im MINT-Bereich zu entwickeln.
Ein Ausdruck dieser Zusammenarbeit ist die gemeinsam herausgegebene Schriftenreihe *MINTUS – Beiträge zur mathematisch-naturwissenschaftlichen Bildung*. Diese ermöglicht Nachwuchswissenschaftlerinnen und Nachwuchswissenschaftlern, genauso wie etablierten Forscherinnen und Forschern, ihre wissenschaftlichen Ergebnisse der Fachcommunity vorzustellen und zur Diskussion zu stellen. Sie profitiert dabei von dem weiten methodischen und inhaltlichen Spektrum, das MINTUS zugrunde liegt, sowie den vielfältigen fachspezifischen wie fächerverbindenden Perspektiven der beteiligten Fachdidaktiken auf den gemeinsamen Forschungsgegenstand: die mathematisch-naturwissenschaftliche Bildung.

Weitere Bände in der Reihe http://www.springer.com/series/16267

Frederik Dilling · Felicitas Pielsticker
(Hrsg.)

Mathematische Lehr-Lernprozesse im Kontext digitaler Medien

Empirische Zugänge und theoretische Perspektiven

Hrsg.
Frederik Dilling
Didaktik der Mathematik
Universität Siegen
Siegen, Deutschland

Felicitas Pielsticker
Didaktik der Mathematik
Universität Siegen
Siegen, Deutschland

ISSN 2661-8060 ISSN 2661-8079 (electronic)
MINTUS – Beiträge zur mathematisch-naturwissenschaftlichen Bildung
ISBN 978-3-658-31995-3 ISBN 978-3-658-31996-0 (eBook)
https://doi.org/10.1007/978-3-658-31996-0

Die Deutsche Nationalbibliothek verzeichnet diese Publikation in der Deutschen Nationalbibliografie; detaillierte bibliografische Daten sind im Internet über http://dnb.d-nb.de abrufbar.

Planung/Lektorat : Marija Kojic
Springer Spektrum ist ein Imprint der eingetragenen Gesellschaft Springer Fachmedien Wiesbaden GmbH und ist ein Teil von Springer Nature.
Die Anschrift der Gesellschaft ist: Abraham-Lincoln-Str. 46, 65189 Wiesbaden, Germany

Geleitwort

Es freut mich anlässlich des Erscheinens des Bandes „Mathematische Lehr-Lernprozesse im Kontext digitaler Medien – Empirische Zugänge und theoretische Perspektiven“ für die Herausgeber der Reihe „MINTUS - Beiträge zur mathematisch-naturwissenschaftlichen Bildung“ kurze einleitende Worte formulieren zu können.

Den vorliegenden Band kennzeichnet, wie der Titel schon vermuten lässt, eine große Bandbreite an Zugängen zum Themenkomplex „Digitales im Mathematikunterricht“; diese reicht von Theorieartikeln zur Fundierung des Einsatzes digitaler Werkzeuge und Medien in der Mathematikdidaktik, über Anwendungsperspektiven für die Mathematiklehrerinnen- und Mathematiklehrerausbildung, bis hin zu fundierten Praxisberichten aus der Schule. Die Artikel verbindet, dass es sich um „work-in-progress“-Berichte im besten Sinne der Bezeichnung handelt – es werden Denkanstöße formuliert, Kriterien für einen sinnvollen Einsatz digitaler Werkzeuge und Medien im Mathematikunterricht benannt und Praxisanwendungen beschrieben.

Das nun entstandene Werk ist Ausdruck einer lebendigen Auseinandersetzung mit dem Gegenstand der digitalen Bildung in der Mathematikdidaktik der Universität Siegen, getragen von einer positiven Grundeinstellung zu den Möglichkeiten die digitale Werkzeuge und Medien für den Mathematikunterricht entfalten können, aber immer in kritischer Abwägung wissenschaftlich fundiert auszuloten wann, wie und wo ein Einsatz im Sinne eines fachinhaltlichen und fachdidaktischen Mehrwerts Bedeutung entfalten kann.

Mein besonderer Dank gilt hierbei, neben den Autorinnen und Autoren, insbesondere den beiden Herausgebern Frederik Dilling und Dr. Felicitas Pielsticker die einen vielfältigen und anregenden Sammelband zusammengestellt haben. Beide haben sich in Ihren Qualifi-

kationsarbeiten sehr intensiv mit dem Einsatz digitaler Werkzeuge im Mathematikunterricht auseinandergesetzt – unter der Maßgabe, dass diese niemals Selbstzweck sind, sondern vielmehr didaktisches Mittel zum Zweck. In Ihrer Lesart können digitale Werkzeuge Lehrerinnen und Lehrer dabei unterstützen eigenständige Wissensentwicklungsprozesse von Schülerinnen und Schülern anzustoßen und zu begleiten. Diese Wissensentwicklungsprozesse vor einem sorgsam begründeten theoretischen Hintergrund genau zu beschreiben und zu analysieren, um daraus adäquate Handlungsmöglichkeiten ableiten zu können, ist ihr Anliegen, welches sich auch deutlich in diesem Sammelband widerspiegelt.
Der vorliegende Sammelband ist damit Ausdruck der Strategie des Forschungsverbundes MINTUS Nachwuchswissenschaftlerinnen und Nachwuchswissenschaftlern eine gute Möglichkeit zur Veröffentlichung erster Ergebnisse zu aktuellen Themen zu geben. Damit verbunden ist der Anspruch gerade in sich schnell entwickelnden mathematikdidaktischen Forschungsbereichen, wie dem der Digitalisierung, kurzfristig Diskussionsanlässe in die Forschungscommunity einzubringen. Der Sammelband bezieht sich damit auf die Forschungslinie MINTUS Digital, zu der weitere Schriften in der Springer MINTUS-Reihe entstehen werden.

Wir wünschen viel Freude beim Lesen; Hinterfragen, Widersprechen und in die Diskussion kommen – wenn dies anzustoßen gelänge, wäre das Anliegen des vorliegenden Bandes geglückt.

In diesem Sinne eine gute Zeit mit dem vorliegenden Werk wünscht für die Herausgeber,

Siegen, Mai 2020 Prof. Dr. Ingo Witzke

Vorwort

Digitale Medien und Werkzeuge nehmen im Mathematikunterricht aber auch im Lehramtsstudium der Mathematik zunehmend eine zentrale Rolle ein. Der Prozess der Digitalisierung schreitet stetig voran und kann als Chance zur Unterstützung als auch zur innovativen Gestaltung von mathematischen Lehr-Lernprozessen an Schule und Hochschule gesehen werden. In der letzten Zeit haben digitale Medien und Werkzeuge auch verstärkt in Bildungsstandards und Curricula des Mathematikunterrichts aller Schulstufen sowie in die Unterrichtspraxis Einzug gehalten. Lehrerinnen und Lehrer, Schülerinnen und Schüler sowie Mathematikdidaktikerinnen und -didaktiker stehen dabei allerdings auch vor großen Herausforderungen, die es zu bewältigen gilt. Dies kann nur durch grundlegende Forschung in diesen Bereichen sowie eine enge Verzahnung von Forschung und Praxis gelingen.

Das Ziel dieses Sammelbandes ist es, Impulse für einen sinnvollen Einsatz digitaler Medien und Werkzeuge in Bezug auf mathematische bzw. mathematikdidaktische Fragestellungen zu geben. Mit der Diskussion theoretischer Grundlagen, empirischer Studien, aber auch unterrichtlicher Erfahrungen ist dieser Band insbesondere geeignet, Anregungen für die Lehramtsausbildung zu geben. Bei sowohl empirischen als auch theoretischen Perspektiven auf mathematische Lehr-Lernprozesse mit Bezug zu digitalen Medien und Werkzeugen stehen folgende Fragen im Mittelpunkt:

- Warum sollte man digitale Medien und Werkzeuge im Mathematikunterricht bzw. der Lehramtsausbildung einsetzen?
- An welchen Stellen können digitale Medien und Werkzeuge sinnstiftend eingesetzt werden?

- Worin liegen Chancen und Herausforderungen des Einsatzes digitaler Medien und Werkzeuge?

In diesem Band werden Einblicke in aktuelle fachdidaktische Forschungsprojekte zum Einsatz digitaler Medien und Werkzeuge im Mathematikunterricht und der Lehramtsausbildung aus dem Institut für Mathematikdidaktik der Universität Siegen gegeben. Dabei wird eine große Bandbreite digitaler Medien und Werkzeuge in den Blick genommen, die unter spezifischen Fragestellungen diskutiert werden und dabei zukünftig relevante Fragen aufzeigen möchten.

Das Sammelwerk beginnt mit einem Beitrag von *Frederik Dilling, Felicitas Pielsticker und Ingo Witzke*, die den Einsatz von digitalen Medien und Werkzeugen in einem empirisch-gegenständlichen Mathematikunterricht beleuchten. In dem Beitrag werden vier verschiedene Medien und Werkzeuge auf der Grundlage des Konzepts der Empirischen Theorien diskutiert und Implikationen für den Umgang mit Medien und Werkzeugen im Unterricht beschrieben.
Melanie Platz beschreibt in ihrem Beitrag die Entwicklung von Lernumgebungen mit digitalen Medien. Hierzu werden Kriterien zur Erstellung und Dokumentation von Lernumgebungen aus der Literatur abgeleitet und schließlich in einem detaillierten Schema zusammengestellt.
Im Beitrag von *Jochen Geppert* werden Einsatzmöglichkeiten von dynamischer Geometriesoftware zur Entdeckung und Begründung von mathematischen Zusammenhängen in der Lehramtsausbildungen erörtert. Dazu werden sowohl theoretische Einblicke auf den Zusammenhang von digitalen Medien und dem Beweisen mathematischer Sätze gegeben als auch konkrete Praxisbeispiele zum Einsatz von GeoGebra aus einem Seminar vorgestellt.
Gero Stoffels nimmt in seinem Beitrag die Verwendung von GeoGebra-Büchern zur Wiederholung von Lerninhalten in den Blick. Dazu werden theoretische Überlegungen zu eigenverantwortlichem Üben und Wiederholen, Noticing und GeoGebra-Büchern angestellt und schließlich in einem Erfahrungsbericht am Beispiel der Linearen Algebra

konkretisiert.
Der Beitrag von *Frederik Dilling und Amelie Vogler* nimmt die Entwicklung mathematischer Zeichengeräte durch Schülerinnen und Schüler mithilfe der 3D-Druck-Technologie im Unterricht in den Blick. In einer empirischen Fallstudie werden dazu die Wissensaneignungen von drei Schülerinnen einer vierten Klasse bei der Entwicklung eines Pantographen untersucht.
Felicitas Pielsticker, Amelie Vogler und Ingo Witzke arbeiten das Thema Argumentieren im Mathematikunterricht im Kontext der 3D-Druck-Technologie auf. In einer Fallstudie werden Wissenssicherungen und -erklärungen von Schülerinnen und Schülern einer vierten Klasse bei der Entwicklung von Kantenmodellen eines Würfels analysiert.
Frederik Dilling untersucht mathematikhaltige fächerübergreifende Problemlöseprozesse am Beispiel der 3D-Druck-Technologie. Dazu wird der Problemlöseprozess von drei Oberstufen-Schülerinnen bei der Entwicklung einer sogenannten reduzierten Kupplung beschrieben und analysiert.
Im Beitrag von *Daniela Götze* wird der Einsatz von Lernvideos im Rahmen einer Veranstaltung zu Elementen der Arithmetik für Studierende des Grundschullehramts erörtert. Dazu werden sowohl wissenschaftlich fundierte Designelemente als auch konkrete Praxiserfahrungen aus Veranstaltungsevaluationen dargelegt.
Eva Hoffart diskutiert den Einsatz von Videotechnik zur Initiierung von theoriebasierten Reflexionen in der Lehramtsausbildung. In dem Beitrag werden theoretische Überlegungen zu Unterrichtsvideos und dem Reflektieren in der Lehramtsausbildung angestellt sowie konkrete Einblicke in ein Seminar an der Universität Siegen gegeben.
Der Beitrag von *Fabian Eppendorf und Birgitta Marx* betrachtet das Programmieren im Mathematikunterricht. Aus einer Praxisperspektive werden Chancen und Herausforderungen der Blockprogrammierung im Kontext von Algorithmen und Problemlösen an der Schnittstelle von Mathematik und Informatik diskutiert.
Schließlich betrachten *Anne Rahn und Frederik Dilling* den Einsatz von digitalen Medien im Rahmen von Stationenarbeiten. In einer Fall-

studie wird die Wissensentwicklung von Schülerinnen und Schülern einer dritten Klasse bei einer Stationenarbeit zum Thema Würfelgebäude in Hinblick auf die Kontextgebundenheit des entwickelten Wissens untersucht.

Wir freuen uns, wenn die in diesem Band zusammengetragenen Beiträge vielfältige Einsichten in ein Lehren und Lernen mit Bezug zu digitalen Medien und Werkzeugen im Mathematikunterricht bereithält und weitere interessante Impulse für Forschung und Praxis geben können. Wir wünschen allen Leserinnen und Lesern viel Freude und hoffen, dass wir auf nachfolgende Bände zu weiteren Themenbereichen neugierig machen können.

Siegen, Mai 2020 Frederik Dilling und Dr. Felicitas Pielsticker

Inhaltsverzeichnis

Empirisch-gegenständlicher Mathematikunterricht
Frederik Dilling, Felicitas Pielsticker und Ingo Witzke 1

Erstellung und Dokumentation von Lernumgebungen
Melanie Platz 29

Dynamische Geometriesoftware in der Lehramtsausbildung
Jochen Geppert 57

Einsatz von „GeoGebra Büchern" in der Linearen Algebra
Gero Stoffels 77

Ein mathematisches Zeichengerät (nach)entwickeln
Frederik Dilling und Amelie Vogler 103

Argumentieren – Wissen sichern und erklären
Felicitas Pielsticker, Amelie Vogler und Ingo Witzke 127

Authentisches Problemlösen mit der 3D-Druck-Technologie
Frederik Dilling 161

Elemente der Arithmetik verstehen lernen
Daniela Götze 181

Der Einsatz digitaler Videotechnik in der Lehrer*innenbildung
Eva Hoffart 205

Blockprogrammieren im Mathematikunterricht
Fabian Eppendorf und Birgitta Marx 227

Kontextgebundenheit des Wissens bei Stationenarbeiten
Anne Rahn und Frederik Dilling 247

Abbildungsverzeichnis

1 Schulbuchauszug zu senkrechten und parallelen Geraden 4
2 Punkte in dynamischer Geometriesoftware 11
3 Funktionsgraphen im Grafikfenster eines GTR 13
4 Baubett eines 3D-Druckers 14
5 3D-gedruckte und virtuelle Algebra-Fliesen 16
6 Screenshot der Software Clacflow 17
7 Three Worlds of Mathematics 23

8 Artefakte im Rahmen des Projektes Prim-E-Proof . . 33
9 Anwendung des Four-Cycle-Modells 34

10 Orthogonalitätsbedingung 59
11 Euler-Gerade 68
12 Euler-Gerade und Neunpunkte-Kreis 69
13 Nagel-Punkt eines Dreiecks 69
14 Lage des Nagelpunkts 70
15 Exeter-Punkt eines Dreiecks 71
16 Exeter-Punkt auf der Euler-Geraden 72
17 Schnittpunkte der Gerade durch die Mittelpunkte . . . 73
18 Schnittpunkte der Gerade durch Umkreismittel- und Nagel-Punkt 73
19 Exeter-Punkt als Schnittpunkt der Hauptdiagonalen des Trapezes 74

20 Aufgaben zum Einzeichnen von Punkten 89
21 Einführung von Sprechweisen zu Vektoren 90
22 Überblick zu Beginn des GeoGebra Buchs 92
23 Aufgabe 3 aus dem zweiten Kapitel 93
24 Beispiel für interaktive Materialien 95

25 Schematische Darstellung eines Pantographen 108
26 Pantograph der Firma Rumold aus Holz 109
27 Konstruktion einer Schiene eines Pantographen 112
28 3D-gedruckte Pantographen 115
29 Ausschnitt aus dem Forscherheft von Emma 118

30 Schülerbemerkung auf einem Plakat 132
31 Sitzkreis und empirische Objekte 139
32 Erstellungsprozess der Ecken 142
33 Sechs Ecken im Programm Tinkercad^{TM} 143
34 Erstellungsprozess der Kanten 145
35 Prüfung der Kanten 145
36 Argumentationsprozess AI 147
37 Argumentationsprozess AII 149
38 Darstellung zur Schlussregel 150
39 Argumentationsprozess B 154
40 Erstellung weiterer Kanten und fertige Konstruktion . 155
41 Zwei 3D-gedruckte Bausätze 156

42 Problemlösekreislauf 165
43 Erzeugung eines Rotationskörpers in Fusion360 168
44 Arbeitsauftrag der Schülerinnen und Schüler 171
45 Rotguss- und 3D-gedruckte Kupplung 172
46 Forscherheftauszug zur Planung des Objektes 173
47 Skizzen der Schülerinnen im Forscherheft 174
48 Forscherheftauszug zur Konstruktion des Objektes . . 176
49 Beurteilungskriterien und Gewichtsmessung 177
50 Beurteilung des erstellten Objekts und des Gelernten . 177

51 Orientierungsrahmen zur Reflexion 212
52 Übersicht Seminar MatheWerkstatt 214
53 Impulsbogen (Reflexionsimpuls D) 219
54 Reflexionsanlass 4: Die individuelle Videoreflexion . . 223

55 Exemplarische Abbildung eines Kidbotspielfeldes . . . 232
56 Screenshot von regelmäßigem Dreieck in Scratch . . . 236

57 Screenshot eines Blockly-Spiels 239
58 Screenshot des Hundehütte-App-Designs 240

59 Screenshot der Klötzchen-App 251
60 Weiterer Screenshot der Klötzchen-App 251
61 Screenshot der Isometriepapier-App 252
62 Würfelgebäude im CAD-Programm Tinkercad™ . . . 254
63 Teilstücke des Würfels zu Station 4 262
64 Fertige Schülerlösung des Gegenstücks zu Station 4 . . 263

Tabellenverzeichnis

1 Untersuchung von GeoGebra Büchern 94

2 Funktionen und Handlungen in Tinkercad™ 135

3 Im Projekt „Arithmetik digital“ erstellte Erklärvideos 192
4 Fokussierungen in den Freiantworten 199

5 Deduktiv entwickeltes System von Oberkategorien . . 259
6 Induktiv entwickelte Unterkategorien zu K1 265
7 Induktiv entwickelte Unterkategorien zu K2 268

Autoren

Frederik Dilling
Didaktik der Mathematik
Universität Siegen

Fabian Eppendorf
Lehrer für Mathematik
Sekundarschule Olpe

Jochen Geppert, Dr.
Didaktik der Mathematik
Universität Siegen

Daniela Götze, Prof. Dr.
Didaktik der Mathematik
Universität Siegen

Eva Hoffart, Dr.
Didaktik der Mathematik
Universität Siegen

Birgitta Marx
Didaktik der Mathematik
Universität Siegen

Felicitas Pielsticker, Dr.
Didaktik der Mathematik
Universität Siegen

Melanie Platz, Prof. Dr.
Didaktik der Mathematik
Pädagogische Hochschule Tirol

Anne Rahn
Didaktik der Mathematik
Universität Siegen

Gero Stoffels, Dr.
Didaktik der Mathematik
Universität Siegen

Amelie Vogler
Didaktik der Mathematik
Universität Siegen

Ingo Witzke, Prof. Dr.
Didaktik der Mathematik
Universität Siegen

Empirisch-gegenständlicher Mathematikunterricht im Kontext digitaler Medien und Werkzeuge

Frederik Dilling, Felicitas Pielsticker und Ingo Witzke

Digitale Medien und Werkzeuge sind aus einem zeitgemäßen Mathematikunterricht nicht mehr wegzudenken. Dabei kommt der mathematikdidaktischen Forschung die Aufgabe zu, Lehr-Lern-Prozesse in den entstehenden Unterrichtskontexten (mit digitalen Medien) kritisch zu hinterfragen und Konsequenzen für ein adäquates Mathematiklehren und -lernen zu identifizieren und zu formulieren. In diesem Artikel wollen wir daher diskutieren, inwiefern die Nutzung digitaler Medien und Werkzeuge einen empirisch-gegenständlichen Mathematikunterricht bedingen kann und inwiefern ein Arbeiten mit empirischen Objekten gefordert und gefördert werden sollte. Diskussionsleitend sind für diesen Artikel zwei Hypothesen, welche insbesondere (Schüler-) Auffassungen von Mathematik in den Blick nehmen.

1 Einleitung und Motivation

Das nachfolgend Dargestellte ist bereits im Sinne unserer theoretischen Rahmung und der dort verankerten Begriffe beschrieben, wobei wir den genutzten (erkenntnistheoretischen)Ansatz empirischer Theorien (Burscheid & Struve, 2020) in Abschnitt 2 noch einmal konkretisieren wollen, um empirische-gegenständlichen Mathematikunterricht im Kontext digitaler Medien im Weiteren diskutieren zu können.

> „Endlich kann ich sehen und anfassen, was ich in Mathematik gemacht habe." (Zitat der Schülerin Lisa, 13 Jahre)

F. Dilling und F. Pielsticker (Hrsg.), *Mathematische Lehr-Lernprozesse im Kontext digitaler Medien*, MINTUS – Beiträge zur mathematisch-naturwissenschaftlichen Bildung, https://doi.org/10.1007/978-3-658-31996-0_1

Das Schülerzitat wurde während einer Unterrichtsreihe aufgenommen, in der Schülerinnen und Schüler einer 8. Klasse einer Sekundarschule in NRW mithilfe der 3D-Druck-Technologie verschiedene zusammengesetzte geometrische Körper erstellt haben. Dazu wurden die geometrischen Körper zunächst mithilfe eines CAD-Programms (hier Tinkercad™) konstruiert und anschließend durch den 3D-Drucker ausgedruckt. Anschließend hat sich die Klasse mit geometrischen Begriffen wie Volumen oder Oberflächeninhalt bzgl. der erstellten geometrischen Körper auseinandergesetzt und auch Berechnungen (z.B. Körpervolumen oder Oberflächeninhalt des geometrischen Körpers) daran vorgenommen. Für die Schülerin Lisa ist es (nach unserer Beschreibung) im Kontext digitaler Medien (3D-Druck-Technologie) möglich, ihre mathematischen Begriffe an empirische Objekte, die sie „sehen und anfassen“ kann zu binden. Sie entwickelt ihre mathematischen Begriffe („was ich in Mathematik gemacht habe“) an den Referenzobjekten des Unterrichts – z.B. den 3D-gedruckten Objekten zu zusammengesetzten geometrischen Körpern. Ihre Berechnungen zum Volumen oder zum Oberflächeninhalt werden an den Referenzobjekten der Unterrichtsreihe ausgeführt. Dabei entwickeln die (mathematischen) Begriffe für die Schülerin ihre Bedeutung. Für sie sind die erstellten empirischen Objekte, die sie „sehen und anfassen“ kann, damit Teil der Mathematik – ihrer Mathematik –, wodurch gleichzeitig eine empirisch-gegenständliche Auffassung von Mathematik gefördert wird. In den Worten Hefendehl-Hebekers lässt sich festhalten:

> „Im Sinne dieser Sprechweise haben die Begriffe und Inhalte der Schulmathematik ihre phänomenologischen Ursprünge überwiegend in der uns umgebenden Realität. [...] Jedoch bleibt insgesamt die ontologische Bindung an die Realität bestehen, wie es bildungstheoretisch und entwicklungspsychologisch durch Aufgabe und Ziele der allgemeinbildenden Schule gerechtfertigt ist.“ (Hefendehl-Hebeker, 2016, S.16)

Die Frage ist, inwiefern es für die Schülerin (in der Schulmathematik) um reale Gegenstandsbereiche geht, wodurch auch der Wahrheitsbegriff ausgerichtet ist an einer gegenständlichen Überprüfbarkeit. Geschieht die Wissenssicherung für Lisa dabei beispielsgebunden und experimentell an den von ihr beschriebenen (empirischen) Objekten, die sie „sehen und anfassen kann"? Welche Rolle spielen logische Ableitungen zum Zweck der Wissensbegründung (Burscheid & Struve, 2020; Schoenfeld, 1985; Witzke, 2009)?

2 Theoretische Rahmung

2.1 Empirische Auffassung von Mathematik

Der Mathematikunterricht der Schule ist aus lern- und bildungstheoretischen Gründen von Anschaulichkeit und Realitätsbezug geprägt (Hefendehl-Hebeker, 2016). Mathematisches Wissen wird dabei von den Schülerinnen und Schülern nicht nur zur Beschreibung empirischer Objekte (z.B. Zeichenblattfiguren) angewendet, sondern auch auf der Grundlage dieser Objekte entwickelt. D. O. Tall (2013, S.139-140) fasst dies folgendermaßen zusammen (vgl. auch Abbildung 7):

> „Mathematical thinking builds initially through making sense of our perceptions and actions [...]. Conceptual embodiment grows from a child's experience of everyday perception and action."

Diese Entwicklung des mathematischen Wissens auf der Grundlage der Wahrnehmung und Handlungen wird am Beispiel des in Abbildung 1 dargestellten Auszuges aus dem Schulbuch Lambacher Schweizer für die 5. Jahrgangsstufe deutlich. Die relationalen Begriffe „senkrecht" und „parallel" werden an dieser Stelle des Schulbuchs mit klarem Bezug auf eine geometrische Zeichnung, bzw. Veranschaulichung von Lagebeziehungen von Dreiecken eingeführt. In der Zeichnung sind neben Ausschnitten von drei Geraden (also eigentlich Strecken!; siehe hierzu Struve (1990)) auch zwei Geodreiecke abgebildet, mit denen gezeigt wird, wie die Eigenschaften „senkrecht" und „parallel" am empirischen Objekt operational definiert bzw. überprüft werden können. Der Text dient zur Erläuterung der zu verwendenden Notationen und Begriffe. Damit werden in dem Schulbuchauszug empirische Objekte

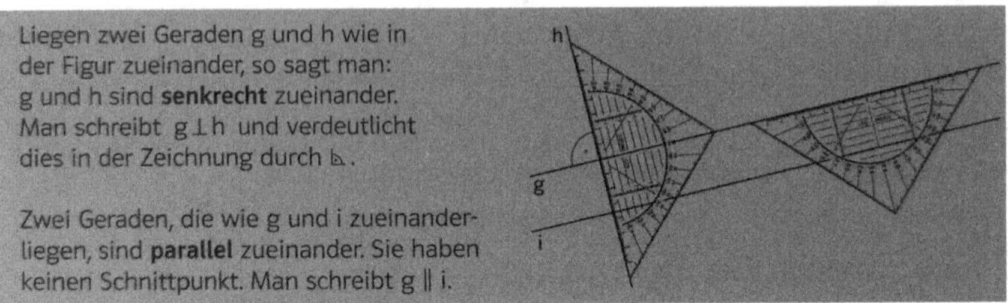

Abbildung 1: Auszug aus dem Schulbuch Lambacher Schweizer für die 5. Jahrgangsstufe zum Thema senkrechte und parallele Geraden (©*Lambacher Schweizer Mathematik 5 - G9. Ausgabe Nordrhein-Westfalen* (2019, S.50).

der Zeichenblattfigur in Beziehung zueinander gesetzt.
Horst Struves Ausführungen in ähnlichen Beispielen legen nahe, dass Schülerinnen und Schüler Geometrie in einem solchen empirisch-gegenständlichen Mathematikunterricht nicht als abstrakte Strukturwissenschaft auffassen, sondern vielmehr als eine empirische Wissenschaft, ähnlich einer Naturwissenschaft (Burscheid & Struve, 2010; Struve, 1990) – sie entwickeln eine empirische Auffassung von Mathematik. Im Weiteren wird die folgende Definition des Begriffs der Auffassung von Mathematik (englisch: beliefs about mathematics) nach Schoenfeld (1985, S.15) genutzt:

> „Belief Systems: One's 'mathematical world view', the set of (not necessarily conscious) determinants of an individual's behavior about self, about the environment, about the topic, about mathematics."

Die einem Subjekt zugeschriebene Auffassung von Mathematik gilt als wesentlicher Einflussfaktor auf die Herangehensweise bei mathematischen Problemstellungen:

> "One's beliefs about mathematics can determine how one chooses to approach a problem, which techniques will be used or avoided, how long and how hard one will work on it, and so on. Beliefs establishes the context within which resources, heuristics, and control operate." (Schoenfeld, 1985, S.45)

In verschiedenen Studien wurden Auffassungen von Mathematik von Personengruppen untersucht und klassifiziert (u.a. Grigutsch et al., 1998; Schoenfeld, 1985; Witzke & Spies, 2016). Neben einer Vielzahl weiterer identifizierter Auffassungen kann eine Dichotomie zwischen einer formalistischen Auffassung von Mathematik („Formalismus-Aspekt"; „Logical-structural Orientation"), bei der die Mathematik auf mengentheoretischen Axiomen aufgebaut ist, und einer empirischen Auffassung von Mathematik („Empiricism"; „Empirical Orientation"), bei der die Begriffe der Mathematik in der Empirie verwurzelt sind, beschrieben werden. Die jeweils verwendeten Begriffe sind in den Studien unterschiedlich konnotiert, zeigen aber alle deutlich, dass mathematisches Wissen von Schülerinnen und Schülern sowie Wissenschaftlerinnen und Wissenschaftlern zu verschiedenen Zwecken entwickelt und entsprechend unterschiedlich fundiert sein kann.

2.2 Empirische Theorien im Mathematikunterricht

Zur Beschreibung von Wissen, z.B. auch Wissen, welches Schülerinnen und Schüler in einem empirisch-gegenständlichen Mathematikunterricht entwickeln, wollen wir den erkenntnistheoretischen Ansatz der empirischen Theorien anwenden. Die Beschreibung in empirischen Theorien ermöglicht es uns, individuelle Wissensentwicklungsprozesse von Lernenden in erfahrungswissenschaftlichen Kontexten zu beobachten, entsprechend eines formalen Korpus anzuordnen und zu rekonstruieren und die mathematische Struktur zu explizieren (Burscheid & Struve, 2020; Pielsticker, 2020; Schiffer, 2019; Schlicht, 2016; Stoffels, 2020; Witzke, 2009). Damit kann dieser Ansatz insbesondere einer Beschreibung individueller Wissensentwicklungsprozesse im Kontext unterschiedlicher digitaler Medien gerecht werden. Dieser Ansatz wurde ursprünglich in der Wissenschaftsphilosophie (Strukturalismus) zur Rekonstruktion von erfahrungswissenschaftlichen Theorien entwickelt. Zu den Erfahrungswissenschaften sind unter anderem die Naturwissenschaften zu zählen, bei denen Naturphänomene beschrieben werden, um diese zu verstehen. Bei der Rekonstruktion entsprechender Theorien fiel auf, dass verwendete Begriffe einiger Theorien nicht auf Beobachtungen der Empirie zurückgeführt werden konnten. Entsprechende Begriffe wurden als „theoretische Begriffe“ deklariert (Stegmüller, 1987). Sneed (1971) führte den Terminus schließlich auf die Bedingung der Gültigkeit einer Theorie zurück. Damit stellt sich die Frage nach dem Status eines Begriffes – ein Begriff kann in unterschiedlichen empirischen Theorien einen unterschiedlichen Status haben. Die Unterscheidung zwischen sogenannten theoretischen Begriffen, deren Bedeutung sich erst innerhalb einer formulierten Theorie ergiebt, und nicht-theoretischen Begriffen, die sich auf ein empirisches Referenzobjekt beziehen oder in einer Vortheorie geklärt sind, ist wesentlich für die Beschreibung einer empirischen Theorie. Die Begriffe mit zugeordneten empirischen Referenzobjekten nennen wir im Folgenden empirische Begriffe (Burscheid & Struve, 2020).

Der Mathematikunterricht in der Schule vermittelt im Wesentlichen Elemente einer Erfahrungswissenschaft. So bezieht sich das mathematische Wissen von Kindern auf spezifische Bereiche ihrer Erfahrung mit realen Phänomenen (Burscheid & Struve, 2018). Da der Ansatz der empirischen Theorien gut mit dem Konzept der Subjektiven Erfahrungsbereiche nach H. Bauersfeld (1983) vereinbar ist, wollen wir uns erfahrungsbasiertem Lernen auf diese Weise nähern und dieses beschreiben. Das Konzept der Subjektiven Erfahrungsbereiche geht davon aus, dass menschliche Erfahrungen in Sachsituationen gewonnen und situativ an diese gebunden wird. Die Speicherung erfolgt in voneinander getrennten Subjektiven Erfahrungsbereichen, welche neben der kognitiven Dimension auch Motorik, Emotionen, Wertungen und die Ich-Identität umfassen und damit ganzheitlich gedacht sind. Die Gesamtstruktur der Subjektiven Erfahrungsbereiche eines Individuums wird als „society of mind“ bezeichnet. Innerhalb dieses Systems sind die Subjektiven Erfahrungsbereiche „nicht-hierarchisch“ angeordnet, kumulativ und konkurrieren um Aktivierung. Die Wiederholung einer ähnlichen Situation führt zu einer Festigung und damit auch zu einer effektiveren Aktivierung eines Subjektiven Erfahrungsbereiches – bei Nicht-Aktivierung verblassen sie. Die Vernet-

zung von Subjektiven Erfahrungsbereichen erfolgt durch die Bildung eines übergeordneten Subjektiven Erfahrungsbereiches als Folge einer aktiven Sinnkonstruktion, in der Analogien zwischen den Subjektiven Erfahrungsbereichen gebildet werden.
Die Subjektiven Erfahrungsbereiche von Schülerinnen und Schülern im Mathematikunterricht werden durch den Umgang mit realen Phänomenen entwickelt (Burscheid & Struve, 2020). Daher entsteht eine ontologische Bindung des mathematischen Wissens mit Bezug auf gewisse Referenzobjekte. Bei der Entwicklung des Wissens verhalten sich die Lernenden im Sinne des kognitionspsychologischen Ansatzes *theory-theory* auf ähnliche Weise wie Wissenschaftler der experimentellen Naturwissenschaften (Gopnik & Meltzoff, 1997). Damit liegt es nahe, dass sie Theorien über die im Unterricht kennengelernten Phänomene bilden. Aus diesem Grund kann das wissenschaftstheoretische Konzept der empirischen Theorien auf die Beschreibung der Wissensentwicklung der Schülerinnen und Schüler angewendet werden. Das (Schüler-) Wissen kann entsprechend als empirische Theorien über die kennengelernten Phänomene rekonstruiert und beschrieben werden. Auf diese Weise werden die Einflüsse der Auffassungen der Schülerinnen und Schüler auf die Wissensentwicklung im Mathematikunterricht angemessen berücksichtigt und beschreibbar.

3 Digitale Medien und empirisch-gegenständlicher Mathematikunterricht

Der Einsatz digitaler Medien und Werkzeuge findet im Mathematikunterricht seit vielen Jahren verstärkt statt. Der Begriff des Mediums verweist im Kontext von Mathematikunterricht auf die vermittelnde Rolle im Lernprozess zwischen den zu lernenden mathematischen Sachverhalten und dem durch die Lernenden entwickelten Wissen hin – also zwischen den Theorien der Lehrenden und der Lernenden. Werkzeuge sind eine spezielle Form von Medien, die auf eine Vielzahl von Sachverhalten und Problemstellungen insbesondere durch die Lernenden angewendet werden können (Schmidt-Thieme & Weigand, 2015).

Digitale Medien und Werkzeuge nehmen neben den klassischen Medien und Werkzeugen im Lernprozess eine zentrale Rolle ein. Sie haben viele Gemeinsamkeiten, verändern und erweitern diese aber um wichtige Funktionen. Dies führt zu neuen Potentialen und Herausforderungen, deren Beforschung sich die Mathematikdidaktik seit einigen Jahren widmet. In den Bildungsstandards im Fach Mathematik für die allgemeine Hochschulreife wird der Einsatz digitaler Medien und Werkzeuge im Unterricht und in Prüfungen explizit gefordert:

> "Das Potential dieser Werkzeuge entfaltet sich im Mathematikunterricht beim Entdecken mathematischer Zusammenhäng, insbesondere durch interaktive Erkundungen beim Modellieren und Problemlösen, durch Verständnisförderung mathematischer Zusammenhänge, nicht zuletzt mittels vielfältiger Darstellungsmöglichkeiten, mit der Reduktion schematischer Abläufe und der Verarbeitung größerer Datenmengen, durch die Unterstützung individueller Präferenzen und Zugänge beim Bearbeiten von Aufgaben einschließlich der reflektierten Nutzung von Kontrollmöglichkeiten. Einer durchgängigen Verwendung digitaler Mathematikwerkzeuge im Unterricht folgt dann auch deren Einsatz in der Prüfung."(Kultusministerkonferenz, 2012, S.13)

Digitale Medien und Werkzeuge scheinen somit einen Fokus auf das Arbeiten mit empirischen Objekten zu legen, da sie Anlass zu experimentellen und beispielgebundenen Begründungen liefern und zudem häufig kalkülhaftes Arbeiten reduzieren. Wir wollen unseren Ausführungen daher die folgende Hypothese zugrunde legen und an vier unterschiedlichen digitalen Medien bzw. Werkzeugen explizieren:

Hypothese 1: *Der Einsatz digitaler Medien und Werkzeuge im Mathematikunterricht hat einen Bedeutungsgewinn der Arbeit mit empirischen Objekten zur Folge und legt damit die Entwicklung einer empirischen Auffassung von Mathematik bei den Schülerinnen und Schülern nahe.*

Diese Hypothese soll in den folgenden Abschnitten an vier Beispielen aus den Bereichen Dynamische Geometriesoftware, Grafikfähiger Taschenrechner, 3D-Druck-Technologie und Virtual Reality Technologie expliziert werden.

3.1 Dynamische Geometriesoftware

Dynamische Geometriesoftware ist eines der im Mathematikunterricht am weitesten verbreiteten digitalen Werkzeuge. Die Programme simulieren die klassische Zirkel-Lineal-Geometrie und erweitern diese um eine Vielzahl verschiedener Befehle und Konstruktionen. Standardkonstruktionen wie zum Beispiel das Zeichnen paralleler Geraden durch einen Punkt oder einer Winkelhalbierenden können in einem Schritt ausgeführt und müssen nicht auf Grundkonstruktionen zurückgeführt werden. Die Systeme erlauben zudem die Einbindung von Funktionsgraphen und Kurven und können Berechnungen auf der Grundlage eines Computeralgebrasystems durchführen.
Neben diesen Funktionen, die das Konstruieren und Berechnen bestimmter Objekte ermöglichen, gibt es auch spezifische Funktionen von dynamischer Geometriesoftware, die grundlegend neue Herangehensweisen erfordern. Der so genannte „Zugmodus" ermöglicht die Variation bereits erstellter Konstruktionen. Übrige Elemente der Konstruktion passen sich dynamisch an. So kann beispielsweise die Innenwinkelsumme an einer Klasse von Dreiecken durch Ziehen an den Ecken eines Dreiecks untersucht werden. Die „Ortslinienfunktion" ermöglicht die Erstellung von Ortslinien während des Variierens von Punkten. Dies ermöglicht beispielsweise die Simulation eines Zeichengerätes, indem die mechanischen Abhängigkeiten als Abhängigkeiten zwischen geometrischen Objekten einer Zeichnung implementiert werden und bei Bewegung der Objekte Punkte der Ortslinie gezeichnet werden (z.B. Pantograph: https://www.geogebra.org/m/YVgGuzSg). Das so genannte „modulare Konstruieren" mit dynamischer Geometriesoftware ermöglicht das Aufbauen auf bereits erstellten Konstruktionen, sodass eine Konstruktion die Grundlage für eine Reihe weiterer Konstruktionen bilden kann (Schmidt-Thieme & Weigand, 2015). Verwenden die Schülerinnen und Schüler dynamische Geometriesoftware, so lernen sie die Begriffe der Geometrie und anderer mathe-

matischer Teildisziplinen auf der Grundlage der geometrischen Konstruktionen im Programm. Die geometrischen Objekte bilden dabei die Referenzobjekte der empirischen Schülertheorie. Zusammenhänge zwischen den Begriffen werden durch den Umgang mit der Software erkannt und darauf aufbauend begründet. Damit dient die empirische mathematische Theorie der Schülerinnen und Schüler der Beschreibung der dynamischen Konstruktionen.

Hölzl (1995) konnte zeigen, dass die durch den Zugmodus in dynamischer Geometriesoftware auftretenden Besonderheiten die Wissensentwicklungsprozesse der Schülerinnen und Schüler entscheidend beeinflussen. So können in der DGS-Geometrie verschiedene Arten von Punkten, abhängig von ihrer Konstruktion in der virtuellen Zeichenblattebene, mit jeweils unterschiedlichen Eigenschaften unterschieden werden (siehe Abbildung 2). Sogenannte Basispunkte stehen in keiner konstruktiven Abhängigkeit zu anderen Objekten der virtuellen Ebene. Schnittpunkte hingegen können definiert werden, wenn sich beispielsweise zwei Geraden schneiden. Ihre Position kann nur durch Variation der Geraden verändert werden. Ebenso können Punkte auf einer Geraden ausgezeichnet werden und lassen sich dann auf dieser verschieben.

Die Ausführungen von Hölzl (1995) zeigen, dass die Programmierroutinen den auf dem Bildschirm gezeigten mathematischen Objekten veränderte Eigenschaften in Bezug auf die klassische Zeichenblattgeometrie zuweisen. So werden beispielsweise im Vorhinein Freiheitsgerade von Punkten festgelegt, indem sie als freie Punkte oder gebunden an Objekte definiert werden. Die verschiedenen Arten von Punkten erscheinen damit als grundlegend unterschiedlich voneinander. Ebenso sind Geraden in der Zeichenblattgeometrie per se eine Menge von Punkten auf der unter Umständen besondere Punkte ausgezeichnet werden. In dynamischer Geometriesoftware kann eine Gerade hingegen zum „Fangen" eines Punktes dienen. Es ist davon auszugehen, dass Schülerinnen und Schüler, die die Geometrie in dynamischer Geometriesoftware kennenlernen, Begriffen wie Punkt und Gerade andere Eigenschaften zuweisen als solche, die diese in der klassischen Zeichenblattebene erfahren. Kontextuell gebunden an die Erfahrun-

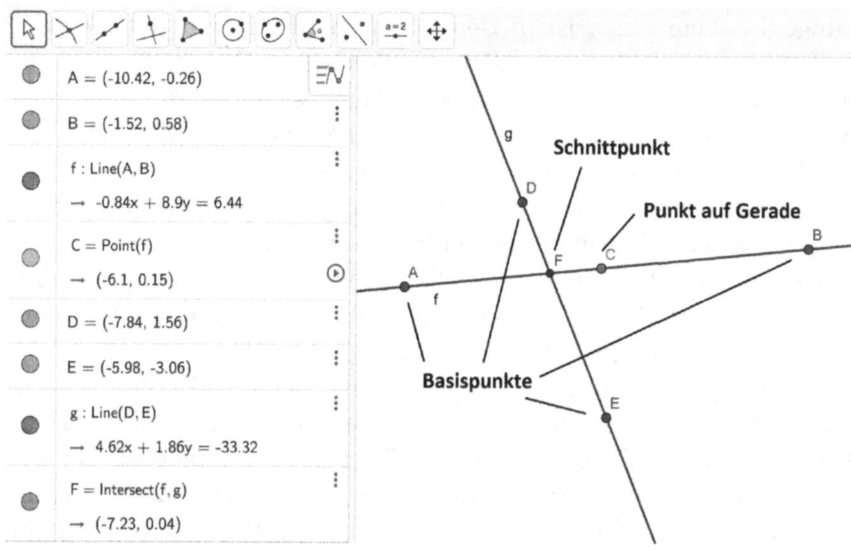

Abbildung 2: Basispunkte, Schnittpunkte und Punkte auf Objekten in dynamischer Geometriesoftware (Erstellt mit ©GeoGebra).

gen mit der Software, entwickeln die Schülerinnen und Schüler ihr Wissen in unterschiedlichen subjektiven Erfahrungsbereichen mit unterschiedlichen empirischen Referenzobjekten (z.B. verschiedene Arten von Punkten) und anderen Relationen zwischen den Begriffen (z.B. Punkt auf einer Geraden) als in der Zeichenblattebene. Die Erkenntnis gewisser Strukturgleichheiten zwischen diesen subjektiven Erfahrungsbereichen (und vor allem welche Argumentationen übertragbar sind und welche nicht) muss erst erworben werden.

3.2 Grafikfähiger Taschenrechner

Grafikfähige Taschenrechner (GTR) stellen eine Erweiterung konventioneller Taschenrechner dar insofern, als dass sie neben symbolischen und numerischen Darstellungen auch die Ausgabe einfacher Grafiken ermöglichen. Beispielsweise lässt sich in der Analysis ein Funktionsgraph durch die Angabe einer Funktionsvorschrift und eines Intervalls auf relativ einfache Weise erzeugen (siehe Abbildung 3). Der grafik-

fähige Taschenrechner ist in Deutschland und im englischsprachigen Raum ein weit verbreitetes digitales Werkzeug. Es handelt sich um das bisher einzige, in vielen deutschen Bundesländern, darunter auch NRW seit dem Jahr 2014, in der Sekundarstufe II verpflichtend eingeführte digitale Werkzeug. Aus diesem Grund kommt ihm im Mathematikunterricht eine zentrale Bedeutung zu und viele Schulbücher bieten mittlerweile Anwendungen für den GTR.
Die Einsatzmöglichkeiten von grafikfähigen Taschenrechnern wurden u.a. in einer Studie von Doerr und Zangor (2000) auf der Grundlage der Beobachtung von Schülerhandlungen mit dem GTR expliziert. Zunächst kann der grafikfähige Taschenrechner zur Bestimmung numerischer Werte verwendet werden (Computational Tool), was im Wesentlichen auch durch klassische Taschenrechner möglich ist, wobei die Funktionen in diesem Bereich erweitert werden. Auch kann der Fokus von Aufgaben weg von schematischen Rechenprozessen hin zur Interpretation von Ergebnissen gelenkt werden (Transformational Tool), da zeitaufwändige Rechnungen mit dem GTR in wenigen Schritten durchgeführt werden können. Zudem kann der GTR zum Erfassen, Darstellen und Analysieren von Daten verwendet werden (Data Collection and Analysis Tool). Die wohl bedeutendste Funktion grafikfähiger Taschenrechner ist die Erzeugung beliebiger Funktionsgraphen durch Eingabe einer Funktionsgleichung und das anschließende (dynamische) Arbeiten mit den Objekten (Visualizing Tool). Zuletzt kann der grafikfähige Taschenrechner auch zum Testen von Hypothesen und Überprüfen von Ergebnissen verwendet werden (Checking Tool).
Die neuen Möglichkeiten haben eine Reihe von Herausforderungen zur Folge. Drijvers und Doorman (1996, S.426) stellen die Frage: „How should such a machine – one that reduces the drawing of graphs to the push of a button – be integrated into mathematics education?“. Mit den durch den GTR-Einsatz veränderten Bedingungen gehen Veränderungen der Unterrichtsziele einher. Der Funktionsgraph als Kurve im Koordinatensystem wird zunehmend bedeutend sowohl zur Bestimmung von lokalen und globalen Eigenschaften als auch zur Begründung zentraler mathematischer Aussagen. Die Schülerin-

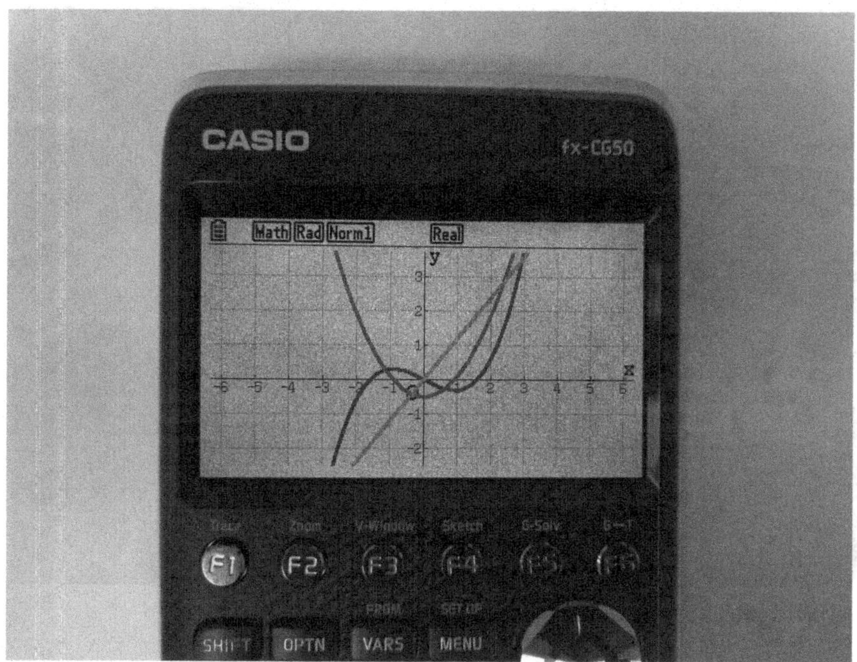

Abbildung 3: Funktionsgraphen im Grafikfenster eines GTR.

nen und Schüler bilden empirische mathematische Theorien über die mit dem GTR erzeugbaren Funktionsgraphen. Im Vordergrund steht dabei nicht die Funktionsgleichung – ihr kommt die Aufgabe der Beschreibung des Funktionsgraphen im Sinne einer Konstruktionsbeschreibung zu (Witzke, 2014).

3.3 3D-Druck

Die 3D-Druck-Technologie ist eine im Vergleich zu den in diesem Beitrag bisher diskutierten digitalen Werkzeugen besonders neue Technologie für den Mathematikunterricht, die auch nicht spezifisch für diesen entwickelt wurde. Als digitale Fabrikationstechnologie ermöglicht sie die Entwicklung von individuellen dreidimensionalen Objekten und kann damit in Lernprozessen mit ganz unterschiedlichen The-

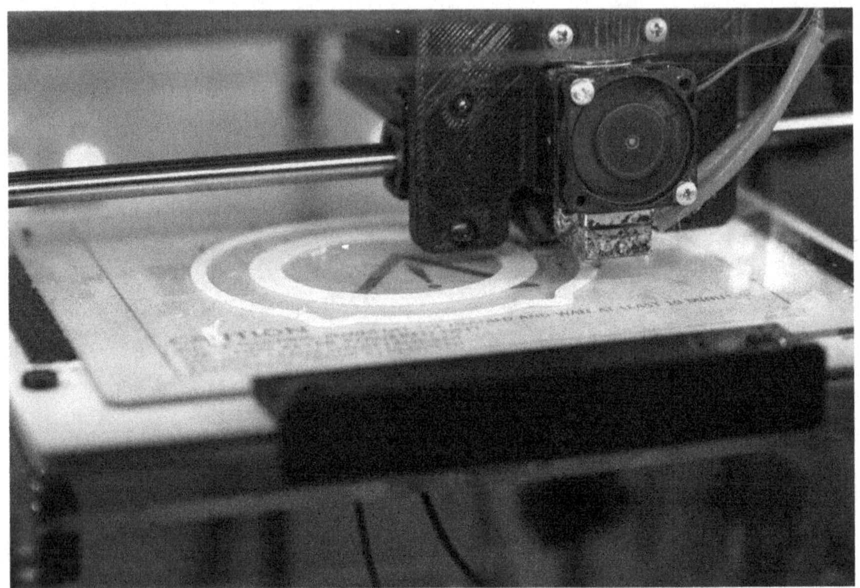

Abbildung 4: Baubett eines 3D-Druckers.

men Einsatz finden. Unter der 3D-Druck-Technologie werden sowohl die 3D-Drucker als Hardware (siehe Abbildung 4) zum Herstellen der Objekte als auch so genannte Computer-Aided-Design-Software zur Konstruktion virtueller 3D-Objekte gefasst.
Die 3D-Druck-Technologie kann den Mathematikunterricht auf verschiedene Weise beeinflussen. Es können insbesondere vier Nutzungsszenarien unterschieden werden (Dilling & Witzke, 2020, angenommen; Witzke & Heitzer, 2019; Witzke & Hoffart, 2018). Zunächst kann der 3D-Drucker zur Reproduktion existierender Materialien verwendet werden. Alternativ kann die Lehrperson Arbeitsmittel zur Nutzung im Unterricht selbst entwickeln. Die 3D-Druck-Technologie kann zudem im Unterricht durch die Schülerinnen und Schüler zur Entwicklung von Materialien eingesetzt werden. Zuletzt ist die Technologie selbst ein interessantes Artefakt, dessen Untersuchung im Unterricht Anwendungen mathematischer Konzepte aufzeigen kann. In verschiedenen Studien wurde das Konzept der empirischen Theorien

bereits erfolgreich zur Beschreibung von Wissensentwicklungsprozessen im Kontext der 3D-Druck-Technologie verwendet (u.a. Dilling et al., 2019, online first; Dilling & Witzke, 2020, online first; Pielsticker, 2020). Dabei stand insbesondere die eigene Entwicklung von Objekten durch die Schülerinnen und Schüler im Vordergrund. Die auf diese Weise entstandenen 3D-gedruckten Objekte banden die Schülerinnen und Schüler in ihr mathematisches Wissen ein und nutzten diese zur Entwicklung und Begründung von Zusammenhängen. So haben Lernende mit der 3D-Druck-Technologie beispielsweise eigenständig Materialien zur Begründung der zweiten binomischen Formel entwickelt (Pielsticker (2020), siehe Abbildung 5). Zur Beschreibung der Algebra-Fliesen entwickelten die Schülerinnen und Schüler Theorien, die sich als empirische rekonstruieren ließen – die Referenzobjekte der Begriffe bildeten die 3D-gedruckten Fliesen. Entscheidend waren in diesem Zusammenhang die Aushandlungsprozesse zwischen den Schülerinnen und Schülern, die zur Präzisierung der Begriffe und Theorien geführt haben. Der hohe Grad an kontextueller Bindung des aufgebauten Wissens auf Grund der vielen verschiedenen Situationen im Entwicklungsprozess (analoge Entwicklungsphase, Arbeit im CAD-Programm, Verwendung der 3D-gedruckten Plättchen, etc.) und der sich ergebenden Einschränkungen des Materials (z.B. nur für die erste und zweite Binomische Formel geeignet) erscheint besonders herausfordernd und kann mit der Theorie der Subjektiven Erfahrungsbereiche nach H. Bauersfeld (1983) adäquat beschrieben werden.

3.4 Virtual Reality

Die Virtual-Reality-Technologie (kurz: VR) ist ebenso wie der 3D-Druck ein relativ neues digitales Medium, das mit spezifischen Anwendungen auch im Mathematikunterricht eingesetzt werden kann. In VR-Anwendungen wird mit Hilfe von Computergrafik eine eigene Welt erzeugt, in die der Nutzer visuell und auditiv eintauchen kann. Die VR-Technologie wird meist mit VR-Brillen realisiert, die getrennte Bilder auf das linke und rechte Auge senden und auf diese Weise

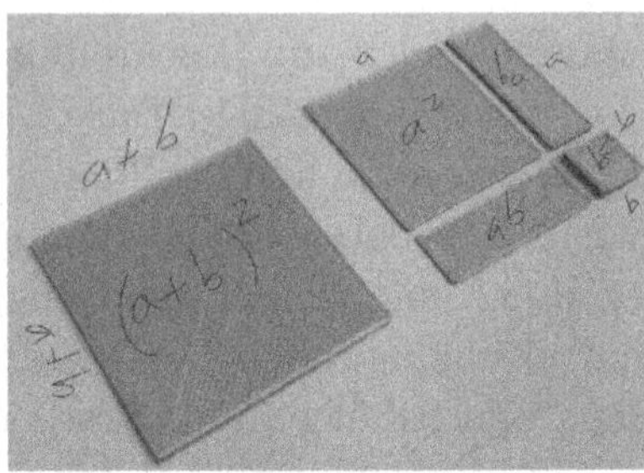

Abbildung 5: Algebra-Fliesen im CAD-Programm (links) sowie als 3D-gedrucktes Material (rechts).

räumliche Tiefe erzeugen. Die in der virtuellen Umgebung dargestellten Objekte können mit Controllern oder anderen Steuerungstechniken (z.B. Hand-Tracking) manipuliert werden, um mit der virtuellen Realität zu interagieren.
Anwendung findet die VR-Technologie im Bildungsbereich bisher insbesondere in den Naturwissenschaften zur Simulation von Experimenten sowie in den Fächern Geschichte und Geografie, indem entfernte Orte oder historische Ereignisse dargestellt und verdeutlicht werden. Für den Mathematikunterricht sind bereits erste Anwendungen entwickelt, die insbesondere den Umgang mit geometrischen Körpern und anderen dreidimensionalen mathematischen Objekten in den Blick nehmen.
Eine solche Virtual-Reality-Anwendung ist beispielsweise Calcflow entwickelt von der Firma Nanome Inc. für VR-Brillen der Hersteller Oculus und HTC. Die Anwendung basiert auf einem virtuellen dreidimensionalen Koordinatensystem welches mit Controllern, welche die Bewegung der Hände erfassen, gedreht und herangezoomt werden kann. Im Koordinatensystem können mathematische Objekte wie mehrdimensionale Funktionsgraphen, Kurven oder Vektorpfeile durch eine algebraische Beschreibung erzeugt und dargestellt werden. Die Objekte können dann durch Handbewegungen mit den Controllern weiter verändert werden (siehe Abbildung 6). So schreibt Nanome Inc. über die Anwendung:

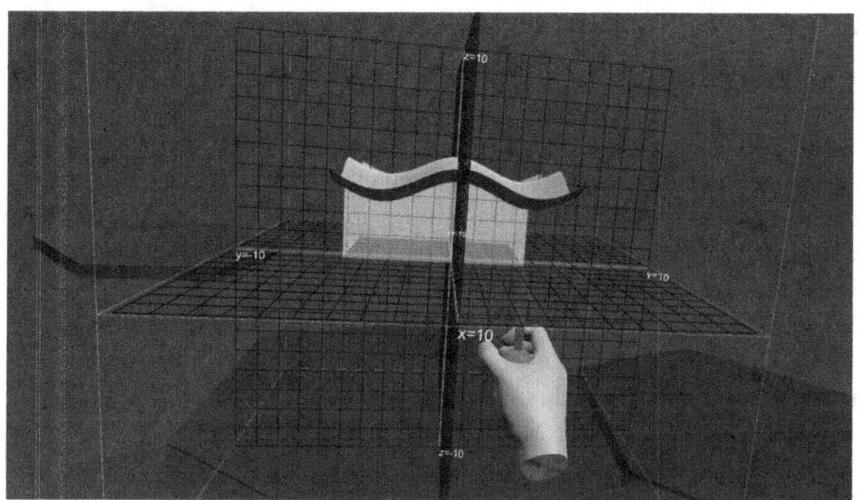

Abbildung 6: Screenshot der Software Clacflow (©Nanome Inc.).

> Manipulate vectors with your hands, explore vector addition and cross product. See and feel a double integral of a sinusoidal graph in 3D, a mobius strip and it's normal, and spherical coordinates! Create your own parametrized function and vector field! (https://store.steampowered.com/app/547280/Calcflow/)

Die Anwendung ist auf die dynamische Untersuchung der virtuellen dreidimensionalen Objekte ausgelegt – die algebraische Beschreibung dient im Wesentlichen der Erzeugung der Objekte. Gehen Schülerinnen und Schüler im Unterricht mit einer solchen Anwendung um und entwickeln dabei grundlegende Begriffe der Analysis, so kann das mathematische Wissen ebenfalls als eine empirische Theorie über die virtuellen Objekte beschrieben werden. Der Grad der kontextuellen Bindung ist bei Benutzung der VR-Technologie ebenfalls vermutlich hoch, da die Erfahrungen vergleichsweise isoliert vom restlichen Mathematikunterricht gemacht werden. Hierin besteht aber auch eine besondere Chance der Technologie, da die Schülerinnen und Schüler sich konzentriert in Einzelarbeit mit den Sachverhalten auseinandersetzen können.

4 Empirische Auffassung als tragfähiges Bild von Mathematik

Dass Auffassungen von Mathematik für den Schulunterricht von entscheidender Bedeutung sind, ist schnell einsichtig. Ebenfalls, dass sich die mathematikdidaktische Forschung mit Fragen, welche die Auffassung zu Mathematik betreffen, beschäftigen sollte – insbesondere, wenn digitale Medien in der Schulmathematik eingesetzt werden. Wie in den vorherigen Abschnitten angedeutet, entwickeln Schülerinnen und Schüler im Unterricht häufig eine sogenannte empirische Auffassung über (Schul-) Mathematik (Burscheid & Struve, 2018). Dabei legt der Einsatz digitaler Medien im Mathematikunterricht – entsprechend unserer ersten Hypothese (vgl. Abschnitt 3), so wollen wir im Weiteren argumentieren – die Entwicklung einer empirischen Auffassung von Mathematik nahe.
Unsere zweite Hypothese in diesem Abschnitt lautet:

Hypothese 2: *Eine (vernünftige) empirische Auffassung von (Schul-) Mathematik, erzeugt durch den Einsatz digitaler Medien im Unterricht, kann als tragfähig gelten und ist aus bildungstheoretischer, historischer und entwicklungspsychologischer Perspektive gerechtfertigt.*

Mit unserem Zitat von Hefendehl-Hebeker (2016, S.16) zu Beginn unseres Artikels knüpfen wir an die Idee an, dass Begriffe und Inhalte der Schulmathematik ihre phänomenologischen Ursprünge in der uns umgebenden Realität haben und damit ontologisch an die Realität gebunden sind. In einem anschauungsgeleiteten, gegenständlichen und an empirischen Kontexten orientierten Mathematikunterricht der Schule erwerben Schülerinnen und Schüler dann eine empirische Auffassung von Mathematik (vgl. Abschnitt 2).
Für eine bildungstheoretische Perspektive betrachten wir dazu zunächst die Grunderfahrungen nach Winter (1995, S.37)

(1) „Erscheinungen der Welt um uns, die uns alle angehen oder angehen sollten, aus Natur, Gesellschaft und Kultur, in einer spezifischen Art wahrzunehmen und zu verstehen,

(2) mathematische Gegenstände und Sachverhalte, repräsentiert in Sprache, Symbolen, Bildern und Formeln, als geistige Schöpfungen, als eine deduktiv geordnete Welt eigener Art kennen zu lernen und zu begreifen,
(3) in der Auseinandersetzung mit Aufgaben Problemlösefähigkeiten, die über die Mathematik hinaus gehen, (heuristische Fähigkeiten) zu erwerben."

Insbesondere mit Blick auf die erste Grunderfahrung wird deutlich, dass „Erscheinungen der Welt um uns" – in heutiger Zeit somit vor allem auch digitale Medien unseres Alltags – in einem sinnstiftenden Mathematikunterricht eine entscheidende Rolle spielen sollten und Schülerinnen und Schüler diese auf „spezifische Art wahrnehmen und verstehen sollen". Auch mit Blick auf die dritte Grunderfahrung und damit die Auseinandersetzung mit Problemen, „die über Mathematik hinaus gehen", eben z. B. über die Nutzungsmöglichkeiten digitaler Medien, erscheint eine empirische Auffassung für einen allgemeinbildenden Mathematikunterricht als gerechtfertigt. Denken wir in diesem Zusammenhang beispielsweise an spezifische Kontexte wie der der dynamischen Geometriesoftware, kann auch die zweite Grunderfahrung nach Winter an dieser Stelle genannt werden.
Auch Heymann (1998) führt in den aus seinem Allgemeinbildungskonzept abgeleiteten sieben Aufgaben eines allgemeinbildenden Unterrichts u. a. die Aspekte „Lebensvorbereitung" und „Weltorientierung" auf, worunter auch der Einsatz digitaler Medien im Bereich Schulmathematik fällt. Dabei geht es einerseits darum, dass Schülerinnen und Schülern bestimmte Qualifikationen vermittelt werden, sie also konkrete Kenntnisse, Fähigkeiten und Fertigkeiten entwickeln, die für eine Teilnahme an der Gesellschaft sorgen. Weiterhin sollen die Lernenden auch in die Lage versetzt werden individuelle Fähigkeiten bestmöglich zu entfalten und dabei gleichzeitig ein differenziertes Weltbild auszubilden.
Gerade in Zeiten, in welchen digitale Medien in der Gesellschaft und der Wirtschaft an Bedeutung gewinnt, ist ein sinnstiftender Umgang mit digitalen Medien entscheidend. Dabei sollte ein Wissen aufge-

baut werden, welches über die reine Nutzung hinausgeht, wodurch ein empirisches Arbeiten an bzw. mit den digitalen Medien bedeutsam wird und so die Entwicklung einer empirischen Auffassung von (Schul)Mathematik nahelegt.
Mit Blick in die Untersuchung von Witzke (2009) können in der historischen Entwicklung von Mathematik verschiedene Beispiele einer empirischen Auffassung von Mathematik gefunden werden. Zum Beispiel versteht der bekannte Mathematiker Moritz Pasch (1842-1930) Geometrie auf folgende Art und Weise: „Die geometrischen Begriffe bilden eine besondere Gruppe innerhalb der Begriffe, welche überhaupt zur Beschreibung der Außenwelt dienen [...] und wonach wir in der Geometrie nichts weiter erblicken als einen Theil der Naturwissenschaft" (Pasch & Dehn, 1926, S.3). Ein weiteres Beispiel ist der Mathematiker Leibniz, der sich in seinen Bemühungen zur Analysis und seinem Calculus Differentialis und Calculus Integralis der Beschreibung von auf einem Zeichenblatt konstruierten Kurven widmet (Witzke, 2009). Mit Blick auf z. B. die Funktionenlupe bzw. auch das Funktionenmikroskop (Elschenbroich et al., 2014; Kirsch, 1995; D. Tall, 1985), scheint es interessant zu sein, dass Aspekte die bereits in der historischen Entwicklung auftraten und eine bestimmte (mathematische) Auffassung beförderten nun auch auf Eigenschaften, die (moderne) digitale Medien betreffen, übertragen werden können. Mit der Arbeit von Stoffels (2020) kann an dieser Stelle für die Wahrscheinlichkeitstheorie auch von Mises und sein Werk „Vorlesungen aus dem Gebiete der angewandten Wissenschaft 1. Band Wahrscheinlichkeitsrechnung" genannt werden. Damit scheint auf einer epistemologischen Ebene und vor dem Hintergrund der historischen Entwicklung von Mathematik eine empirische Auffassung von Mathematik ein tragfähiges Bild für Schülerinnen und Schüler zu bilden. Ein Blick in historische mathematische Entwicklungen und die damit verbundenen Untersuchungen lohnen sich somit auch für aktuelle Fragen in Bezug auf digitale Medien (Dilling & Witzke, 2020, online first). Beispielsweise hat sich auch bereits Felix Klein mit Fragen bzgl. der selbstständigen Entwicklung physikalisch erfahrbarer und konkreter mathematischer Objekte auseinandergesetzt und festgehalten: „learning with such ob-

jects [...] was particularly beneficial when they were developed by the students themselves“ (Dilling & Witzke, 2020, online first, S.2). Wie Felix Klein beschreibt: „As today, the purpose of the model was not to compensate for the weakness of the view, but to develop a vivid clear perception. This aim was best achieved by those who created models themselves” (Klein, 1927/1978, S.78). Bspw. in Bezug auf die selbstständige Herstellung und Entwicklung mathematischer Objekte von Schülerinnen und Schüler mithilfe digitaler Medien, können an dieser Stelle interessante Parallelen aufgezeigt und beschrieben werden.

Auch aus lerntheoretischen Gründen und vor dem Hintergrund einer entwicklungspsychologischen Perspektive lässt sich die Hypothese stützen, z.B. wenn wir in Ansätze der Kognitionspsychologie schauen (Gopnik, 2010, 2012). Jerome Bruner stellt in seinem Konzept über Darstellungsebenen (EIS-Prinzip – Zusammenspiel der Darstellungsebenen) die Wichtigkeit der enaktiven und ikonischen Darstellungsmöglichkeit für mathematische Lehr-Lern-Prozesse heraus (Bruner et al., 1971). Dabei beschreibt er – vor dem Hintergrund der kognitiven Entwicklung eines Kindes – dass es drei Wege gibt, wie wir die Welt um uns herum interpretieren und wie wir lernen. Bruner beschreibt eine enaktive, ikonische und eine symbolische Darstellung, welche zum Begreifen dessen, was gelernt wird, von Bedeutung sind.

> „Zuerst kennt das Kind seine Umwelt hauptsächlich durch die gewohnheitsmäßigen Handlungen, die es braucht, um sich mit ihr auseinanderzusetzen. Mit der Zeit kommt dazu eine Methode der Darstellung in Bildern, die relativ unabhängig vom Handeln ist. Allmählich kommt dann eine neue und wirksame Methode hinzu, die sowohl Handlung wie Bild in die Sprache übersetzt, woraus sich ein drittes Darstellungssystem ergibt. Jede dieser drei Darstellungsmethoden, die handlungsmäßige die bildhafte und die symbolische, hat ihre eigene Art, Vorgänge zu repräsentieren. Jede prägt das geistige Leben des Menschen in verschiedenen Altersstufen, und die Wechselwirkung ihrer Anwendungen bleibt ein Hauptmerkmal des intellektuellen Lebens des Erwachsenen.“ (Bruner et al., 1971, S.21)

Somit ist es von Bedeutung, wie der mathematische Inhalt repräsentiert wird. Bspw. in Bezug auf die 3D-Druck-Technolgie eignet sich das EIS-Prinzip dazu, unterschiedliche Facetten zu klassifizieren und daraufhin auch verschiedene Empfehlungen für einen sinnvollen Einsatz dieser Technologie im Mathematikunterricht zu geben. „Durch den 3D-Druck hergestellte Materialien lassen sich der enaktiven Darstellungsebene zuordnen. Sie zeichnen sich durch ihre besondere Individualität aus, sodass sie auf die unterschiedlichen Bedürfnisse der Schüler (Lernvorgeschichte, Entwicklungsstand, etc.) zugeschnitten werden können. Bei ihrem Einsatz im Unterricht sollte auf eine Reflexionsphase geachtet werden, in der die Anschauung mit der symbolischen Ebene verknüpft wird“ (Dilling, 2019, S.8).
Auch für David Tall und seinen Ansatz der „Three Worlds of Mathematics“ – der Bruners Studien deutlich miteinbezieht – ist die Welt des (conceptional) embodiment entscheidend (siehe Abbildung 7). Beispielweise in Bezug auf eine “embodied notion of area“ (D. Tall, 2002, S.17) und in Zusammenhang mit einer „cognitive root of local straightness” (D. Tall, 2002, S.17) werden Technologien miteinbezogen. „The use of technology to draw strips under graphs and calculate the numerical area is widely used. With a little imagination, and well-planned software, it can be used to give insight into such things as the sign of the area (taking positive and negative steps as well as positive and negative ordinates) and to consider ideas such as how the notion of continuity relates to the notion of integration” (D. Tall, 2002, S.17). Im Sinne Talls gilt, dass die “[...] embodied idea of continuity leads naturally to a formal proof of the Fundamental Theorem” (D. Tall, 2002, S.18). In seinen Untersuchungen gibt D. Tall (2002, S.1) aber auch weitere Beispiele „of an embodied approach in mathematics, particularly in the calculus, using technology that makes explicit use of a visual and enactive interface”.
Dafür hält D. O. Tall (2013, S.133) fest: „[...] building on human perceptions and actions developing mental images verbalized in increasingly sophisticated ways to become perfect mental entities in our imagination“. Dabei erwächst die Welt des Conceptuel Embodiment von „child’s experience of everyday perception and action“ (Tall,

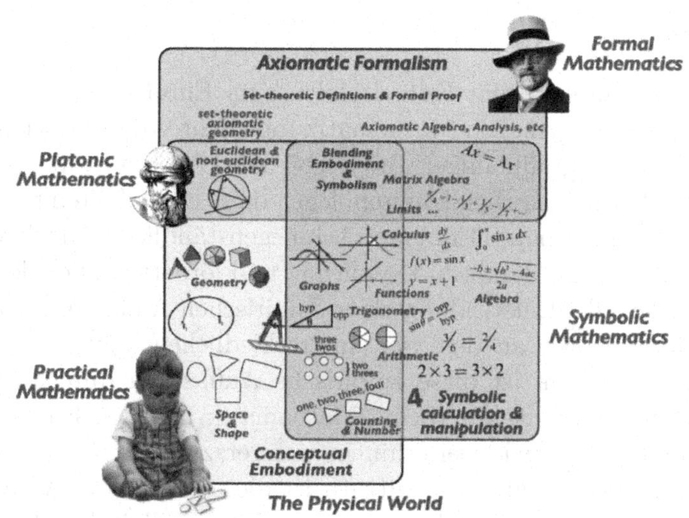

Abbildung 7: Three Worlds of Mathematics: (conceptual) embodiment, (proceptual) symbolism und (axiomatic) formalism (Tall, 2007, S. 3).

2013, S. 140).

In empirischen Studien, wie beispielsweise in denen von Schoenfeld (1985), Struve (1990), Dilling et al. (2019, online first) oder Pielsticker (2020) können weitere Gründe gefunden werden, warum eine empirische Auffassung von (Schul-) Mathematik unter anderem auch in Bezug auf den Einsatz digitaler Medien im Unterricht tragfähig ist und die Entwicklung einer empirischen Auffassung als gerechtfertigt erscheint. Eine empirische Auffassung von Mathematik beschreibt und versteht (Schul)Mathematik dabei auf solche Art und Weise, dass dies einer (experimentellen) Naturwissenschaft nahekommt (Burscheid & Struve, 2018). Natürlich sind hier deduktive Schlussweisen inbegriffen und spielen eine wesentliche Rolle für den Umgang mit empirischen Kontexten.

5 Fazit

Wie wir an unseren vier Fallbeispielen zum Einsatz digitaler Medien für einen zeitgemäßen Mathematikunterricht – dynamischer Geometriesoftware, grafikfähiger Taschenrechner, 3D-Druck und Virtual Reality – deutlich machen konnten, legen diese ein Arbeiten mit empirischen Objekten nahe. Ein empirisch-gegenständlicher Mathematikunterricht gewinnt damit an Bedeutung und fördert bei Schülerinnen und Schülern die Entwicklung einer empirischen Auffassung von Mathematik. Wie wir an den vier unterschiedlichen digitalen Medien ausführen konnten, ist diese empirische Auffassung durchaus angemessen und tragfähig für (Schul)Mathematik und den Einsatz digitaler Medien. Wie wir weiterhin in unserer zweiten Hypothese diskutieren konnten (vgl. Abschnitt 4), ist diese empirische Auffassung von (Schul)Mathematik in Bezug auf den Einsatz digitaler Medien im Unterricht aus bildungstheoretischer, historischer und entwicklungspsychologischer Perspektive als gerechtfertigt anzusehen.

Entscheidend ist, dass Lehrkräfte – insbesondere beim Einsatz digitaler Medien im (empirisch-gegenständlichen) Mathematikunterricht – für Auffassungen der Schülerinnen und Schüler bei Wissensentwicklungsprozessen sensibilisiert sind. Umgekehrt heißt dies, dass das Zusammenspiel von digitalen Medien in der Entwicklung mathematischen Wissens und (Schüler)Auffassungen im Interesse weiterer (didaktischer) Forschung liegen sollte. Auf diese Weise lässt sich beschreiben, welche Bedeutung dem „Sehen und Anfassen“ von empirischen Objekten – als den Objekten des Mathematikunterrichts mit digitalen Medien – zukommt und inwieweit die empirischen Objekte die „Mathematik“ der Schülerin Lisa bestimmen (Anfangszitat).

Literatur

Bauersfeld, H. (1983). Subjektive Erfahrungsbereiche als Grundlage einer Interaktionstheorie des Mathematiklernens und -lehrens. In H. Bauersfeld, H. Bussmann & G. Krummheuer (Hrsg.), *Lernen und*

Lehren von Mathematik. Analysen zum Unterrichtshandeln II (S. 1–57). Köln, Aulis-Verlag Deubner.

Bruner, J. S., Olver, R. R. & Greenfield, P. M. (Hrsg.). (1971). *Studien zur kognitiven Entwicklung.* Stuttgart, Klett.

Burscheid, H. J. & Struve, H. (2010). *Mathematikdidaktik in Rekonstruktionen: Ein Beitrag zu ihrer Grundlegung.* Hildesheim, Franzbecker.

Burscheid, H. J. & Struve, H. (2018). *Empirische Theorien im Kontext der Mathematikdidaktik.* Wiesbaden, Springer Spektrum.

Burscheid, H. J. & Struve, H. (2020). *Mathematikdidaktik in Rekonstruktionen. Ein Beitrag zu ihrer Grundlegung: Grundlegung von Unterrichtsinhalten.* Wiesbaden, Springer Spektrum.

Dilling, F., Pielsticker, F. & Witzke, I. (2019, online first). Grundvorstellungen Funktionalen Denkens handlungsorientiert ausschärfen – Eine Interviewstudie zum Umgang von Schülerinnen und Schülern mit haptischen Modellen von Funktionsgraphen. *Mathematica Didactica.*

Dilling, F. & Witzke, I. (2020, angenommen). Die 3D-Druck-Technologie als Lerngegenstand im Mathematikunterricht der Sekundarstufe II. *MNU-Journal.*

Dilling, F. & Witzke, I. (2020, online first). The Use of 3D-printing Technology in Calculus Education – Concept formation processes of the concept of derivative with printed graphs of functions. *Digital Experiences in Mathematics Education.*

Dilling, F. (2019). *Der Einsatz der 3D-Druck-Technologie im Mathematikunterricht: Theoretische Grundlagen und exemplarische Anwendungen für die Analysis.* Wiesbaden, Springer Spektrum.

Doerr, H. M. & Zangor, R. (2000). Creating Meaning for and with the Graphing Calculator. *Educational Studies in Mathematics, 41*(2), 143–163.

Drijvers, P. & Doorman, M. (1996). The Graphics Calculator in Mathematics Education. *Journal of Mathematical Behavior,* (15), 425–440.

Elschenbroich, H.-J., Seebach, G. & Schmidt, R. (2014). Die digitale Funktionenlupe. Ein neuer Vorschlag zur visuellen Vermittlung einer Grundvorstellung vom Ableitungsbegriff. *Mathematik lehren, 187*(34-37).

Gopnik, A. (2010). Kleinkinder begreifen mehr. *Spektrum der Wissenschaft,* ((10)), 69–73.

Gopnik, A. (2012). Scientific Thinking in Young Children: Theoretical Advances, Empirical Research, and Policy Implications. *Science,* (337), 1623–1627.

Gopnik, A. & Meltzoff, A. N. (1997). *Words, thoughts, and theories.* Cambridge, Mass., MIT Press.

Grigutsch, S., Raatz, U. & Törner, G. (1998). Einstellungen gegenüber Mathematik bei Mathematiklehrern. *Journal für Mathematik-Didaktik, 19*(1), 3–45.

Hefendehl-Hebeker, L. (2016). Mathematische Wissensbildung in Schule und Hochschule. In A. Hoppenbrock, R. Biehler, R. Hochmuth & H.-G. Rück (Hrsg.), *Lehren und Lernen von Mathematik in der Studieneingangsphase* (S. 15–24). Wiesbaden, Springer Spektrum.

Heymann, H. W. (1998). *Allgemeinbildung und Mathematik.* Weinheim, Basel, Beltz.

Hölzl, R. (1995). Eine empirische Untersuchung zum Schülerhandeln mit Cabri-géomètre. *Journal für Mathematik-Didaktik, 16*(1/2), 79–113.

Kirsch, A. (1995). Pathologische Funktionen unter dem Funktionenmikroskop. *Didaktik der Mathematik, 1995*(1), 18–28.

Klein, F. (1927/1978). *Vorlesungen über die Entwicklung der Mathematik im 19. Jahrhundert.* Berlin, Springer.

Kultusministerkonferenz. (2012). *Bildungsstandards im Fach Mathematik für die Allgemeine Hochschulreife.* Bonn, Berlin, KMK.

Lambacher Schweizer Mathematik 5 - G9. Ausgabe Nordrhein-Westfalen: Schülerbuch Klasse 5. (2019). Stuttgart, Klett.

Pasch, M. & Dehn, M. (1926). *Vorlesungen über die neuere Geometrie: Mit einem Anhang: Die Grundlegung der Geometrie in historischer Entwicklung.* Berlin, Springer.

Pielsticker, F. (2020). *Mathematische Wissensentwicklungsprozesse von Schülerinnen und Schülern.* Wiesbaden, Springer Spektrum.

Schiffer, K. (2019). *Probleme beim Übergang von Arithmetik zu Algebra.* Wiesbaden, Springer Spektrum.

Schlicht, S. (2016). *Zur Entwicklung des Mengen- und Zahlbegriffs.* Wiesbaden, Springer Spektrum.

Schmidt-Thieme, G. & Weigand, H.-G. (2015). Medien. In R. Bruder, L. Hefendehl-Hebeker, B. Schmidt-Thieme & H.-G. Weigand (Hrsg.), *Handbuch der Mathematikdidaktik* (S. 461–490). Berlin, Springer Spektrum.

Schoenfeld, A. (1985). *Mathematical Problem Solving.* New York, Academic Press.

Sneed, J. D. (1971). *The Logical Structure of Mathematical Physics.* Dordrecht, Springer Netherlands.

Stegmüller, W. (1987). *Hauptströmungen der Gegenwartsphilosophie* (8. Aufl., Bd. 2). Stuttgart, Alfred Kröner Verlag.

Stoffels, G. (2020). *(Re-)konstruktion von Erfahrungsbereichen bei Übergängen von einer empirisch-gegenständlichen zu einer formal-abstrakten Auffassung. Eine theoretische Grundlegung sowie Fallstudien zur historischen Entwicklung der Wahrscheinlichkeitsrechnung und individueller Entwicklungen mathematischer Auffassungen von Lehramtsstudieren-den beim Übergang Schule Hochschule.* Siegen, Universi.

Struve, H. (1990). *Grundlagen einer Geometriedidaktik.* Mannheim, BI-Wiss.-Verlag.

Tall, D. (1985). Understanding the calculus. *Mathematics Teaching,* (110), 49–53.

Tall, D. (2002). Using Technology to Support an Embodied Approach to Learning Concepts in Mathematics. *First Coloquio de Historia e Tecnologia no Ensino de Matemática at Universidade do Estado do Rio De Janiero, February.*

Tall, D. O. (2013). *How humans learn to think mathematically: Exploring the three worlds of mathematics.*

Winter, H. (1995). Mathematik und Allgemeinbildung. *Mitteilungen der Gesellschaft für Didaktik der Mathematik,* (61), 37–46.

Witzke, I. & Heitzer, J. (2019). 3D-Druck. *Mathematik lehren,* (217).

Witzke, I. & Hoffart, E. (2018). 3D-Drucker: Eine Idee für den Mathematikunterricht? Mathematikdidaktische Perspektiven auf ein neues Medium für den Unterricht. *Beiträge zum Mathematikunterricht, 2018,* 2015–2018.

Witzke, I. & Spies, S. (2016). Domain-Specific Beliefs of School Calculus. *Journal für Mathematik-Didaktik, 37*(1), 131–161.

Witzke, I. (2009). *Die Entwicklung des Leibnizschen Calculus: Eine Fallstudie zur Theorieentwicklung in der Mathematik.* Hildesheim, Franzbecker.

Witzke, I. (2014). Zur Problematik der empirisch-gegenständlichen Analysis des Mathematikunterrichtes. *Der Mathematikunterricht, 60*(2), 19–31.

Ein Schema zur kriteriengeleiteten Erstellung und Dokumentation von Lernumgebungen mit Einsatz digitaler Medien

Melanie Platz

Seit dem Einzug der Digitalisierung in den Schulunterricht spielt die Bereitstellung von „quality digital educational content“ (Dutta et al., 2015, S.75) insbesondere zugeschnitten auf Lehrkräfte eine immer größere Rolle. Mittels Design Science Research wird ein Schema zur kriteriengeleiteten Erstellung und Dokumentation von Lernumgebungen mit Einsatz digitaler Medien entwickelt, welches insbesondere drei Funktionen erfüllen soll: die Funktion der Intensivierung des Planungsprozesses vor der Durchführung der Lernumgebung, die Bereitstellung eines „Gerüsts“ (Barzel et al., 2016, S.109) während der Durchführung und die Funktion als Dokumentation zur Ermöglichung eines Austauschs z. B. als Open Educational Ressources im Rahmen einer Community of Practice.

1 Einleitung

Nach der Strategie der Kultusministerkonferenz „Bildung in der digitalen Welt“ (Kultusministerkonferenz, 2016) „[...] sollte das Lernen mit und über digitale Medien und Werkzeuge bereits in den Schulen der Primarstufe beginnen.“ (Kultusministerkonferenz, 2016, S.11). Allerdings stellt die Digitalisierung unserer Welt eine Herausforderung dar, da unter anderem „[...] die bisher praktizierten Lehr- und Lern-

F. Dilling und F. Pielsticker (Hrsg.), *Mathematische Lehr-Lernprozesse im Kontext digitaler Medien*, MINTUS – Beiträge zur mathematisch-naturwissenschaftlichen Bildung, https://doi.org/10.1007/978-3-658-31996-0_2

formen sowie die Struktur von Lernumgebungen überdacht und neu gestaltet [...]“ (Kultusministerkonferenz, 2016, S.8) werden müssen. Lehrerinnen und Lehrer sollten u. a. in der Lage sein „[...] den adäquaten Einsatz digitaler Medien und Werkzeuge zu planen, durchzuführen und zu reflektieren [...]“ (Kultusministerkonferenz, 2016, S.26), sie sollten über allgemeine Medienkompetenz verfügen und „[...] in ihren fachlichen Zuständigkeiten zugleich Medienexperten [...]“ (Kultusministerkonferenz, 2016, S.24) werden. „Konkret heißt dies, dass Lehrkräfte digitale Medien in ihrem jeweiligen Fachunterricht professionell und didaktisch sinnvoll nutzen sowie gemäß dem Bildungs- und Erziehungsauftrag inhaltlich reflektieren können.“ (Kultusministerkonferenz, 2016, S.24). Das Potenzial digitaler Medien für den Unterricht kann sich nur dann entfalten, wenn diese inhaltlich sinnvoll und didaktisch reflektiert eingesetzt werden. Deshalb ist es zur Bestimmung des Potenzials, das digitale Medien bieten, wichtig, von konkreten Unterrichtssituationen bzw. Lernumgebungen auszugehen (Koehler & Mishra, 2009). Die Gesellschaft für Didaktik der Mathematik (GDM) hebt hervor, dass „der Einsatz neuer Technologien das Lernen nicht per se verbessert, sondern es „[...] fundierter didaktischer Konzepte für Unterricht [...] bedarf“ (Gesellschaft für Didaktik der Mathematik, 2017, S.39). Dabei sollte der Umgang mit der Digitalisierung im Schulbereich dem „Primat der Pädagogik“ (Bundesministerium für Bildung und Forschung, 2016, S.3) bzw. dem „Primat des Pädagogischen“ (Kultusministerkonferenz, 2016, S.51) und dem „Primat des Fachdidaktischen“ (Gesellschaft für Didaktik der Mathematik, 2017, S.41) folgen und in pädagogische Konzepte eingegliedert sein, in denen das Lernen im Vordergrund steht (Kultusministerkonferenz, 2016). Es müssen didaktisch zeitgemäße Konzepte zur Integration von digitalen Medien in den Unterricht entwickelt und in passenden Formaten weitergegeben werden (Krauthausen, 2012).

Ein Kennzeichen funktionierender Bildungsprojekte in Schulen, in denen digitale Medien eingesetzt werden, wird von Dutta et al. (2015) formuliert als “delivering quality digital educational content, which must provide in-depth focus on the quality and availability in multiple languages, especially targeted at educators.” (Dutta et al., 2015,

S.15).
Wie könnte solcher „quality digital educational content“ entwickelt, dokumentiert und zur Verfügung gestellt werden? Lernumgebungen, in denen digitale Medien eingesetzt werden, können methodisch mittels einer Kombination aus Educational Design Research (u.a. Hußmann et al., 2013; Plomp, 2013; Prediger et al., 2012) und Design Science Research in Information Systems (Drechsler & Hevner, 2016) beispielsweise in Seminarveranstaltungen der Lehrer*innenbildung entwickelt werden. Eine Möglichkeit die Entwicklung der Lernumgebung zu begleiten, stellt eine schriftliche Planung dieser mit besonderem Fokus auf digitalen Medien dar, die als Open Educational Resource (OER)[1] zur Verfügung gestellt wird und in einer Community of Practice bestehend u. a. aus Wissenschaftlerinnen und Wissenschaftlern, Lehrerinnen und Lehrern und Lehramtsstudierenden diskutiert und weiterentwickelt wird. Das Konzept der Community of Practice kann dabei als Maßnahme und Strategieentwurf für eine partizipative Kommunikation sowie ein effizientes Wissensmanagement eingesetzt werden. Communities of Practice sind Gruppen von Menschen, die informell durch gemeinsames Fachwissen und Leidenschaft für ein gemeinsames Projekt oder Vorhaben miteinander verbunden sind. Die Stärke von Communities of Practice ist deren Nachhaltigkeit: während eine Community of Practice Wissen generiert, stärkt und erneuert sie sich selbst (Wenger & Snyder, 2000). Die schriftliche Planung der Lernumgebung, die als OER zur Verfügung gestellt wird, hat dabei verschiedene Funktionen: Vor der Erprobung der Lernumgebung wird der Planungsprozess durch die Verschriftlichung intensiviert, da durch das Schreiben ein Reflexions- und Klärungsprozess angeregt wird (Barzel et al., 2016). „In diesem Strukturierungsprozess müssen nämlich die vielen unbewusst getroffenen Planungsentscheidungen auf eine bewusste Ebene gebracht und diese in einen logischen Begründungszusammenhang gestellt werden.“ (Heckmann & Padberg,

[1]Offene Bildungsressourcen (Open Education Resources, OER) können definiert werden als Materialien zur Unterstützung von Bildung, die für jedermann frei zugänglich und von jedermann wiederverwendet, geändert und geteilt werden können (Downes, 2011)

2014, S.4). Während des Unterrichts kann eine schriftliche Vorbereitung als „Gerüst“ (Barzel et al., 2016, S.109) für die Durchführung dienen. Nach dem Unterricht hat eine schriftliche Unterrichtsplanung Dokumentationscharakter, beispielsweise zum Austausch mit anderen Lehrpersonen z. B. als Grundlage für eine gemeinsame Reflexion (Barzel et al., 2016). „Werden dabei nur einzelne Produkte wie z. B. Arbeitsblätter weitergegeben, werden viele Informationen nicht transparent gemacht – wie beispielsweise methodische Entscheidungen.“ (Barzel et al., 2016, S.110). Zuletzt genannte Funktion des Dokumentationscharakters einer schriftlichen Planung spielt eine besondere Rolle, wenn es um die Bereitstellung von „quality digital educational content“ (Dutta et al., 2015, S.75) geht.
Im vorliegenden Beitrag wird die Entwicklung eines Schemas zur kriteriengeleiteten Erstellung und schriftlichen Dokumentation von Lernumgebungen mit Einsatz digitaler Medien mit Anwendung von Design Science Research in Information Systems (Drechsler & Hevner, 2016) beschrieben. In Orientierung an Wollring (2008) wird in diesem Beitrag eine Lernumgebung als eine Erweiterung des üblichen Begriffs Aufgabe

> [...] im Wesentlichen eine Arbeitssituation als Ganzes, die aktiv entdeckendes und soziales Lernen ermöglichen und unterstützen soll [verstanden]. [...] Eine Lernumgebung ist im gewissen Sinne eine natürliche Erweiterung dessen, was man im Mathematikunterricht traditionell eine „gute Aufgabe“ nennt. (Wollring, 2008, S.14)

2 Design Science Research

Design Science Research verfolgt das Ziel Problemlösungen zu entwickeln und zu bewerten, um das Wissen über Design Sciences als Designtheorien zu kodifizieren. Sie ist definiert als Lernen durch das Erzeugen von Artefakten und/ oder einer Designtheorie, um den aktuellen Stand der Praxis und vorhandenes Forschungswissen zu erweitern sowie zu optimieren. Design wird dabei als Forschungsmethode

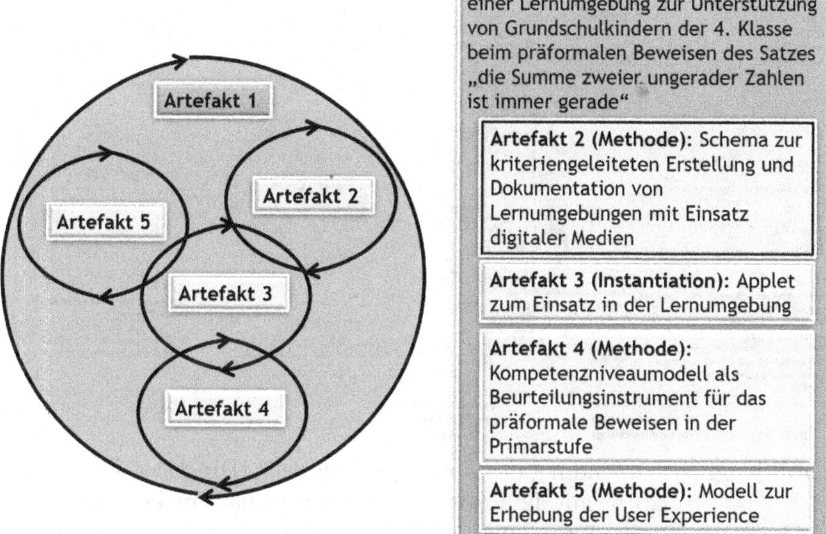

Abbildung 8: Artefakte, die im Rahmen des Projektes Prim-E-Proof entwickelt werden.

oder -technik verwendet (u.a. Vaishnavi et al., 2019). Folgende Artefakte werden im Rahmen des Projektes „Prim-E-Proof“ entwickelt (siehe Abbildung 8).
Im vorliegenden Beitrag steht die Entwicklung eines Schemas zur kriteriengeleiteten Erstellung und Dokumentation von Lernumgebungen mit Einsatz digitaler Medien (Artefakt 2), welches zur Erstellung, Dokumentation und Weitergabe einer Lernumgebung eingesetzt werden soll, im Fokus. Zur Entwicklung dieses Schemas wird das Four Cycle Modell (Drechsler & Hevner, 2016) angewendet (siehe Abbildung 9).

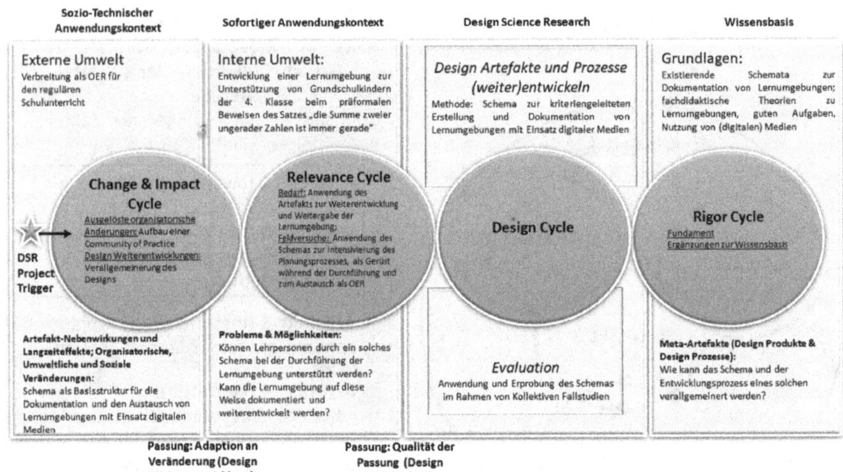

Abbildung 9: Anwendung des Four-Cycle-Modells (Drechsler & Hevner, 2016) auf die Entwicklung des Schemas zur kriteriengeleiteten Erstellung und Dokumentation von Lernumgebungen mit Einsatz digitaler Medien.

3 Auswahl existierender Schemata zur Darstellung von Lernumgebungen

3.1 Die „traditionelle" schriftliche Unterrichtsplanung

Meyer (2020, S.408) schlägt folgendes Gliederungsschema für die schriftliche Planung eines handlungsorientierten Unterrichts vor:

Name:
Ort:
Thema der Stunde:

1. Einordnung der Stunde in die Unterrichtseinheit
2. Bedingungsanalyse
    a. Lernvoraussetzungen der Schüler (bisherige Erfahrungen mit dem Thema und eigene Interessen der Schüler)

   b. Fachwissenschaftliche Vorgaben und Problematik der Stunde
   c. Handlungsspielräume des Lehrers
3. Didaktische Strukturierung der Stunde
   a. Lehrziele der Stunde
   b. Handlungsmöglichkeiten der Schüler im Unterricht
   c. Der Begründungszusammenhang von Ziel-, Inhalts- und Methodenentscheidungen der Stunde
   d. Vorüberlegungen zur Auswertung und Ergebnissicherung
4. Geplanter Verlauf der Stunde (tabellarische Verlaufsplanung)
5. Anhang: Sitzplan, Arbeitsblatt, Literaturverzeichnis

Die Ziele der Stunde (siehe 3.a.: Lehrziele der Stunde) sollten stets der Ausgangspunkt für die Planung sein, aus denen sich auch direkt das Thema der Stunde ableitet. Die didaktische Strukturierung der Stunde geschieht anhand der Qualitätskriterien für „guten" Mathematikunterricht (Barzel et al., 2016, S.26) Fachlichkeit, Überfachlichkeit, Verstehen, Vernetzung, Vielfalt, Authentizität und Sinnstiftung. Die tabellarische Verlaufsplanung (siehe 4.: Geplanter Verlauf der Stunde, tabellarische Verlaufsplanung) kann beispielsweise anhand folgender Kategorien dargestellt werden: Zeit (in Minuten), Phasen, Ablauf, Ziele, Medien, Aktions- und Sozialform (Barzel et al., 2016). Eine solche „traditionelle" schriftliche Unterrichtsplanung sollte auf eine konkrete Lerngruppe zugeschnitten sein (siehe 2.: Bedingungsanalyse) sowie sehr detailliert und ausführlich beschrieben sein.
In dieser Form könnte ein schnelles Erfassen wichtiger inhaltlicher und didaktischer Eckpunkte der Lernumgebung ggf. erschwert werden. Auch ein spezieller Fokus auf digitale Medien müsste noch ergänzt werden. Die Funktion der Intensivierung des Planungsprozesses vor der Erprobung ist mit der traditionellen Unterrichtsplanung sicherlich erfüllt, wobei mathematikdidaktische Kriterien, die die didaktische Analyse der Lernumgebung unterstützen können, nicht konkret angegeben werden. Ein Gerüst während der Durchführung kann mit der Verlaufsplanung bereitgestellt werden. Der Austausch zur Anregung einer Diskussion und Reflexion könnte erschwert werden, da

die Unterrichtsplanung auf eine bestimmte Lerngruppe zugeschnitten ist und das Lesen ggf. zeitaufwändig sein kann.

3.2 Darstellung von Lernumgebungen anhand von Kinderdokumenten

Hengartner et al. (2010) präsentieren Lernumgebungen in einer Gliederung in verschiedene Abschnitte: Zunächst werden Thema der Lernumgebung, Klassenstufe, notwendiges Material, zum Download bereitgestellte Unterrichtsmaterialien, Zeitbedarf zur Durchführung der Lernumgebung und Bearbeiter (Verfasser) der Lernumgebungsdokumentation angegeben.
Anschließend wird die Aufgabe beschrieben, wobei diese Beschreibung an die Lehrperson gerichtet ist und für den Einsatz in der eigenen Lerngruppe zunächst angepasst werden muss. Mögliche Ergebnisse werden dabei durch Schülerdokumente illustriert. Im Abschnitt „Worum geht es?“ (Hengartner et al., 2010, S.11) werden „[...] die vorgesehenen Lernaktivitäten begründet, und es werden die fachlichen Hintergründe und Strukturen soweit dargestellt und geklärt, dass man die Ergebnisse der Schülerinnen und Schüler besser verstehen und einordnen kann.“ (Hengartner et al., 2010, S.11). Im Abschnitt „Wie kann man vorgehen?“ (Hengartner et al., 2010, S.11) wird ausgehend von den Erfahrungen aus der Erprobung der Lernumgebung auf mögliche Schwierigkeiten und wie diesen mit passenden Hilfestellungen entgegengewirkt werden kann, eingegangen. Nachfolgend werden Dokumente aus der Erprobung abgebildet und kommentiert, die das Spektrum von zu erwartenden Lernergebnissen geordnet nach den Bereichen „einfach“, „mittel“, „anspruchsvoll“ (Hengartner et al., 2010, S.11) zeigen sollen. Teilweise werden auch Ausschnitte aus klinischen Interviews mit den Kindern hinzugefügt, um die Denk- und Lösungswege als Leser besser nachvollziehen zu können. Im letzten Abschnitt werden Kopiervorlagen bereitgestellt. Ähnlich sind auch die Lernumgebungen in Hirt und Wälti (2015) und etwas abweichend, allerdings ebenfalls anhand von Kinderdokumenten und

Lehrer*innenkommentaren, u.a. in Rasch (2019) dargestellt. Hengartner et al. (2010) geben zu bedenken:

> Das Lesen der Lernumgebungen scheint uns gerade wegen der Kinderdokumente, die integraler Bestandteil der Planungen sind, recht anspruchsvoll. Es setzt ein Interesse an den individuellen Versuchen der Kinder und die Auseinandersetzung mit ihren oft vielfältigen Gedankengängen voraus, was über die alltägliche Planung der Unterrichtstätigkeit weit hinausgeht. Wir haben uns deshalb bemüht, durch einen einheitlichen, stets wiederkehrenden Aufbau der Lernumgebungen die Orientierung zu vereinfachen und das Verstehen zu erleichtern. (Hengartner et al., 2010, S.12)

Auch hier ist kein spezieller Fokus auf digitale Medien gegeben und es sind keine mathematikdidaktischen Kriterien formuliert, anhand derer die Lernumgebung didaktisch analysiert werden kann. Der Austausch scheint durch das anspruchsvolle Lesen der Kinderdokumente ebenfalls erschwert. Da die Dokumentation von Schülerdokumenten ausgeht, ist diese darauf ausgelegt, erst nach der Durchführung zu geschehen.

3.3 Darstellung von Lernumgebungen anhand von Leitideen

In Peter-Koop et al. (2009) werden einige Lernumgebungen anhand der Leitideen nach Wollring (2008) präsentiert. Wollring (2008) formuliert sechs Leitideen zum Design von Lernumgebungen.

> Die Leitideen sind keine trennscharfen und klassifizierenden Kennzeichnungsbausteine, vielmehr beschreiben sie die Ganzheit einer Lernumgebung anhand verschiedener Aspekte. [...] Das Design von Lernumgebungen nach den ersten drei Leitideen L1, L2 und L3 kann zu Entfaltungen ohne Rücksicht auf die notwendigen Aufwendungen führen. Das Aufnehmen der zweiten drei Leitideen L4, L5 und L6 betont die Ökonomie beim Design von Lernumgebungen. (Wollring, 2008, S. 14 & S. 18)

L1 Gegenstand und Sinn, Fach-Sinn und Werk-Sinn

Die Grundsubstanz der Lernumgebung wird durch den mathematischen Sinn des bearbeiteten Gegenstands gebildet. Substanzielle und mathematische Ideen bzw. mathematische Strategien sollen in den Gegenständen und den auf sie bezogenen Aktivitäten angesprochen werden. Um positive Bildungserlebnisse als lange haltbare Grundbausteine zum Aufbau eines Wissensnetzes zu gewinnen, ist der Werksinn wesentlich. Beispielsweise durch eine Einschätzung der Nutzbarkeit oder durch das Empfinden von Schönheit und Attraktivität baut sich die Beziehung des Lernenden zum bearbeiteten Gegenstand als eine Wertschätzung oder Bedeutungseinschätzung über die Mathematik hinaus auf (Wollring, 2008).

L2 Artikulation, Kommunikation, Soziale Organisation

Lernumgebungen sollten nach Möglichkeit die Artikulationsoptionen Handeln, Sprechen und Schreiben ausnutzen, um dem Lernenden zu ermöglichen Arbeitswege für sich selbst, insbesondere aber für andere wie die Lehrperson oder die Lernpartner, darzustellen. Gegenstände sollten in ihren jeweiligen materiellen Repräsentationen auch tatsächlich flexibel zu gestalten sein (Raum zum Gestalten). Ferner sollten Formen der Dokumentation ermöglicht werden, die für späteres Arbeiten bleiben sollen (Raum zum Behalten), beispielsweise über die niedergeschriebene Endfassung einer Rechnung hinausgehende Nebenrechnungen, unterstützende Bilder oder Mind Maps (Wollring, 2008).

L3 Differenzieren

Eine Lernumgebung sollte auf die heterogenen Voraussetzungen der Lernenden einstellbar sein, z. B. durch aussteuerbare Aufgabenformate, natürliche Differenzierung oder Differenzieren in Kooperationen.

Aussteuerbare Aufgabenformate sind solche, bei denen man durch Variieren gewisser Zahlen oder Formen und gewisser Da-

> ten, die den Arbeitsaufwand und die Schwierigkeit der Aufgabe bestimmen, Angebote für alle Kinder im Feld zwischen geringen Leistungen und überdurchschnittlichen Leistungen einstellen kann. (Wollring, 2008, S.18)

Bei natürlich differenzierenden Aufgaben erhalten alle Kinder der Klasse das gleiche mathematische Lernangebot. Dieses sollte dem Kriterium der (inhaltlichen) Ganzheitlichkeit genügen, wobei ganzheitliche Kontexte in diesem Sinne eine wohlüberlegte fachliche Rahmung erfordern. Neben dem Level der Bearbeitung sind den Lernenden die Wege, die Hilfsmittel, die Darstellungsweisen und in bestimmten Fällen auch die Problemstellungen selbst freigestellt. Da es von der Natur der Sache her sinnvoll ist, unterschiedliche Zugangsweisen, Bearbeitungen und Lösungen in einen interaktiven Austausch einzubringen, in dessen Verlauf Einsicht und Bedeutung hergestellt, umgearbeitet oder vertieft werden können, erfolgt ein Mit- und Voneinanderlernen in natürlicher Weise (Krauthausen & Scherer, 2010).
Als eine weitere Differenzierungsmöglichkeit nennt Wollring (2008) das Differenzieren in Kooperation:

> Eine weitere Form der Differenzierung besteht darin, dass man die Aufgabe oder das Problem in eine kooperative Lernumgebung einbettet, die arbeitsteilig bewältigt wird, und zwar so, dass die anfallenden Teilaufgaben von unterschiedlichem Anspruch sind, das Gesamtergebnis aber für alle an der Kooperation Beteiligten als eigener Beitrag empfunden wird. (Wollring, 2008, S.18)

L4 Logistik

> Wenn der Aufwand nicht zu bleibend nutzbaren Strukturen führt oder im Schulalltag nicht einzulösen ist, bleiben logistisch extensive Konzepte wirkungslos und haben keine Chance zur Dissemination. [...] Im Sinne einer angemessenen Ökonomie sollten Lernumgebungen so sein, dass die Kinder im Unterricht nicht eine Unausgewogenheit an Material und Zeitaufwand zwischen den Lernumgebungen spüren, die sie unbewusst in ein unausgewogenes Gewichten der Bedeutung der betreffenden Gegenstände übertragen. (Wollring, 2008, S.19)

Deshalb sollte das investive Material (der bleibende Bestand) so organisiert sein, dass ein unproblematischer und von technischen Detailvorbereitungen unbelasteter Einsatz im Unterricht ermöglicht wird. Das Material sollte leicht transportierbar sein, sodass es auch über den Klassenraum hinaus z. B. in Lernwerkstätten, Veranstaltungen, etc. nutzbar ist (Wollring, 2008). Bezogen auf den Materialeinsatz sollte demnach eine angemessene Haltbarkeit auch unter Alltagsbedingungen gegeben sein und die organisatorische Handhabung sollte alltagstauglich sein, d. h. das Material sollte schnell bereitzustellen und geordnet wegzuräumen sein. Ferner sollten ökologische Aspekte angemessen berücksichtigt sein (Krauthausen, 2018). Kinder bauen zum verwendeten konsumtiven Material, das beim Arbeiten verbraucht wird, häufig eine emotionale Beziehung auf und behalten Teile des Materials entweder als Eigentum für sich oder erreichbar im Klassenraum (Wollring, 2008). Deshalb sollte eine gewisse ästhetische Qualität gegeben sein und eine Übersetzung des Materials in grafische, auch von Kindern leicht zu zeichnende Bilder sollte möglich sein (Krauthausen, 2018).

Wenn die Implementation einer Lernumgebung viel Zeit erfordert, sollte diese langfristig nutzbar sein (Wollring, 2008). Eine strukturgleiche Fortsetzbarkeit des Materials sollte folglich gegeben sein oder ein Einsatz in unterschiedlichen Inhaltsbereichen sollte möglich sein, das „Preis-Leistungs-Verhältnis“ sollte also stimmen (Krauthausen, 2018).

Ferner sollte eine Lernumgebung keine Zuwendung der Lehrperson erfordern, die letztlich in der Unterrichtssituation nicht aufzubringen ist. Durch sachbezogene und erfolgreiche Kooperation können Kinder, die weniger Zuwendung durch die Lehrkraft erfahren, einen Ausgleich erhalten (Wollring, 2008). Das Material sollte den kommunikativen und argumentativen Austausch über verschiedene Lösungswege unterstützen und ggf. im Rahmen unterschiedlicher Arbeits- und Sozialformen einsetzbar sein (Krauthausen, 2018).

L5 Evaluation

Die Lernumgebung sollte Strategiedokumente der Kinder zulassen, einfordern und unterstützen, um Evaluationen zu ermöglichen, die sich auf die Strategie beziehen und nicht nur auf das Ergebnis. Des Weiteren sollte die Lernumgebung in ihren Dokumenten Ansätze für Förderimpulse bieten, d. h. es sollte möglich sein, den spezifischen Unterstützungsbedarf des Lernenden zu erfassen. Auch sollte eine Evaluation darauf ausgerichtet sein, das zu identifizieren, was an einer Schülerlösung anerkennenswert ist, um das Selbstkonzept des Lernenden stärken zu können (siehe Abschnitt 4.1: optimale Passung und Kompetenzorientierung). Auch sollte evaluiert werden, welche Leistungen zum sozialen Lernen beitragen und in eine gemeinsame Arbeit oder in Meta-Aufgaben eingebracht werden können (Wollring, 2008).

L6 Vernetzung mit anderen Lernumgebungen

Lernumgebungen stehen häufig im Sinne einer beziehungshaltigen Mathematik in Verbindung mit verschiedenen mathematischen Gegenständen, Darstellungsformen oder Argumentationsmustern. Im engeren Sinne kann eine Lernumgebung durch Beziehungen zu anderen Strategien im selben mathematischen Problemfeld gekennzeichnet sein. Auch Beziehungen zu anderen Bereichen im Mathematikunterricht können vorhanden sein sowie umfassendere fächerübergreifende Beziehungen. Im weitesten Sinne können darüber hinaus Beziehungen zur außerschulischen Lebenswelt bestehen (Wollring, 2008).

Mittels der Darstellung von Lernumgebungen anhand von Leitideen wird insbesondere die Funktion der Intensivierung des Planungsprozesses erfüllt, allerdings sollten formale Aspekte zur Lernumgebung (z. B. Name des Verfassers, Klassenstufe, usw.) und kurz dargestellte inhaltliche Aspekte (z. B. Kurzbeschreibung der Lernumgebung) ergänzt werden. Auch besondere planerische Aspekte, die die Nutzung digitaler Medien mit sich bringt, sollten noch näher betrachtet werden.

3.4 Didaktische Design Pattern

Der Begriff „Didaktisches Design Pattern“ fasst das gesammelte didaktische Wissen als Beispiele für Best Practices in der Hochschullehre zusammen und zielt darauf ab, die Erfahrungen der Experten zu kommunizieren und an andere Lehrpersonen weiterzugeben. Ein didaktisches Pattern beschreibt eine vollständige und wiederkehrende didaktische Einheit, die auf andere didaktische Kontexte übertragen werden kann. Vogel (2013) entwickelt die didaktischen Patterns im Rahmen des Projekts „erStMaL“ zur Nutzung bei mathematischen Spiel- und Entdeckungssituationen, die Vorschulkinder zu mathematischen Aktivitäten anregen sollen, weiter. Die Spiel- und Erkundungssituationen lassen sich strukturell durch drei Komponenten charakterisieren: (1) die mathematische Aufgabe oder das mathematische Problem, (2) die materialräumliche Anordnung und (3) die multimodalen Reize (gesprochene Sprache, Gesten und Handeln) des Erwachsenen, der die Kinder durch die Situation führt (Vogel, 2013).

Bezug zu digitalen Medien

Ursprünglich wurden computergestützte Lernmethoden im Rahmen Didaktischer Design Pattern fokussiert und einzelne Pattern konnten mit Lernszenarien verbunden werden (Wippermann & Vogel, 2004). Wippermann (2008) entwickelte das Format des Didaktischen Design Patterns als neuartiges Instrument des Wissensmanagements zur Dokumentation und Systematisierung didaktischen Wissens und als Grundlage einer Community of Practice. Wippermann und Vogel (2004) beschreiben jedes Pattern entlang einer speziellen festen Gliederung, da eine klare Struktur dazu beiträgt, Fehlinterpretationen zu verringern. Die Struktur eines Didaktischen Design Pattern wurde in einem langen und iterativen Prozess entwickelt und an den speziellen Lehrkontext angepasst. Alle Aspekte sind in einem sogenannten Metamuster zusammengefasst, das aus folgenden Kategorien besteht:

- Formale Aspekte, z. B. Name und Autor des Patterns

- Inhaltsaspekte, z. B. kurze Beschreibung und Verwendung des Patterns
  - Bitte beschreiben Sie die Verwendung des Patterns im Seminar. Geben Sie die Aspekte an, die Sie im Voraus vorbereiten müssen, die Aspekte, die Sie bei der Verwendung des Patterns hervorheben müssen, und die unterschiedlichen Rollen der Lehrer und Lernenden innerhalb der Interaktion. Falls das Pattern mit Aufgaben verknüpft ist, charakterisieren Sie diese Aufgaben bitte auch hier.
    - ∗ Wie benutzt man das Pattern?
    - ∗ Auf welche Aspekte müssen Sie sich vor der Nutzung konzentrieren?
    - ∗ Welche Aspekte müssen Sie während des Gebrauchs hervorheben?
    - ∗ Welche unterschiedlichen Rollen von Lehrenden und Lernenden gibt es?
    - ∗ Wie können die Aufgaben charakterisiert werden?
- Konzeptionelle Aspekte, z. B. angemessene Integration in ein Seminar an der Hochschule
  - Da Pattern in verschiedenen Phasen eines Seminars verwendet werden können, ist es wichtig, sie in den gesamten Kontext des Seminars zu integrieren. Eine vernünftige Integration besteht aus speziellen Lehr- und Lernaktivitäten vor und nach der Patternverwendung.
    - ∗ Welche Lehr- und Lernaktivitäten sind im Voraus notwendig?
    - ∗ Welche Lehr- und Lernaktivitäten sind nachträglich erforderlich?
- Beispiele und Referenzen

Die Dokumentation besteht auch aus einer Patternkategorie „Diskussion“, in der die Vor- und Nachteile jedes Patterns diskutiert werden. Darüber hinaus beschreiben die Pattern-Autoren Variationen bei der Verwendung des beschriebenen Patterns. Dieser Aspekt veranschaulicht die Idee, dass Pattern nicht nur einzeln in andere Kontexte übertragen werden sollen, sondern einen bewährten Rahmen für die Unterstützung von Lernsituationen mit digitalen Medien bieten sollen (Wippermann & Vogel, 2004). Das Schema der Didaktischen Design Pattern (Wippermann & Vogel, 2004) und der Spiel- und Erkundungssituationen (Vogel, 2013) wurde außerdem im Rahmen eines Seminars an der Universität Siegen im Wintersemester 2017/18 unter der Leitung von Anna Vogler und Melanie Platz angepasst zur Bereitstellung weiterführender Informationen zu den Exponaten einer interaktiven Sonderausstellung „Mathematik zum Anfassen" des Mathematikums in Gießen im Technikmuseum Freudenberg sowie zu ergänzenden Exponaten für Schülerinnen und Schüler im Alter von 3-6 Jahren („Mini-Mathe") und mediengestützte Exponate für Kinder ab 6 Jahre. Diese wurden über Wikiversity als Open Educational Resources (OER) zur Verfügung gestellt[2]. Unter anderem im Rahmen des Seminars „Mediale Darstellung der Wirklichkeit als Modell" und der Übung „Software" an der Pädagogischen Hochschule Tirol im Wintersemester 2019/20 wurde eine erste Anpassung des Design Patterns auf die Dokumentation von Lernumgebungen mit digitalen Medien vorgenommen.[3] Diese Version des Design Patterns mit dem Fokus auf Lernumgebungen mit digitalen Medien wird im Folgenden weiterentwickelt und mit ausgewählten Inhalten und Kriterien der in diesem Abschnitt betrachteten Schemata zur Dokumentation von Lernumgebungen angereichert.

[2]https://de.wikiversity.org/wiki/OpenSource4School/Mathematik_zum_Anfassen, Zugriffsdatum: 16.02.2020.

[3]https://de.wikiversity.org/wiki/OpenSource4School/Lernumgebungen

4 Erläuterungen zum mathematikdidaktischen Verständnis einer „guten" Aufgabe und des Potenzials eines (digitalen) Arbeitsmittels

In einem Schema zur kriteriengeleiteten Erstellung und Dokumentation von Lernumgebungen mit Einsatz digitaler Medien sollte ein spezieller Fokus auf digitale Medien gelegt werden und es sollten mathematikdidaktische Kriterien, die die didaktische Analyse der Lernumgebung unterstützen, festgelegt werden. In der Einführung (Abschnitt 1) wurde eine Lernumgebung definiert als „natürliche Erweiterung dessen, was man im Mathematikunterricht traditionell eine 'gute Aufgabe' nennt.", (Wollring, 2008, S.14).

4.1 „Gute" Aufgaben

> Bauersfeld weist darauf hin, dass es *die* „gute" Aufgabe als Universaltreffer nicht geben kann, weil die **Einschätzung von Aufgaben stets situations- und personenabhängig** ist. [...] Demzufolge ist eine Aufgabe als „gut" einzustufen, wenn sie sich für das **Erreichen eines bestimmten Ziels als geeignet** erweist. (Maier, 2011, S.79, Hervorh. im Original)

Folgende mathematikdidaktischen Charakteristika „guter" Aufgaben zum Lernen können in Anlehnung an Maier (2011) festgehalten werden:

- Mathematische Ergiebigkeit (Kompetenzorientierung): Sowohl inhaltliche als auch allgemeine mathematische Fähigkeiten sollen in der Auseinandersetzung mit Aufgaben weiterentwickelt werden.

  > Aufgaben, die zum Entdecken von Mustern und Beziehungen oder zum Formulieren von Verallgemeinerungen anregen, erfüllen das Merkmal der Ergiebigkeit von vornherein. Aber auch auf den ersten Blick mechanisch und reproduktiv wahrgenommene Aufgaben können mathematisch ergiebig sein, wenn sie sich aus mathematischer Sicht erweitern und variieren lassen. (Maier, 2011, S.83)

- Offenheit und „optimale“ Passung: Aufgaben können in Hinblick auf die Aufgabenstellung, die Anregung verschiedener Lösungswege und Darstellungsformen sowie die Möglichkeit unterschiedlicher Lösungen offen gestaltet sein. Bezogen auf die „optimale“ Passung sollten Lehrerinnen und Lehrer Aufgaben so auswählen, dass sie an die Leistungsfähigkeit der Lernenden angepasst ist. Die Lernenden müssen über ausreichende Vorkenntnisse zur Bewältigung der Aufgabe verfügen, können diese aber nicht routinemäßig lösen und müssen somit selbst Lösungsansätze und -strategien entwickeln, um sie zu lösen (Zone der nächsten Entwicklung) (Maier, 2011). In heterogenen Schulklassen ist eine Differenzierung an dieser Stelle unerlässlich (siehe Abschnitt 3.3.3: L3).
- Authentizität, Aktivierung und Motivation (Werksinn; vgl. Abschnitt 3.3.1: L1): Aufgaben sollten den Inhalten des Faches entsprechen und die Lernenden ansprechen, herausfordern und von ihnen als glaubwürdig erachtet werden (Maier, 2011).

  > Authentizität wird nicht dadurch erreicht, dass Aufgaben oberflächlich und künstlich in reale Situationen eingekleidet werden. Zu einem authentischen Bild von Mathematik gehören auch diejenigen Tatsachen der Mathematik, die nicht unmittelbar auf die reale Welt bezogen sind. (Maier, 2011, S.80)

- Verständlichkeit: Der Lernende muss die Aufgabenstellung und die Aufgabe bezüglich der sprachlichen Syntax und der semantischen Zusammenhänge verstehen (Maier, 2011).

4.2 Potenzial (digitaler) Arbeitsmittel

Um das Potenzial von eingesetzten Arbeitsmitteln zu untersuchen, kann es hilfreich sein, diese auf ihre Funktion in der jeweiligen Lernumgebung zu untersuchen: Arbeitsmittel können als Mittel zur Darstellung mathematischer Sachverhalte, bspw. zur Zahldarstellung, eingesetzt werden, um den Aufbau mentaler Vorstellungsbilder zu unterstützen. Sie können als Mittel zum Ausführen mathematischer Verfah-

ren, z. B. zum Rechnen, eingesetzt werden mit dem Ziel das Verstehen mathematischer Begriffe und Operationen zu fördern. Ferner können Arbeitsmittel als Mittel zum Argumentieren und Beweisen eingesetzt werden, bspw. zum Erkennen von Regelhaftigkeiten und Mustern, um allgemeine Kompetenzen zu fördern (Krauthausen, 2018).
Zur Beurteilung der fachdidaktischen Potenziale der in der Lernumgebung eingesetzten Arbeitsmittel und Veranschaulichungen, kann u. a. auf die von Krauthausen (2018, S.334) formulierten Gütekriterien sowie fachdidaktische Potenziale, die insbesondere digitale Medien in sich tragen können (u.a. Walter, 2018; PIKASdigi[4], zurückgegriffen werden, beispielsweise – neben den bereits in L4 (Abschnitt 3.3.4) genannten – folgende:

- Die jeweilige mathematische Grundidee sollte angemessen verkörpert werden (Krauthausen, 2018).
- Die Verfestigung des zählenden Rechnens sollte vermieden bzw. die Ablösung vom zählenden und der Übergang zum denkenden Rechnen sollte unterstützt werden (Krauthausen, 2018). Dies kann beispielsweise mit Strukturierungshilfen (u.a. Walter, 2018) geschehen, z. B. indem die Simultanerfassung von Anzahlen bis fünf bzw. die strukturierte (Quasi-Simultan-)Erfassung von größeren Anzahlen unterstützt wird (Krauthausen, 2018).
- Die Ausbildung von Vorstellungsbildern und das mentale Operieren sollte unterstützt werden (Krauthausen, 2018). Dies kann durch eine Passung zwischen Handlung und mentaler Operation (Walter, 2018) geschehen, die Vernetzung von Darstellungen, die Multitouch-Funktion digitaler Medien (Walter, 2018) sowie durch den Einsatz von dynamischen Repräsentationen (PIKASdigi). Hier spielt es auch eine große Rolle, ob die Handhabbarkeit des Materials für Kinderhände und ihre Motorik geeignet ist und ob es eine größere Demonstrationsversion gibt (Krauthausen, 2018).
- Verschiedene individuelle Bearbeitungs- und Lösungswege zu ein und derselben Aufgabe sollten ermöglicht werden und die

[4]https://pikas-digi.dzlm.de/node/33, Zugriffsdatum: 16.02.2020

Ausbildung heuristischer (Rechen)Strategien sollte unterstützt werden (Krauthausen, 2018).

- Digitale Medien können zudem das Potenzial in sich tragen, informative (individuelle) und nicht nur produktorientierte Rückmeldung zu geben (PIKASdigi; siehe auch Abschnitt 3.3.5: L5). Ein einfaches falsch oder richtig, kann nicht als hilfreiche Rückmeldung für Lernende gesehen werden. Besonders günstig erscheinen Rückmeldungen, die den Lerner dabei unterstützen, seinen eigenen Lernweg zu überdenken und umzustrukturieren. (PIKASdigi)
- Auch ein Entgegenwirken der Darstellungsflüchtigkeit (Huhmann et al., 2019) kann durch digitale Medien unterstützt werden z. B. durch das Auslagerungsprinzip (PIKASdigi).

Bei digitalen Medien spielen neben fachdidaktischen Aspekten auch mediendidaktische und technische Aspekte eine Rolle. Eine ausführliche fachdidaktische und mediendidaktische Überprüfung der Potenziale digitaler Medien kann beispielweise mit Hilfe eines Entscheidungsunterstützungssystems zur Auswahl passender Apps für den Mathematikunterricht der Grundschule (Platz, 2019) geschehen, das entwickelt wurde, um Lehrkräfte bei einem didaktisch sinnvollen Medieneinsatz unterstützen zu können und um die Auseinandersetzung mit der Frage anregen zu können, ob ein App- oder Applet-Einsatz zur Erreichung von bestimmten Lernzielen sinnvoll ist (Platz, 2019).

5 Ableitung eines Schemas zur kriteriengeleiteten Erstellung und Dokumentation von Lernumgebungen mit Einsatz digitaler Medien

Mit dem Ziel der in der Einleitung genannten drei Funktionen der schriftlichen Planung – zur Intensivierung des Planungsprozesses vor der Erprobung, zur Bereitstellung eines Gerüsts während der Durchführung und zur Dokumentation und dem Austausch z. B. als OER im Rahmen einer Community of Practice – wird folgendes Schema zur kriteriengeleiteten Erstellung und Dokumentation von Lernumgebungen mit Einsatz digitaler Medien mit Berücksichtigung der in Abschnitt 3 und Abschnitt 4 genannten Ansätze abgeleitet.

5.1 Formale Aspekte

- **Namen der Verfasser der Lernumgebungsdokumentation** (Hengartner et al., 2010; Meyer, 2020; Wippermann, 2008; Wippermann & Vogel, 2004)
- **E-Mail-Adressen und Datum** (Wippermann, 2008)

5.2 Inhaltsaspekte

- **Name der Lernumgebung:** Ein aussagekräftiger Name für die Lernumgebung soll gefunden werden (Hengartner et al., 2010; Wippermann, 2008).
- **Kurzbeschreibung der Lernumgebung** (Hengartner et al., 2010; Meyer, 2020; Wippermann, 2008):
  - Welche didaktische Motivation liegt der Lernumgebung zu Grunde?
  - Welches Ziel verfolgt die Lernumgebung? (Welche Lehrziele verfolgt die Lernumgebung?)
  - Was sind markante Eckpunkte der Lernumgebung (inhaltlich und organisatorisch)?
  - Welches digitale Medium wird in der Lernumgebung eingesetzt?
- **Ungefährer Zeitbedarf zur Durchführung:** Wie viele Unterrichtseinheiten werden zur Durchführung der Lernumgebung benötigt? (Hengartner et al., 2010)
- **Adressaten der Lernumgebung** (Hengartner et al., 2010):
  - In welcher Klassenstufe soll die Lernumgebung eingesetzt werden?
  - Sind besonders spezielle Gruppen (z. B. Kinder mit Rechenschwäche, mathematisch begabte Kinder, Inklusionskinder, ...) im Fokus der Durchführung?

- **Zentrale Aufgabenstellungen und Arbeitsaufträge in der Lernumgebung:** Explizite Formulierung der Aufgabenstellungen und Arbeitsaufträge (Hengartner et al., 2010).
- **Technische Voraussetzungen:** Welche technischen Voraussetzungen müssen unbedingt erfüllt sein, dass diese Lernumgebung durchgeführt werden kann? (Wippermann, 2008)

5.3 Mathematikdidaktischer Gehalt der Lernumgebung

- **„Gute“ Aufgaben & Differenzierung** (Maier, 2011; Wollring, 2008):
  - Analyse der Aufgabenstellungen und Arbeitsaufträge nach den Kriterien „guter“ Aufgaben zum Lernen. (siehe Abschnitt 4.1)
  - Welche Art der Differenzierung wird in der Lernumgebung umgesetzt? (siehe L3, Abschnitt 3.3.3)
- **Artikulation, Kommunikation, Soziale Organisation** (Meyer, 2020; Wippermann & Vogel, 2004; Wollring, 2008):
  - Inwiefern werden die Artikulationsoptionen Handeln, Sprechen und Schreiben ausgenutzt?
  - Wird Raum zum Gestalten und Raum zum Behalten gelassen?
  - Welche Sozialformen werden verwendet?
  - Wie wird die Schlusssequenz im Sinne einer gemeinsamen Reflexion mit den Schülerinnen und Schülern gestaltet?
  - Welche Impulse/Fragen begleiten die einzelnen Phasen des Interagierens mit der Lernumgebung?
- **Potenzial des Einsatzes von (digitalen) Medien** (Krauthausen, 2018; Platz, 2019; Vogel, 2013; Walter, 2018; Wippermann, 2008; Wollring, 2008, PIKAdigi):
  - Welches investive Material wird benötigt? (Welche Hard- und Software (möglichst Open Source) wird verwendet?)
  - Wie müssen die (digitalen) Medien vorbereitet werden, sodass diese kindersicher eingerichtet sind?

  - An welcher Stelle wird der Umgang mit der Software und den enthaltenen Potenzialen von den Kindern erlernt?
  - Welches konsumtive Material wird benötigt? (Arbeitsblätter können als Anhang beigefügt werden, siehe Abschnitt 5.5)
  - Wie müssen der Klassenraum und die Tischsituation vorbereitet sein? (Hier kann ein Foto oder eine Skizze hilfreich sein.)
  - In welcher Funktion werden die (digitalen) Arbeitsmittel jeweils eingesetzt?
  - Welche fachdidaktischen (sowie mediendidaktischen und technischen) Potenziale bringen die (digitalen) Arbeitsmittel mit?
  - Stimmt das „Preis-Leistungs-Verhältnis“ der Lernumgebung, sodass keine Unausgewogenheit an Material und Zeitaufwand spürbar wird?
  - Wieviel Zuwendung der Lehrperson ist notwendig und kann fehlende Zuwendung der Lehrperson durch sachbezogene und erfolgreiche Kooperation der Kinder ausgeglichen werden?

- **Evaluation** (Wollring, 2008):
  - Ermöglicht die Lernumgebung das Erzeugen von Strategiedokumenten?
  - Können Förderimpulse identifiziert werden?
  - Kann identifiziert werden, was an einer Schülerlösung anerkennenswert ist?
  - Kann identifiziert werden, welche Leistungen zum sozialen Lernen beitragen?

- **Vernetzung mit anderen Lernumgebungen** (Wippermann & Vogel, 2004; Wollring, 2008):
  - Bietet die Lernumgebungen Beziehungen zu anderen Strategien im selben mathematischen Problemfeld? (Sind spezielle Lehr- und Lernaktivitäten vor und nach der Lernumgebung möglich/ notwendig?)

  - Gibt es Beziehungen zu anderen Bereichen im Mathematikunterricht?
  - Gibt es Beziehungen zu anderen Fächern?
  - Gibt es Beziehungen zur außerschulischen Lebenswelt?
- **Reflexion der Lernumgebung** (Wippermann, 2008; Wippermann & Vogel, 2004):
  - Welche Aspekte der Durchführung können problematisch werden (Stolpersteine)?
  - Wann sollte die Lernumgebung nicht angewendet werden?
  - Wie könnte ein „Plan B" aussehen, falls die Technik ausfällt?

5.4 Nach der Durchführung

- **Daten zur Durchführung:** In welchem Kontext (Klassenstufe, etc.) wurde die Lernumgebung durchgeführt? (Wippermann, 2008; Wippermann & Vogel, 2004)
- **Schülerdokumente:** Dokumente aus der Erprobung können abgebildet und kommentiert werden, die das Spektrum von zu erwartenden Lernergebnissen geordnet nach den Bereichen „einfach", „mittel", „anspruchsvoll" abbilden (Hengartner et al., 2010).
- **Reflexion nach der Durchführung der Lernumgebung** (Hengartner et al., 2010; Wippermann, 2008; Wippermann & Vogel, 2004):
  - Welche Vorteile bietet die Lernumgebung?
  - Welche Nachteile besitzt die Umsetzung der Lernumgebung?
  - Welche Änderungen sollten in der Planung und in der Dokumentation vorgenommen werden?

5.5 Literaturverzeichnis & Anhang

- Welche **Literatur** (z. B. Schulbücher) wurde zur Entwicklung der Lernumgebung verwendet? (Meyer, 2020)

- **Anhang:** Arbeitsblätter, ggf. Sitzplan, etc. (Meyer, 2020)

6 Zusammenfassung

In diesem Beitrag wurde aus bestehenden Ansätzen zur Dokumentation von Lernumgebungen ein Schema zur kriteriengeleiteten Erstellung und Dokumentation von Lernumgebungen mit Einsatz digitaler Medien abgeleitet. Dieses dient als Vorschlag zur Ermöglichung einer einheitlichen, kriteriengeleiteten Dokumentation von Lernumgebungen mit digitalen Medien, die die drei Funktionen einer schriftlichen Planung erfüllt und besonders den Austausch in einer Community of Practice erleichtern soll, da so die Orientierung vereinfacht und das Verstehen erleichtert werden kann (Hengartner et al., 2010). Im Sinne der Design Science Research stellt das Schema ein Artefakt (eine Methode) dar, das weiterentwickelt wird. In weiteren Seminaren und empirischen Untersuchungen, in die Lehrpersonen und Lehramtsstudierende involviert sein werden, erfolgt eine Erprobung des Schemas. Auf Basis der Ergebnisse der Erprobung wird das Schema optimiert. Ein Beispiel für eine mittels dieses Schemas dargestellte Lernumgebung ist unter folgendem Link zu finden: https://www.melanie-platz.com/Steckbrief_Prim-E-Proof.pdf.

Literatur

Barzel, B., Eichler, A., Holzäpfel, L., Leuders, T., Maaß, K. & Wittmann, G. (2016). Vernetzte Kompetenzen statt träges Wissen - Ein Studienmodell zur konsequenten Vernetzung von Fachwissenschaft, Fachdidaktik und Schulpraxis. In A. Hoppenbrock, R. Biehler, R. Hochmuth & H.-G. Rück (Hrsg.), *Lehren und Lernen von Mathematik in der Studieneingangsphase* (S. 33–50). Wiesbaden, Springer Spektrum.

Bundesministerium für Bildung und Forschung. (2016). *Bildungsoffensive für die digitale Wissensgesellschaft. Strategie des Bundesministeriums für Bildung und Forschung.* https://www.bmbf.de/pub/Bildungsoffensive_fuer_die_digitale_Wissensgesellschaft.pdf

Downes, S. (2011). *Open educational resources: A Definition.* https://www.downes.ca/cgi-bin/page.cgi?post=57915

Drechsler, A. & Hevner, A. (2016). A four-cycle model of IS design science research: capturing the dynamic nature of IS artifact design, In *Breakthroughs and Emerging Insights from Ongoing Design Science Projects: Research-in-progress papers and poster presentations from the 11th International Conference on Design Sci-ence Research in Information Systems and Technology (DESRIST) 2016.* St. John, Canada, DESRIST 2016.

Dutta, S., Geiger, T. & Lanvin, B. (2015). *The global information technology report 2015.* Genf, World Economic Forum & INSEAD.

Gesellschaft für Didaktik der Mathematik. (2017). Die Bildungsoffensive für die digitale Wissensgesellschaft: Eine Chance für den fachdidaktisch reflektierten Einsatz digitaler Werkzeuge im Mathematikunterricht. *Mitteilungen der Gesellschaft für Didaktik der Mathematik*, (103), 39–41.

Heckmann, K. & Padberg, F. (2014). *Unterrichtsentwürfe Mathematik Primarstufe, Band 2.* Berlin, Springer Spektrum.

Hengartner, E., Hirt, U. & Wälti, B. (2010). *Lernumgebungen für Rechenschwache bis Hochbegabte: Natürliche Differenzierung im Mathematikunterricht* (2. aktualisierte und erweiterte Auflage). Zug, Klett und Balmer Verlag.

Hirt, U. & Wälti, B. (2015). *Lernumgebungen im Mathematikunterricht: natürliche Differenzierung für Rechenschwache und Hochbegabte* (5. Aufl.). Hannover, Kallmeyer.

Huhmann, T., Eilerts, K. & Höveler, K. (2019). Digital unterstütztes Mathematiklehren und -lernen in der Grundschule – Konzeptionelle Grundlage und übergeordnete Konzeptbausteine für die Mathematiklehreraus- und –fortbildung. In R. Rink & D. Walter (Hrsg.), *Beiträge zum 5. Band der Reihe „Lernen, Lehren und Forschen mit digitalen Medien". Digitale Medien in der Lehreraus- und -fortbildung von Mathematiklehrkräften - Konzeptionelles und Beispiele* (S. 277–308). Münster, WTM-Verlag.

Hußmann, S., Thiele, J., Hinz, R., Prediger, S. & Ralle, B. (2013). Gegenstandsorientierte Unterrichtsdesigns ent-wickeln und erforschen – Fachdidaktische Entwicklungsforschung im Dortmunder Modell. In M. Komorek & S. Prediger (Hrsg.), *Der lange Weg zum Unterrichtsdesign: Zur Begründung und Umsetzung fachdidaktischer Forschungs- und Entwicklungsprogramme* (S. 25–42). Münster, Waxmann.

Koehler, M. & Mishra, P. (2009). What is technological pedagogical content knowledge (TPACK)? *Contemporary issues in technology and teacher education, 9*(1), 60–70.

Krauthausen, G. & Scherer, P. (2010). *Umgang mit Heterogenität. Natürliche Differenzierung im Mathematikunterricht der Grundschule:*

Handreichungen des Programms SINUS an Grundschulen. http://www.sinus-an-grundschulen.de/fileadmin/uploads/Material_aus_SGS/Handreichung_Krauthausen-Scherer.pdf

Krauthausen, G. (2012). *Digitale Medien im Mathematikunterricht der Grundschule.* Berlin, Spektrum Akademischer Verlag.

Krauthausen, G. (2018). *Einführung in die Mathematikdidaktik - Grundschule* (4. Auflage). Berlin, Heidelberg, Springer Spektrum.

Kultusministerkonferenz. (2016). *Strategie der Kultusministerkonferenz „Bildung in der digitalen Welt" (Beschluss der Kultusministerkonferenz vom 08.12.2016).* https://www.kmk.org/fileadmin/Dateien/pdf/PresseUndAktuelles/2016/Bildung_digitale_Welt_Webversion.pdf

Maier, S. (2011). *Neue Aufgabenkultur im Mathematikunterricht der Grundschule: Theoretische Aspekte, unterrichtliche Realisierung, Reflexion und Evaluation des Unterrichtsprojekts Gute Aufgaben im Mathematikunterricht der Grundschule (GAMU) in einer 4. Jahrgangsstufe.* Hamburg, Kovač.

Meyer, H. (2020). *Unterrichtsmethoden II: Praxisband* (16. Aufl.). Berlin, Cornelsen.

Peter-Koop, A., Lilitakis, G. & Spindeler B. (2009). *Lernumgebungen - Ein Weg zum kompetenzorientierten Mathematikunterricht in der Grundschule: Festschrift zum 60. Geburtstag von Bernd Wollring.* Offenburg, Mildenberger Verlag.

Platz, M. (2019). Ein Entscheidungsunterstützungssystem zur Auswahl passender Apps für den Mathematikunterricht der Grundschule - Eine erste Version. In R. Rink & D. Walter (Hrsg.), *Beiträge zum 5. Band der Reihe „Lernen, Lehren und Forschen mit digitalen Medien". Digitale Medien in der Lehreraus- und -fortbildung von Mathematiklehrkräften - Konzeptionelles und Beispiele* (S. 167–182). Münster, WTM-Verlag.

Plomp, T. (2013). Educational design research: An introduction. In T. Plomp & N. Nieveen (Hrsg.), *Educational Design Research* (S. 11–50). Netzodruk, Enschede, SLO – Netherlands institute for curriculum development.

Prediger, S., Link, M., Hinz, R., Hußmann, S., Thiele, J. & Ralle, B. (2012). Lehr-Lernprozesse initiieren und erforschen – Fachdidaktische Entwicklungsforschung im Dortmunder Modell. *MNU, 65*(8), 452–457.

Rasch, R. (2019). *Textaufgaben für Grundschulkinder zum Denken und Knobeln: mathematische Probleme lösen-Strategien entwickeln* (2. Aufl.). Seelze, Klett Kallmeyer.

Vaishnavi, V., Kuechler, W. & Petter, S. (2019). *Design Science Research in Information Systems. January 20, 2004 (created in 2004 and updated until 2019 by Vaishnavi, V. and Kuechler, W.)* http://www.desrist.org/design-research-in-information-systems/

Vogel, R. (2013). Mathematical situations of play and exploration. *Educational Studies in Mathematics, 84*(2), 209–225.

Walter, D. (2018). *Nutzungsweisen bei der Verwendung von Tablet-Apps.* Wiesbaden, Springer Spektrum.

Wenger, E. C. & Snyder, W. M. (2000). Communities of practice: The organizational frontier. *Harvard business review, 78*(1), 139–146.

Wippermann, S. (2008). *Didaktische Design Patterns: Zur Dokumentation und Systematisierung didaktischen Wissens und als Grundlage einer Community of Practice.* Saarbrücken, VDM Verlag Dr. Müller.

Wippermann, S. & Vogel, R. (2004). Communicating didactic knowledge in university education (EdMedia+ Innovate Learning, Hrsg.). In EdMedia+ Innovate Learning (Hrsg.), *Association for the Advancement of Computing in Education (AACE).*

Wollring, B. (2008). Zur Kennzeichnung von Lernumgebungen für den Mathematikunterricht in der Grundschule. In Kasseler Forschergruppe (Hrsg.), *Lernumgebungen auf dem Prüfstand. Bericht 2 der Kasseler Forschergruppe Empirische Bildungsforschung Lehren – Lernen – Literacy* (S. 9–26). Kassel, Kassel University Press.

Mathematikdidaktische Reflexionen über den Einsatz dynamischer Geometriesoftware in der Lehramtsausbildung

Jochen Geppert

Die Verwendung der dynamischen Geometriesoftware GeoGebra ermöglicht die Erstellung selbstentdeckenden Unterrichtsmaterials. Dieses kann genutzt werden, um die Beweisbedürftigkeit mathematischer Aussagen zu motivieren. Daneben regt die Benutzung von Software zur Beschreibung, aber auch Entdeckung, geometrischer Zusammenhänge eine Reflexion über die Möglichkeiten des Computers in der Mathematik an. Der Artikel beschreibt Möglichkeiten der Verwendung von GeoGebra in den Lehramtsstudiengängen Mathematik und diskutiert diese vor einem mathematikdidaktischen Hintergrund.

1 Chancen des Einsatzes dynamischer Geometriesoftware

1.1 Dynamische Geometriesoftware

Hierunter versteht man das interaktive Erstellen von geometrischen Konstruktionen am Computer. Dabei sind mit geometrischen Konstruktionen klassische Konstruktionen mit dem Zirkel und dem Lineal gemeint, wie sie in der Mathematik seit der Antike (etwa in den Büchern von Euklid), studiert werden. Die auf dem Bildschirm durchgeführten Konstruktionen können dann durch visuelles Bewegen einzelner Punkte verändert werden, bleiben aber in ihrer Grundstruktur

F. Dilling und F. Pielsticker (Hrsg.), *Mathematische Lehr-Lernprozesse im Kontext digitaler Medien*, MINTUS – Beiträge zur mathematisch-naturwissenschaftlichen Bildung, https://doi.org/10.1007/978-3-658-31996-0_3

erhalten. Hierin liegt ein Vorteil gegenüber dem herkömmlichen Konstruieren mit Zirkel und Lineal auf dem Papier.
Daneben lassen sich mit GeoGebra Konstruktionen durchführen, die in ihrer Komplexität mit dem Bleistift so nicht mehr durchführbar sind. So können beispielsweise notwendige Vergrößerungen, etwa zum Auffinden des Berührpunktes einer Tangente, bei der Konstruktion mit Stift und Zirkel nicht mehr geleistet werden. Ein Beispiel hierzu findet sich im zweiten Abschnitt.

1.2 GeoGebra - Beispiel einer dynamischen Geometriesoftware

GeoGebra ist eine kostenlose dynamische Mathematiksoftware, die Geometrie, Algebra und Analysis verbindet. Sie wird von Dr. Markus Hohenwarter, Professsor an der Johnnes Kepler Universität in Linz für den Einsatz im Unterricht an Schulen entwickelt. Einerseits ist in GeoGebra ein dynamisches Geometriepaket implementiert, andererseits ist auch die direkte Eingabe von Gleichungen und Koordinaten möglich. GeoGebra erlaubt so auch das Rechnen mit Zahlen, Vektoren und Punkten, liefert Ableitungen und Integrale von Funktionen und bietet Befehle zur Berechnung von Nullstellen oder Extrema.
Es lassen sich zahlreiche Beispiele für einen nutzbringenden Einsatz von GeoGebra in den vielen Veröffentlichungen und Internetseiten finden, beispielhaft sei hier die Seite https://www.juergen-roth.de/dynama/AKGeoGebra/index.html von Prof. Jürgen Roth genannt, die es ermöglicht interaktiv mit GeoGebra in ausgewählten Kontexten zu arbeiten.
Den entscheidenden Vorzug einer dynamischen Geometriesoftware ist in den Möglichkeiten zu sehen, Konstruktionen interaktiv bewegen zu können („Zugmodus", bei dem die Beziehungen zwischen den Objekten erhalten bleiben). „Mit ihrer Hilfe können Visulisierungen mathematischer Konfigurationen relativ einfach erzeugt und dynamisch variiert werden." (Roth, 2008, S.131). Diese Möglichkeit lässt sich nutzen, um im Rahmen entdeckenden Lernens eine in einer Konstruktion festgestellten grafischen Zusammenhang auch in anderen ähnlichen

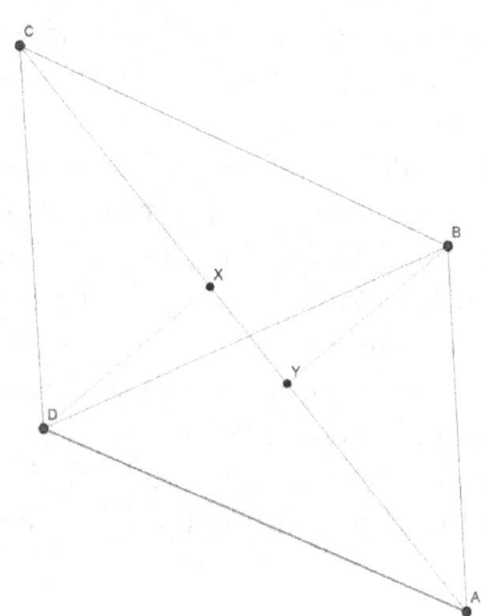

Abbildung 10: Orthogonalitätsbedingung (Erstellt mit ©GeoGebra).

Konstruktionen, die aus der Ausgangskonstruktion dynamisch hervorgehen, zu überprüfen.
In der Literatur werden die didaktischen Möglichkeiten des Zugmodus breit diskutiert, siehe beispielsweise in Weigand et al. (2014)). Beispielsweise lässt sich die Frage, welche Bedingung erfüllt sein muss, damit zwei gegebene Strecken AC und BD orthogonal sind, über den Einsatz des Zugmodus in der Weise motivieren, dass man die Punkte so verschiebt, dass die beiden Strecken orthogonal liegen. Gibt man die heuristische Strategie des „Entdecken von Bekannten im Unbekannten" vor, so entwickeln Schülerinnen und Schüler relativ die Idee des Einzeichnens von rechtwinkligen Dreiecken in die Figur (siehe Abbildung 10). Durch den Zugmodus lässt sich eine Ecke nun so bewegen, dass genau dann, wenn die Punkte x und y zur Deckung gebracht werden, die beiden Strecken orthogonal sind, es lässt sich dann relativ leicht über den Satz des Pythagoras die Bedingung:

$$\overline{AC} \perp \overline{BD} \Leftrightarrow |\overline{AB}|^2 + |\overline{CD}|^2 = |\overline{AD}|^2 + |\overline{BC}|^2$$

Durch ein solches Vorgehen des Experimentierens wird ganz automatisch ein „Beweiswunsch" geweckt, die Frage entsteht, ob der beobachtete Zusammenhang nun ein Zufall ist oder auf eine Regelmäßigkeit verweist, die es zu beweisen gilt.
Da GeoGebra während des Konstruierens eine Übersetzung aller Schritte in die entsprechenden Gleichungen der analytischen Geometrie anbietet, besteht die Möglichkeit, ein erhaltenes Ergebnis auch analytisch zu motivieren, bzw. neben dem geometrischen auch einen analytischen Beweis durchzuführen.
In Abschnitt 2 werden dazu Beispiele aus der Veranstaltung zum Einsatz von GeoGebra im Unterricht vorgestellt.
subsectionGeoGebra - eine mathematikdidaktische Reflexion Mit dem Einsatz von GeoGebra werden im Seminar die folgenden didaktischen Ziele verfolgt:

(i) Studierende sollen in die Lage versetzt werden, mathematische Zusammenhänge nach zu entdecken.
(ii) Die Lehramtsstudierenden sollen dafür sensibilisiert werden, welche Erwartungen sie selbst an einen mathematischen Beweis haben.
(iii) Die Studierenden entwickeln gemeinsam Unterrichtsmaterial zum Einsatz von GeoGebra, welches dann beispielsweise während des Praxissemesters genutzt werden kann.

Zum ersten Ziel: Im Umgang mit GeoGebra, insbesondere mit den dynamischen Fähigkeiten, über die dieses Programm verfügt, können relativ schnell auch relativ komplexe Konstruktionen erstellt werden, die nicht nur einen ästhetischen, sondern auch einen suggestiv-überzeugenden Charakter besitzen. Bewegt man beispielsweise die Ecken eines Dreiecks und sieht, dass sich weiterhin Höhenschnittpunkt, Schwerpunkt und Umkreismittelpunkt auf einer Geraden liegend befinden, führt dies schon relativ schnell und auch stark zu dem Eindruck einer allgemeinen Gültigkeit dieser Aussage. Die Studierenden haben während ihres vorherigen Studiums an der Veranstaltung zur „Elemente der Geometrie" teilgenommen und kennen somit aus ihrem bisherigen Studium auch Beispiele für geometrische Beweise.

Diese bestehen meistens aus allgemeingültigen geometrischen Überlegungen, verdeutlicht durch Konstruktionszeichnungen. Sie werden im Folgenden „Konstruktive geometrische Beweise“ genannt. Im Studiengang des Lehramts an Haupt- und Realschulen ist eine Veranstaltung zur axiomatischen Geometrie nicht verpflichtend zu besuchen, so dass den meisten Studierenden deduktive Beweise in der Geometrie unbekannt sind. Die Gemeinsamkeit zwischen dem „Entdecken“ eines Zusammenhangs durch beliebig bewegte GeoGebra-Konstruktionen, die auf einen geometrischen Sachverhalt (wie etwa die Existenz der Euler-Gerade) hinweisen und konstruktiven geometrischen Beweisen besteht darin, dass einzelne Beweisschritte durch Bewegungen verdeutlicht werden können. So lässt sich durch eine Bewegung des beliebigen Dreiecks, dieses auf dem Bildschirm in ein gleichseitiges Dreieck verwandeln und man kann erkennen, dass Höhenschnittpunkt H, Umkreismittelpunkt M und der dazwischen liegende Schwerpunkt S sich auf der gemeinsamen Gerade in einen Punkt zusammenziehen. In jedem anderen Dreieck kann eine Übereinstimmung zwischen S und M und H nicht mehr vorkommen – vermuten kann man es durch „dynamisches Verwandeln“ des gleichseitigen Dreiecks. Erklären kann man es dadurch, dass zwei Geraden (hier Mittelsenkrechte und Seitenhalbierende) maximal nur einen Punkt gemeinsam haben können, da im gleichschenkligen Dreieck nur eine Mittelsenkrechte mit einer Seitenhalbierenden übereinstimmen kann und im allgemeinen Dreieck kein Paar. Somit unterstützt auch hier GeoGebra das wohl begründete Ergebnis $S \neq M$. Über die Anwendung der Strahlensätze lässt sich dann zeigen, dass H auf der Geraden durch S und M liegen muss und zwar genauso, dass $|\overline{HS}| = 2|\overline{SM}|$ gilt. Diesen weiteren Zusammenhang kann man ebenfalls durch Bewegung der Konstruktion vermuten. Die zum Beweis führende Strahlensatzfigur kann man ebenfalls im GeoGebra-Dreieck gut erkennen und durch Bewegungen verdeutlichen, so dass GeoGebra eine visuelle Unterstützung der Beweisschritte darstellt.

Eine weitere Beweisanregung stellt GeoGebra durch die algebraische Implementation der Konstruktion zur Verfügung. Sämtliche Konstruktionsschritte werden parallel algebraisch in einem Koordinatensystem übersetzt. In dem im Seminar erstellten Unterrichtsmaterial wird diese Möglichkeit berücksichtigt, so dass man bei der Umsetzung im Unterricht nicht nur konstruieren, sondern auch rechnen muss, um beispielsweise in einem konkreten Dreieck die Koordinaten von H, M und S zu bestimmen (die Ergebnisse können mit GeoGebra verglichen werden), um anschließend zu zeigen, dass alle drei Punkte auf einer Geraden liegen.

Zum zweiten Ziel: Ein weiteres Ziel im Umgang mit GeoGebra besteht in der Veranstaltung darin, die angehenden Lehrerinnen und Lehrer dafür zu sensibilisieren, auf der einen Seite die Beweisbedürftigkeit mathematischer Aussagen bei ihren zukünftigen Schülerinnen und Schülern zu wecken. Auf der anderen Seite sollen die Studierenden Überlegungen zu ihren eigenen Einstellungen zur wichtigsten Eigenschaft der Mathematik, nämlich der Beweisnotwendigkeit ihrer Aussagen anstellen. Nach einer Entdeckung oder einer Vermutung gehen Mathematiker dazu über, diese deduktiv auf bereits bewiesene Aussagen zurückzuführen oder ganz neue Axiome zu entwerfen, auf die dann die zu zeigende Aussage deduktiv zurückgeführt werden kann. GeoGebra-Konstruktionen bieten dazu einen Anlass und den Studierenden soll damit eine Möglichkeit gegeben werden, Fragen oder Einstellungen ihrer zukünftigen Schüler zum Thema „Entdeckung, Vermutung, Beweis“ mit eigenem reflektiertem Vorwissen zu begegnen.

Im Rahmen des dritten Ziels sind verschiedene Projekte geplant. Das erstellte Material soll in einem ersten Schritt Lehrern eines Siegener Gymnasiums im Rahmen einer Fortbildung vorgestellt werden. In einem anschließenden zweiten Schritt soll in einer freiwilligen AG mit Schülerinnen und Schülern eines Siegener Gymnasiums das GeoGebra-Material evaluiert und wissenschaftlich untersucht werden. Es sind darüber hinaus verschiedene Unterrichtsprojekte im Rahmen von Bachelorarbeiten geplant.

1.3 GeoGebra - eine kurze mathematikphilosophische Reflexion

Arbeitet man mit GeoGebra oder anderen dynamischen Geometrieprogrammen komplexere Konstruktionen aus (siehe das Beispiel am Ende von Abschnitt 2), die historisch nicht mit den klassischen Konstruktionswerkzeugen Stift, Zirkel und Lineal gefunden wurden, öffnet man automatisch die Tür zur Diskussion über den Einsatz des Computers in der Mathematik. Am Beispiel des Beweises des Vierfarbensatzes und seiner intensiven Diskussion zeichnet Ebert (2016) den Einfluss des Einsatzes von Computern in der Mathematik auf die Einstellung der Mathematiker zu den Grundlagen ihres Faches nach. In diesem kurzen Abschnitt sollen die von Ulla Ebert zusammengetragen Informationen und ihre Schlussfolgerungen nicht im Einzelnen vorgestellt werden. Ihre Arbeit beeinflusst aber die folgenden Gedanken entscheidend.

Welchen Stellenwert sollen Beweise im Mathematikunterricht besitzen?

Innerhalb der mathematikdidaktischen Forschung nimmt diese Frage eine prominente Stellung ein, siehe den kurzen Auszug im Literaturverzeichnis. Man kann die Ergebnisse folgendermaßen zusammenfassen. Beweise gehören in den Mathematikunterricht, aber Beweise sollen in erster Linie verständlich sein. Elschenbroich (1999, S.2) stellt fest „Mathematik als Abfolge unverstandener Beweise bleibt nicht nur folgenlos, sondern ist ausgesprochen schädlich.“
Ein Beweis soll auf der einen Seite eine mathematische Behauptung deduktiv mit bereits bewiesenen Aussagen verknüpfen, auf der anderen Seite soll er Mathematik auch erklären. Im Unterricht ist es zudem zentral, dass er auch verständlich sein ist. An dieser Stelle kann die Benutzung von GeoGebra eine echte Hilfe sein – es lassen sich Beweisschritte visualisieren, durch die Bewegung der Figur auch sofort auf eine andere übertragen (und somit der Gefahr entgegenwirken, dass Schüler den Beweis als doch „nur“ an einer skizzierten Figur bewiesen und induktiv verallgemeinert, auffassen) und somit

als allgemeingültig auch sichtbar verdeutlichen.
GeoGebra kann aber auch dazu verwendet werden, darüber nachzudenken, wann eine Bildschirm-Konstruktion überhaupt einen Charakter als echte mathematische Entdeckung besitzt. Ist ein gefundener Punkt als farbig unterlegter Pixel auf dem Bildschirm vielleicht überhaupt kein Punkt, sondern Folge der mangelnden Auflösung des Bildschirms? Siehe hierzu das Beispiel zur Lage des Exeterpunkts als Schnittpunkt zweier Diagonalen eines speziellen Vierecks (siehe Abbildung refGerade durch Umkreismittelpunkt und Nagelpunkt).
In dieser Weise kann ein am Bildschirm gefundener Zusammenhang ein idealer Ausgangspunkt dafür sein, wann ein Beweis endgültig überzeugend ist. Im Falle geometrischer Konstruktionen ergibt sich das über einen affin-geometrischen Beweis, also algebraisch in einem Koordinatensystem.
Für den im Seminar behandelten Zusammenhang der Euler-Gerade sind die entstehenden linearen Gleichungen u. U. gerade noch überschaubar und können im Unterricht der Mittelstufe behandelt werden (eventuell sogar unter Einbeziehung eines CAS, was dann wiederum zu interessanten Diskussionen Anlass geben kann!).
Legt man dazu den Punkt A des Dreiecks in den Ursprung des Koordinatensystems, so erhält man für die Gleichungen der Seiten:

$$\begin{aligned}
y_{AB}(x) &:= m_{AB}x \\
y_{BC}(x) &:= m_{BC}(x - x_C) + y_C \\
y_{AC}(x) &:= m_{AC}x \\
m_{AB} &= \frac{y_B}{x_B} \\
m_{BC} &= \frac{y_C - y_B}{x_C - x_B} \\
m_{AC} &= \frac{y_C}{x_C}
\end{aligned}$$

1. Für die Gleichungen der Mittelsenkrechten erhält man:

$$
\begin{aligned}
y^{\perp}_{AB} &:= \frac{-x_B}{y_B}x + \frac{1}{2y_B}(y_B^2 + x_B^2)\\
y^{\perp}_{AC} &:= \frac{-x_C}{y_C}x + \frac{1}{2y_C}(y_C^2 + x_C^2)\\
y^{\perp}_{BC} &:= \frac{-(x_C - x_B)}{y_C - y_B}x + \frac{1}{2}\frac{(y_C^2 - y_B^2 + x_C^2 - x_B^2)}{y_C - y_B}
\end{aligned}
$$

Für die Koordinaten des Umkreismittelpunkts erhält man durch Gleichsetzen:

$$
\begin{aligned}
x_M &= -\frac{y_B y_C^2 + (-y_B^2 - x_B^2)y_C + x_C^2 y_B}{2x_B y_C - 2x_C y_B}\\
y_M &= \frac{x_B y_C^2 - x_C y_B^2 + x_B x_C^2 - x_B^2 x_C}{2x_B y_C - 2x_C y_B}
\end{aligned}
$$

2. Für die Gleichungen der Höhen erhält man:

$$
\begin{aligned}
h_{AB}(x) &:= \frac{-1}{m_{AB}}x + y_C + \frac{x_C}{m_{AB}}\\
h_{BC}(x) &:= \frac{-1}{m_{BC}}x\\
h_{AC}(x) &:= \frac{-1}{m_{AC}}x + y_B + \frac{x_B}{m_{AC}}
\end{aligned}
$$

Die Koordinaten des Höhenschnittpunkts ergeben sich hieraus zu:

$$
\begin{aligned}
x_H &= \frac{y_B y_C^2 + (x_B x_C - y_B^2)y_C - x_B x_C y_B}{x_B y_C - x_C y_B}\\
y_H &= -\frac{(x_C - x_B)y_B y_C + x_B x_C^2 - x_B^2 x_C}{x_B y_C - x_C y_B}
\end{aligned}
$$

3. Für die Gleichungen der Seitenhalbierenden erhält man:

$$\begin{aligned} s_{AB} &:= m_1 x + y_C + (-m_1)x_C \\ m_1 &= \frac{2y_C - y_B}{2x_C - x_B} \\ s_{BC} &:= m_2 x \\ m_2 &= \frac{y_C + y_B}{x_C + x_B} \\ s_{AC} &:= m_3 x + y_B + (-m_3)x_B \\ m_3 &= \frac{y_C - 2y_B}{x_C - 2x_B} \end{aligned}$$

Für die Koordinaten des Schwerpunkts des Dreiecks erhält man dann:

$$\begin{aligned} x_S &= \frac{x_C + x_B}{3} \\ y_S &= \frac{y_C + y_B}{3} \end{aligned}$$

4. Der Nachweis der Euler-Gerade gelingt dann aus der Überprüfung ob, der dritte Punkt auf der Geraden durch die beiden anderen Punkte liegt. Die Gerade durch H und S hat die Gleichung:

$$\begin{aligned} y_{Euler}(x) &:= mx + \frac{y_C + y_B}{3} + (-m)\frac{x_C + x_B}{3} \\ m &= -\frac{x_B y_C^2 + (2x_C - 2x_B)y_B y_C - x_C y_B^2 + 3x_B x_C^2 - 3x_B^2 x_C}{3y_B y_C^2 + (-3y_B^2 + 2x_B x_C - x_B^2)y_C + (x_C^2 - 2x_B x_C)y_B} \end{aligned}$$

Setzt man in diese Gleichung die x-Koordinate des Umkreismittelpunkts ein, so erhält man die passende y-Koordinate.
Erst dieser Beweis, er mag unübersichtlich sein, ist insofern auch für Schüler überzeugend, da er ein „allgemeingültiges Aussehen“ als Formel hat. Der Beweis ist mit keinem Beispiel – weder ein gezeichnetes noch ein auf dem Bildschirm zu sehendes - verknüpft und beansprucht so eine Allgemeingültigkeit, für die man die Schülerinnen und Schüler sensibilisieren sollte. Der affin-geometrische Beweis beschreibt die

entstehenden Punkte als Schnittpunkte von linearen Gleichungen und argumentiert somit deduktiv auf der Grundlage der Axiome der reellen Zahlen.

2 Möglichkeiten des Einsatzes von GeoGebra in den Lehramtsstudiengängen - Entwicklung von entdeckendem Unterrichtsmaterial

In einer Seminarveranstaltung im Bachelorstudiengang des Lehramts für Haupt- und Realschulen wird ab dem fünften Semester die Fachdidaktische Ergänzung im Umfang von zwei Semesterwochenstunden angeboten. Dort wird GeoGebra vorzugsweise zur Erstellung von entdeckendem Unterrichtsmaterial benutzt. Die Veranstaltung hat zwei Ziele, auf der einen Seite eine Vertiefung der in der Veranstaltung „Elemente der Geometrie" erworbenen inhaltlichen Kenntnisse, sowie auf der anderen Seite eine methodische Vorbereitung auf schulische Erfahrungen mit digitalen Medien im Praxissemester.
Die inhaltliche Vertiefung der Vorlesung „Elemente der Geometrie" findet durch eine Auswahl von Ergebnissen der ebenen Geometrie statt. Dazu werden Arbeitsaufträge erteilt, in denen die Teilnehmer über GeoGebra-Konstruktionen zu inhaltlichen Vermutungen und Entdeckungen angeregt werden. Dies geschieht durch eine inhaltliche Verknüpfung zu Themen aus der Vorlesung, insbesondere im Rahmen der „Entdeckung besonderer Punkte und Geraden im ebenen Dreieck". Hier wird den Teilnehmern nach der Wiederholung der Konstruktionen von Umkreis, Inkreis, Schwerpunkt und Höhenschnittpunkt durch GeoGebra die Möglichkeiten gegeben, die in der Vorlesung thematisierte Euler-Gerade (siehe Abbildung 11) sowie den Neunpunktekreis (siehe Abbildung 12) durch verschiedene passende Arbeitsaufträge entdeckend am Bildschirm wiederzufinden. Die geometriedynamischen Möglichkeiten von GeoGebra werden dabei in der Weise eingesetzt, dass erst über die Bewegung der Figur die Zusammenhänge für eine größere Klasse von Dreiecken zugänglich werden. Auf diese Weise wird durch die Visualisierung der Zusammenhänge

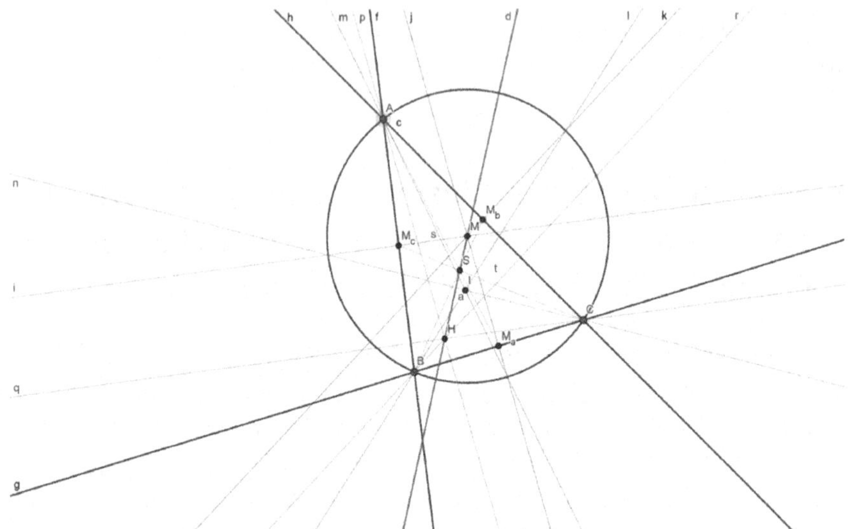

Abbildung 11: Euler-Gerade (Erstellt mit ©GeoGebra).

in verschiedenen Dreiecken, das Augenmerk auf verschiedene Fälle gelegt, insbesondere kann dadurch die Beweisbedürftigkeit der Entdeckung motiviert werden.
Diese Arbeitsaufträge dienen somit neben der inhaltlichen Wiederholung und Vertiefung auch einer Anregung zur Erstellung von entdeckendem Unterrichtsmaterial. Eine inhaltliche Vertiefung findet durch einen Arbeitsauftrag zur Konstruktion des sogenannten Nagel-Punkts statt. Anknüpfend an die aus der Vorlesung bekannten Ankreise eines Dreiecks wird hier dieser Schnittpunkt der Verbindungsgeraden durch den jeweiligen Eckpunkt und den sich auf der gegenüberliegenden Seite des Dreiecks befindenden Berührpunkt des entsprechenden Ankreises konstruiert (siehe Abbildung 13).
Die Seminarteilnehmer sollen hier insbesondere ihre Sensibilität mit Blick auf die Lage dieses Punktes schärfen, es lässt sich nach einer entsprechenden Konstruktionserweiterung mit GeoGebra sofort erkennen, dass der Nagel-Punkt nicht auf der Euler-Gerade liegt.
Die Studierenden werden dabei durch den Arbeitsauftrag zu einer

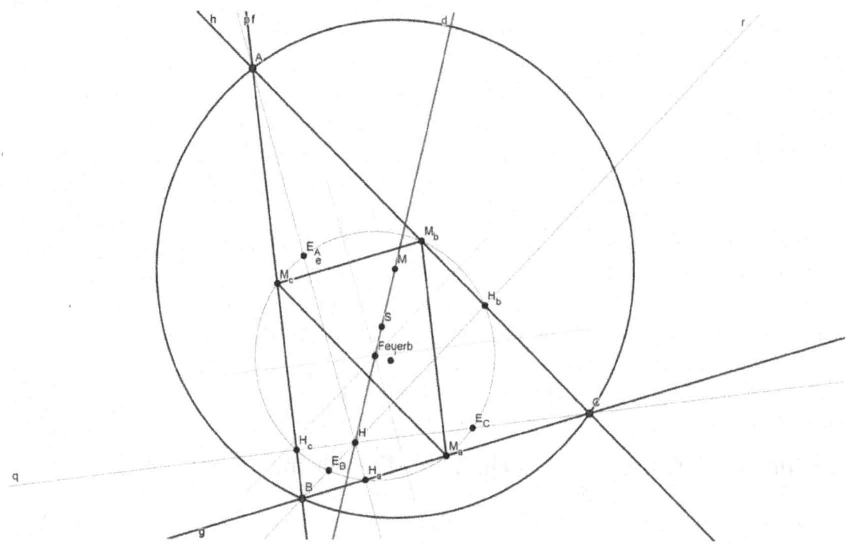

Abbildung 12: Euler-Gerade und Neunpunkte-Kreis (Erstellt mit ©GeoGebra).

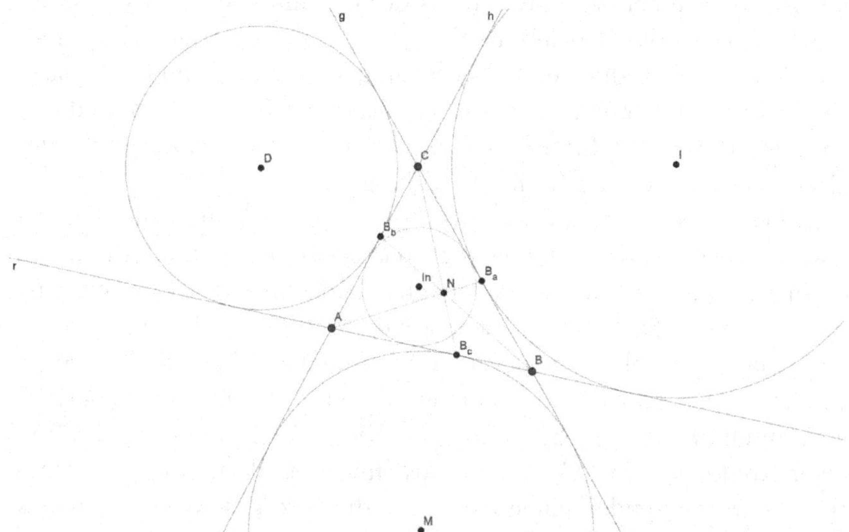

Abbildung 13: Nagel-Punkt eines Dreiecks (Erstellt mit ©GeoGebra).

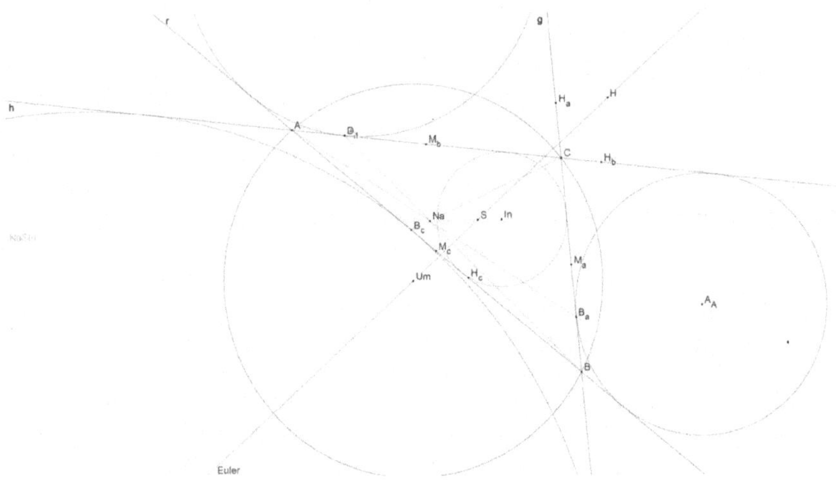

Abbildung 14: Lage des Nagelpunkts (Erstellt mit ©GeoGebra).

ersten Vermutung der Lage des Nagelpunkts auf der Euler-Geraden geführt, da in einem gleichschenkligen Dreieck diese Vermutung zunächst zu stimmen scheint. Mittels der dynamischen Konstruktionsmöglichkeiten, die GeoGebra bietet, wird aber in anderen Fällen sofort deutlich, dass diese erste Vermutung nicht zutreffend ist. Es lässt sich aber leicht erkennen, dass der Nagel-Punkt auf einer anderen Geraden durch den Inkreismittelpunkt sowie dem Schwerpunkt des Dreiecks liegen könnte (siehe Abbildung 14).

Auf diese Weise wird in der Ausbildung der Lehramtsstudierenden mathematisches Arbeiten angeregt, das Beobachten und Formulieren eigener Fragestellungen wird ermöglicht und über den Computer ist sogar ein experimentelles geometrisches Arbeiten umsetzbar.

Dass man auch relativ moderne Forschungsergebnisse mit GeoGebra nachentdecken kann, wird über einen weiteren Arbeitsauftrag zum sogenannten „Exeterpunkt“ vermittelt. Dieser Punkt, der erst 1989 in einer Konferenz über Computermathematik entdeckt wurde, vermittelt den Studierenden einen ersten Eindruck zur Beweisproblematik von mathematischen Ergebnissen, die mit Hilfe des Computers erzielt werden.

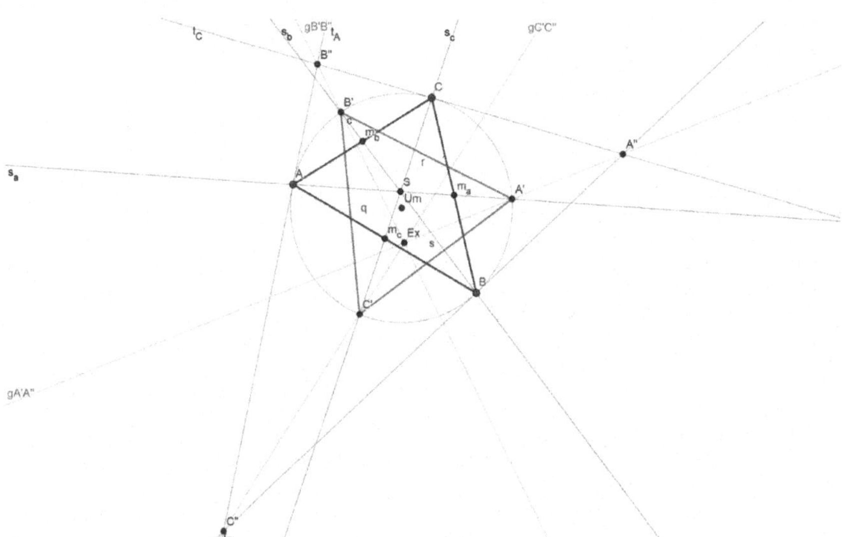

Abbildung 15: Exeter-Punkt eines Dreiecks (Erstellt mit ©GeoGebra).

Die Studierenden erhalten im Laufe ihres Arbeitsauftrages zu einem Ausgangsdreieck noch zwei weitere, wobei eines der Dreiecke als Eckpunkte die Schnittpunkte der Seitenhalbierenden mit dem Umkreis des Ausgangsdreiecks besitzt. Das andere entsteht aus den Schnittpunkten der Tangenten an den Umkreis des Ausgangsdreiecks in den Ecken des Ausgangsdreiecks. Die Geraden durch gegenüberliegende Ecken der beiden neuen Dreiecke schneiden sich in einem Punkt, dem „Exeter-Punkt“ (siehe Abbildung 15).
Dass es sich wahrscheinlich nicht um einen Zufall handeln kann, wird durch die Bewegung der Ausgangsecken des Dreiecks deutlich. Auch in veränderten Fällen schneiden sich die obigen Geraden immer in einem Punkt. So kann der Exeter-Punkt nicht nur auf einer Ecke des Ausgangsdreiecks liegen, sondern auch außerhalb. Die Lageuntersuchung des Punktes führt schnell zu den Vermutungen, dass dieser Punkt eventuell auf der Euler-Geraden des Ausgangsdreiecks oder auf seiner Nagel-Punkt-Geraden liegen könnte. Die erste Vermutung bestätigt sich durch eine Konstruktion (siehe Abbildung 16).

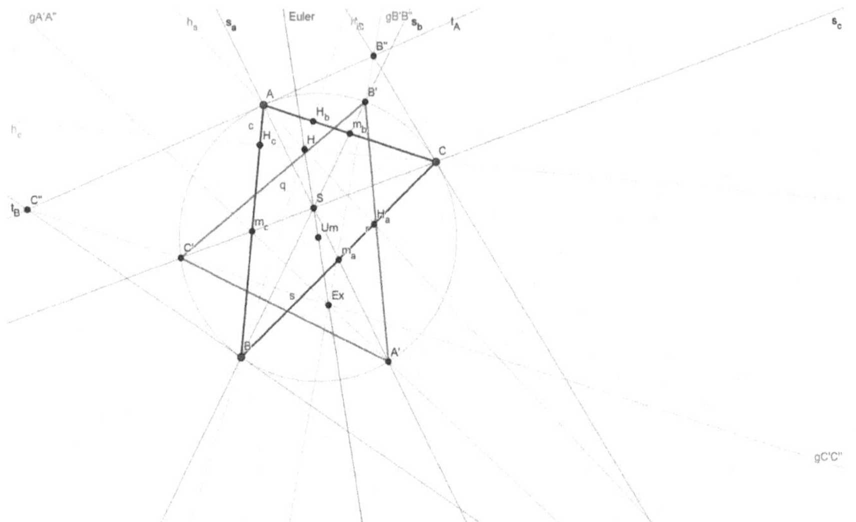

Abbildung 16: Der Exeter-Punkt liegt auf der Euler-Geraden des Ausgangsdreiecks (Erstellt mit ©GeoGebra).

Ein weiteres Ergebnis über den Exeter-Punkt ist dann von besonderem didaktischem Interesse, kommt man doch nur bei erheblicher Auflösung der Konstruktion am Bildschirm zum Ergebnis. Man kann am Bildschirm nämlich erkennen, dass die Lage des Exeter-Punktes noch durch eine andere Schnittkonstruktion ermöglicht werden kann. Konstruiert man nämlich den Neunpunkte-Kreis des durch die Tangentenkonstruktion entstandenen Dreiecks, so entstehen durch die Gerade durch seinen Mittelpunkt und den Mittelpunkt des Umkreises des Ausgangsdreiecks zwei Schnittpunkte mit dem Umkreis des Ausgangsdreiecks (siehe Abbildung 17).
Zwei weitere Schnittpunkte werden dann durch eine weitere Konstruktion gewonnen, hierbei wird nun der Nagel-Punkt des durch die Tangentenkonstruktion erhaltenen Dreiecks bestimmt. Die Gerade durch diesen Nagelpunkt und den Umkreismittelpunkt des gleichen Dreiecks schneiden den Umkreis des durch die Tangentenkonstruktion erhaltenen Dreiecks in zwei weiteren Punkten (siehe Abbildung 18).

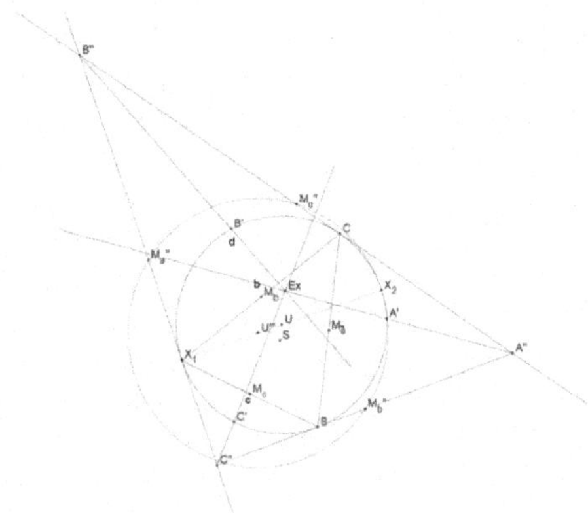

Abbildung 17: Schnittpunkte X_1 und X_2 der Gerade durch die beiden Mittelpunkte (Erstellt mit ©GeoGebra).

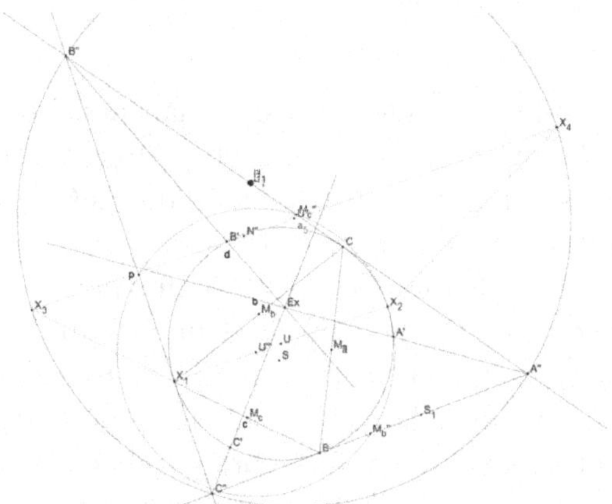

Abbildung 18: Schnittpunkte X_3 und X_4 der Gerade durch Umkreismittel- und Nagel-Punkt (Erstellt mit ©GeoGebra).

Die Hauptdiagonalen des entstehenden Trapezes schneiden sich dann wiederum im Exeter-Punkt des Ausgangsdreiecks (siehe Abbildung 19).

Neben der inhaltlichen Information ist ein weiteres Ziel der Veranstaltung eine Sensibilisierung für die Frage „Kann man diesen Er-

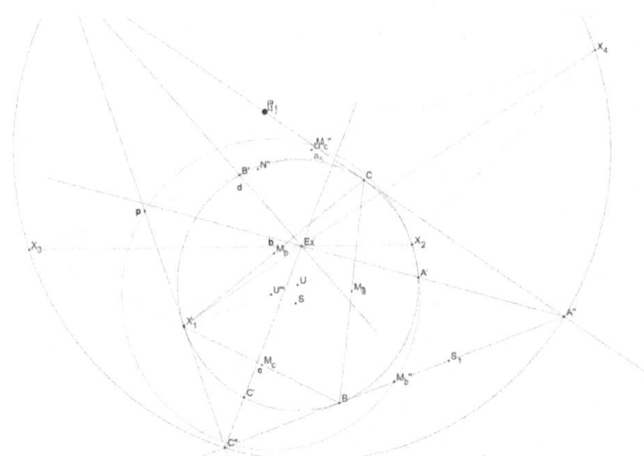

Abbildung 19: Exeter-Punkt als Schnittpunkt der Hauptdiagonalen des Trapezes X_1 X_2 X_3 X_4 (Erstellt mit GeoGebra) (Erstellt mit ©GeoGebra).

gebnissen des Programms trauen?“ Fasst man den Computer samt Bildschirm und Software als ein empirisches Objekt auf, kann man nicht ohne weiteres den Schluss wagen, dass dieses Objekt Aussagen über idealisierte mathematische Objekte liefert.

Das von den Studierenden erstellte Unterrichtsmaterial enthält aus diesem Grund auch eine mathematische Überprüfung in Form einer analytisch-geometrischen Betrachtung in einem Koordinatensystem. Diese Überprüfungen geschehen zuerst über Beispielrechnungen, die dadurch motiviert werden, dass GeoGebra parallel zum „Konstruktionsgeschehen“ auch die algebraischen Ausdrücke und Ergebnisse ausgibt. Für interessierte Schülerinnen und Schüler kann die Berechnung wie oben gezeigt, zumindest für den Umkreismittelpunkt, den Schwerpunkt, den Höhenschnittpunkt sowie auch für den Inkreismittelpunkt und für die Euler-Gerade allgemein durchgeführt werden. Die hier erhaltenen allgemeinen Ergebnisse können dann aber beispielsweise mit einem CAS auch überprüft werden.

Literatur

Ebert, U. B. (2016). *Computerbeweise und ihr Einfluss auf die Philosophie der Mathematik* (Dissertation). KIT. Karlsruhe.

Elschenbroich, H.-J. (1999). Anschaulich(er) Beweisen mit dem Computer? In G. Kadunz, G. Ossimitz, W. Peschek, E. Schneider & B. Winkelmann (Hrsg.), *Mathematische Bildung und neue Technologien: Vorträge beim 8. Internationalen Symposium zur Didaktik der Mathematik Universität Klagenfurt, 28.9. - 2.10.1998.* Wiesbaden, Vieweg+Teubner.

Roth, J. (2008). Dynamik von DGS – Wozu und wie sollte man sie nutzen? In U. Kortenkamp, H.-G. Weigand & T. Weth (Hrsg.), *Informatische Ideen im Mathematikunterricht. Bericht über die 23. Arbeitstagung des Arbeitskreises Mathematikunterricht und Informatik vom 23. bis 25. September 2005 in Dillingen an der Donau* (S. 131–138). Hildesheim, Franzbecker.

Weigand, H.-G., Filler, A., Hölzl, R., Kuntze, S., Ludwig, M., Roth, J., Schmidt-Thieme, B. & Wittmann, G. (2014). *Didaktik der Geometrie für die Sekundarstufe I* (2., verb. Aufl. 2014). Berlin, Springer Spektrum.

Punkte erzeugen Geraden – Chancen und Herausforderungen des Einsatzes von „GeoGebra Büchern“ in der Linearen Algebra

Gero Stoffels

GeoGebra hat sich mittlerweile aufgrund seiner vielfältigen Anwendungsmöglichkeiten, der kostenlosen Nutzung und einer großen Community in allen Bereichen der Schulmathematik als digitales Werkzeug etabliert. Die häufigsten Nutzungsformen von GeoGebra sind wohl das umfassende Stand-alone-Programm als Desktop-Version oder einzelne GeoGebra Apps, die sowohl in Browsern als auch auf dem Smartphone nutzbar sind. Seit 2014 gibt es die Möglichkeit mehrere Aktivitäten und passende multimediale Inhalte in strukturierterer Form – ähnlich zu Lernpfaden – in Form von GeoGebra Büchern zusammenzufassen. In diesem Kapitel werden die Erfahrungen der Nutzung eines GeoGebra Buchs im Oberstufenunterricht der Q1 zur Wiederholung von Grundbegriffen und Entdeckung des Geradenbegriffs in der Linearen Algebra thematisiert. Dabei wird ein besonderer Schwerpunkt auf die Chancen und Herausforderungen des Einsatzes von GeoGebra Büchern im Unterricht zum eigenverantwortlichen Wiederholen mathematischer Inhalte von Schülerinnen und Schülern sowie auf Komponenten des „Noticings“ im Erfahrungsbereich „Computerraum & GeoGebra Buch“ eingegangenen.

F. Dilling und F. Pielsticker (Hrsg.), *Mathematische Lehr-Lernprozesse im Kontext digitaler Medien*, MINTUS – Beiträge zur mathematisch-naturwissenschaftlichen Bildung, https://doi.org/10.1007/978-3-658-31996-0_4

1 Einleitung: Einsatzszenarien digitaler Medien & Werkzeuge in der Schulpraxis

Besonders deutlich tritt die gesellschaftliche Forderung nach, und Förderung von, digitalen Medien und Werkzeugen in der Schulpraxis durch die Verabschiedung des Digitalpakts im Jahr 2018 hervor. Zudem hat die „Corona-Krise“ gezeigt, dass selbst im seit längerem eingeläuteten digitalen Zeitalter (Breiter, 2001) nur teilweise digitale Medien und Werkzeuge zum eigenverantwortlichen Lernen genutzt werden. Die nun drängende Forderung nach einer zeitgemäßen Bildung im Kontext der Digitalisierung ist ebenso an einer entsprechenden Änderung der Ordnung für den Vorbereitungsdienst im Land Nordrhein-Westfalen ablesbar. Dort wird gefordert, dass „ein Unterrichtsbesuch [von insgesamt zehn Unterrichtsbesuchen, G.S.] [...] in besonderer Weise Fragen der Medienkompetenz und des lernfördernden Einsatzes von modernen Informations- und Kommunikationstechniken“ einbezieht (Ministerin für Schule und Weiterbildung des Landes Nordrhein-Westfalen 25.04.2016) geändert am 25. April 2016, §11 (3)). Mit dieser Änderung wird auch Studienergebnissen zum Erwerb von Medienkompetenz in der Lehrerbildung Rechnung getragen. So stellen Bos et al. (2016, S. 155) im Rahmen von „Schule digital – der Länderindikator 2016“ fest:

> „Der Forschungsstand verdeutlicht in der Zusammenschau, dass der Vermittlung methodischer und didaktischer Kompetenzen zur Einbindung digitaler Medien in den Unterricht in Deutschland über die drei Phasen der Lehrerbildung hinweg betrachtet, aus institutioneller bzw. organisatorischer Perspektive keine besonders große Bedeutung zukommt.“

Die hier vorgestellte Unterrichtsreihe führte zu einem solchen Unterrichtsbesuch mit besonderer Berücksichtigung des lernförderlichen Einsatzes digitaler Medien – umgangssprachlich „Medien-UB“. Die zentralen Medien bilden für diese Unterrichtsreihe konzipierte GeoGebra Bücher zur Wiederholung von Grundbegriffen der Linearen

Algebra[5] sowie der dynamischen Einführung des Geradenbegriffs[6]. Es gibt vielfältige Nutzungsszenarien solcher GeoGebra Bücher durch ihre Multimedialität für den Mathematikunterricht (Kimeswenger & Hohenwarter, 2015; Pöchtrager & Hohenwarter, 2017) wobei sie insbesondere „[e]ine Chance für eigenverantwortliches Lernen“ bieten, so der Titel von Pöchtrager und Hohenwarter (2017). Im Klassenverband bietet die Nutzung von GeoGebra Büchern aber auch Herausforderungen, sowohl für Lernende als auch für Lehrkräfte. Gerade die Herausforderungen lassen sich gut durch Anwendung des „Noticing“-Konzepts (Dreher, 2015; Thomas, 2017) identifizieren und reflektieren.

Dieser Beitrag wird entsprechend der vorgenommenen Schwerpunktsetzung theoretisch in das eigenverantwortliche Wiederholen im Mathematikunterricht und das ”NoticingKonzept eingebettet. Danach wird beschrieben worum es sich beim multimedialen GeoGebra Buch handelt, welche Nutzungsszenarien in der Forschungsliteratur aufgezeigt werden, wie die in der Sammlung von Unterrichtsmaterialien frei zugänglichen GeoGebra Bücher kategorisiert werden können und welche Vor- und Nachteile sie gegenüber klassischen Medien und Werkzeugen sowie der Einzelanwendung von GeoGebra-Apps haben. Im Anschluss daran wird ein konkretes Praxisbeispiel zur Wiederholung von Grundbegriffen der linearen Algebra und Einführung von Geraden vorgestellt und in Bezug auf die Schwerpunktsetzung analysiert. Den letzten Teil des Kapitels bildet eine Reflexion und ein Ausblick weiterer Potentiale von GeoGebra Büchern für die Unterrichtspraxis und mathematikdidaktische Forschung.

[5]GeoGebra Buch zur Wiederholung von Grundbegriffen der Linearen Algebra: https://www.geogebra.org/m/ntf2kugy

[6]GeoGebra Buch zur dynamischen Einführung des Geradenbegriffs: https://www.geogebra.org/m/kb2vgvqb

2 Eigenverantwortliches Üben und Wiederholen im Mathematikunterricht

Der Mathematikunterricht erlaubt vielfältige Lernmodi. Heintz (2018, S. 252) unterscheidet drei Unterrichtsphasen, in denen selbstständig gelernt werden kann, und zwar Erarbeitungsphasen, Übungsphasen und Wiederholungsphasen. Zwar reicht es nicht solche Unterrichtsphasen als „Sichtstrukturen oder Oberflächenstrukturen“ in den Blick zu nehmen um qualitativ hochwertigen Mathematikunterricht als solchen zu identifizieren (Ufer et al., 2015). Dennoch eignen sich diese Strukturen, um die mit der Planung einer Lernumgebung verfolgten Ziele anzugeben.
In der mathematikdidaktischen Forschung werden vor allem Prozesse in der Erarbeitungsphase, wie das Bilden von Begriffen, das Begründen und Beweisen oder das Lernen mit (mathematischen) Werkzeugen umzugehen in den Blick genommen. Durch die Konzepte des „produktiven“ (Wittmann, 1992) und „intelligenten“ Übens (Wittmann, 1992) sowie eine, u.a. historisch-bedingte, starke Aufgabenorientierung des Mathematikunterrichts wurde ebenfalls die Übungsphase ausgiebig beforscht und durch verschiedene praktische Vorschläge bereichert. Das Wiederholen von mathematischen Inhalten wird dagegen eher stiefmütterlich behandelt, entweder als impliziter Bestandteil von Übungen (Friedrich-Jahresheft, 2000), im Zusammenhang mit der Prüfungsvorbereitung oder zu Beginn des Schuljahres ausgehend von Lernstandsdiagnosen (Heintz, 2018, S. 252). Dies ist insofern verwunderlich als das gerade der Mathematikunterricht in Deutschland, bspw. im Vergleich zu den USA, integriert durchgeführt wird, das heißt das innerhalb eines Halbjahres verschiedene Gebiete, wie Analysis, Algebra und Geometrie nicht in einzelnen Kursen, sondern innerhalb eines Halb- oder Schuljahres im Fach Mathematik behandelt werden. Dieser Umstand führt dazu, dass inhaltlich zusammenhängende Themen unter Umständen zeitlich unterbrochen werden, was in Bezug auf Abwechslung und der damit einhergehenden Motivationsförderung sowie der Idee des Spiralcurriculums

(Bruner, 1970) sinnvoll ist. Zugleich erfordert dieses Vorgehen sog. „Rückblick“- oder „Ankerstunden“ (Büchter, 2014, S. 9) am Schluss von Lerneinheiten und zu Beginn einer wiederaufgreifenden Unterrichtsreihe Diagnose- sowie dazu passende Förderelemente. Der überwiegende Teil aktueller Schulbücher für das Fach Mathematik enthält daher entsprechende Abschnitte mit den Titeln „Kannst du das noch?“, „Fundament“, „Basiswissen“ und abschließenden Check-ups sowie jeweils zugeordneten Wiederholungsaufgaben. Diese sollen klassischerweise zumindest in Bezug auf das eigene Lerntempo eigenverantwortlich bearbeitet werden (Heintz, 2018, S. 252).
Die Fragen die sich nun stellen lauten, woran kann festgemacht werden, dass Lernumgebungen so gestaltet sind, dass die Förderung von Eigenverantwortlichkeit im Lernprozess sichergestellt wird und zugleich das Wiederholungsziel trotz – oder eher durch die eigenverantwortliche Steuerung der Wiederholung von Lernenden – erreicht wird. Kriterien für die Eigenverantwortlichkeit sind laut Heintz (2018, S. 250-151) aus Sicht der Lernenden,

- die Kenntnis und Akzeptanz der mit der Lernumgebung verfolgten Ziele
- die Planung und Organisation der notwendigen Lernschritte
- die Durchführung dieser Schritte allein oder in der Gruppe
- und zuletzt die Reflektion und Bilanz ihrer Lernfortschritte mit entsprechenden Konsequenzen für den weiteren Lernweg.

Und andererseits aus Sicht der Lehrenden

- das Vorhalten verschiedener Lernwege und Materialien für verschiedene Lerntypen
- das Eingehen auf Fragen und Interessen der Lernende
- Förderangebote für leistungsschwächere und leistungsstarke Lernende
- Präsentationsmöglichkeiten der Lernergebnisse.

Ob die Wiederholungsziele erreicht werden, kann zum einen von den Lernenden durch Selbstreflexion eigenverantwortlich und andererseits durch eine fokussierte fachdidaktische Planung der Förderung sowie entsprechender Diagnose der Lernprodukte (Prediger et al., 2017) geprüft werden.

3 „Noticing“ im Mathematikunterricht

Solche Diagnosen können auf verschiedene Arten und Weisen durchgeführt werden. Diagnosen im Unterrichtsprozess, als unmittelbare Rückmeldung in Bezug auf eine entsprechende Lernsituation, werden vor allem im englischsprachigen Raum unter dem Konzept des „Noticings“ zusammengefasst. Dreher (2015, S. 14-15) stellt verschiedene Definitionen, dieses Konzepts: als Identifikation beachtenswerter Unterrichtssituationen, mit zusätzlicher Reflektion und Interpretation der beachteten Unterrichtssituationen sowie mit einer zusätzlichen Beachtung der aus der Interpretation und Reflektion resultierenden Handlungen bzw. Entscheidungen für oder gegen gewisse Interventionen vor und vergleicht sie im Anschluss. Gerade in den letzten Jahren ist eine Konsolidierung des Forschungsgebiets zum „Noticing“ festzustellen (Dreher, 2015, S. 15). Ein Ergebnis dieser Bemühungen ist ein umfassender Sammelband von Schack und Fisher, M. H. & Wilhelm, J. A. (2017). Unter anderem wird darin den Fragen nachgegangen in welchen Kontexten des Unterrichts „Noticing“ (Floro & Bostic, 2017) besonders relevant ist, auf welche Arten und Weisen das „Noticing“ von Lehrerinnen und Lehrern gemessen werden kann und welche Verfahren dabei vorzuziehen sind (Stockero & Rupnow, 2017). Auffallend ist, dass der Einfluss der Nutzung verschiedener Werkzeuge und die damit verbundenen unterschiedlichen Tätigkeiten nur wenig Beachtung in der „Noticing“ Literatur finden. Ein Grund liegt dafür möglicherweise in der Breite des Konzepts „Noticing“, ein weiterer in der Idee, dass sich „Noticing“ durch Rückkopplung mit fachdidaktischem Wissen von bloßem Beobachten folgendermaßen unterscheidet:

> „Applied to teaching, this could be conceptualized as a shift from those things easily observed – student behaviors and actions – to those things that must be meaningfully inferred – student thinking about problems and phenomena.“ (Criswell & Krall, 2017, S. 22-23)

Da die Wahl verschiedener Werkzeuge (Dilling & Witzke, 2020, online first; Hattermann et al., 2015) und intersubjektiv geteilte Erfahrungsbereiche (Bauersfeld, 1983) maßgeblich das Verhalten und die Aktivitäten von Schülerinnen und Schülern aus fachdidaktischer Sicht beeinflusst, lohnt sich sicherlich die Betrachtung des Einflusses dieser Aspekte auf das „Noticing" der Lehrerinnen und Lehrer. In diesem Artikel wird diese Abhängigkeit anhand des Erfahrungsraums „Computerraum & GeoGebra Bücher" thematisiert. Ein zentraler Aspekt des Noticings findet sich bereits im Titel des Ausgangswerkes „Researching Your Own Practice: The Discipline of Noticing" von Mason (2002). Für ihn geht es bei der Beforschung der eigenen Praxis darum Erfahrungen von Lehr-Lernprozesse im Spiegel von Ergebnissen fachdidaktischer Forschung sowie Erfahrungen von Kolleginnen und Kollegen durch reflektive Praxis zur eigenen und Professionalisierung Dritter zu nutzen. Diese kann laut Mason (2002), sofern sie systematisch dargestellt wird, einen Beitrag zur Forschung leisten. In diesem Sinne, unter Berücksichtigung der Rückmeldungen von Kolleginnen und Kollegen, wird der folgende Fall meiner eigenen Praxiserfahrung mit GeoGebra Büchern betrachtet.

4 Was sind GeoGebra Bücher?

> „Die Ende 2011 gestartete Materialien-Tauschplattform GeoGebraTube[7] umfasst mittlerweile bereits über 80.000 [Stand 30.04.2020: über eine Million, G.S.] frei verfügbare interaktive Arbeitsblätter zu verschiedensten Themen aus der Mathematik und den Naturwissenschaften. Von Beginn an gab es dabei die Möglichkeit, mehrere Arbeitsblätter zu privaten Sammlungen zusammenzufassen, also sehr einfache Mini-Lernpfade zu erzeugen. Daraus entstand der Wunsch auch größere Einheiten als Sammlung von Sammlungen bauen zu können.
> Diese Idee wurde mit Jänner 2014 in sogenannten „GeoGebra-Books" umgesetzt, die in mehreren Kapiteln jeweils eine Reihe von GeoGebra Arbeitsblättern umfassen. Auf GeoGebraTube

[7] GeoGebraTube mittlerweile unter dem Namen „Unterrichtsmaterialien": https://www.geogebra.org/materials

> können nun alle angemeldeten Benutzerinnen und Benutzer eigene GeoGebraBooks, basierend auf allen vorhandenen Materialien, erstellen. Dabei können sowohl eigene Arbeitsblätter, wie auch jene von anderen Nutzerinnen und Nutzern verwendet und sehr einfach in Kapiteln organisiert werden. Die resultierenden GeoGebraBooks können entweder via eindeutiger Webadresse mit anderen geteilt oder als offline-Paket heruntergeladen werden und funktionieren sowohl auf traditionellen Computern wie auch auf Tablets und Smartphones – einzige Voraussetzung ist ein Webbrowser.“ (Kimeswenger & Hohenwarter, 2015, S. 178-179)

Die technische Seite der GeoGebra Bücher und die didaktische Grundidee, die die Entwicklung von GeoGebra Büchern befördert hat, wird im obigen Zitat deutlich. Die im Zitat genannten Aktivitäten, die in GeoGebra Büchern zusammengefasst werden sind zum einen bereits häufig diskutierte Module zur dynamischen Geometrie in 2D (Hattermann et al., 2015; Kaenders & Schmidt, 2014), zur CAS Anwendung (Hohenwarter & Hartl, 2012; Palumbo, 2019) und des Weiteren weniger diskutierte Module, wie GeoGebra Wahrscheinlichkeit oder GeoGebra 3D Grafik. Zusätzlich gibt es mittlerweile die Möglichkeit das GeoGebra Buch durch weitere Medien wie Texte, Videos, Bilder, pdf-Dateien und Weblinks aber auch interaktive Fragen zu erweitern. Somit sind GeoGebra Bücher multimediale Lernumgebungen, was zum einen viele Möglichkeiten interessante und multimodale Lernumgebungen zu entwickeln (Hillmayr et al., 2017)und auf der anderen Seite Gefahren einer Überfrachtung von Lernumgebungen bietet. An dieser Stelle sei insbesondere auf die Cognitive-Load Theory und deren Rezeption in der Mathematikdidaktik verwiesen (Dreher, 2015; Hillmayr et al., 2017; Ufer et al., 2015). Ein besonders wichtiger Aspekt, der auch im hier vorgestellten GeoGebra Buch zur linearen Algebra eine Rolle spielt, aber häufig nicht in den Fokus der Besprechungen von GeoGebra rückt, ist die Möglichkeit nur den Einsatz bestimmter Werkzeuge innerhalb der Aktivitäten zuzulassen. Damit kann einer hohen „extraneous load“ (Ufer et al., 2015, S. 421), einer extrinsischen Belastung, vorgebeugt werden. GeoGebra, und und

damit auch die GeoGebra Bücher, verfügt über Werkzeuge, die sich fundamental vom klassischen geometrischen Arbeiten mit Zirkel und Lineal unterscheiden, wie etwa der Zugmodus, die Spur- und die Ortslinienfunktion. Eine Übersicht zur Erstellung von GeoGebra Büchern, Beispielen zu GeoGebra Büchern und eine Einbettung in eigenverantwortliches Lernen bietet Pöchtrager (2018).
Mittlerweile gibt es vielfältige Anwendungen von GeoGebra Büchern:

- als Lernpfade im Sinne von Roth (2015, S. 8), (Pöchtrager 2016 zur Achsensymmetrie[8], Stoffels 2019 zur Wiederholung grundlegender Begriffe der Linearen Algebra[9])
- als Begleitmaterial zu einer Vorlesung oder einem Fachbuch (Lindner 2016 zur Analysis I[10], Haftendorn 2015 zum Buch „Mathematik sehen und Verstehen“[11])
- als mehr oder weniger zusammenhängende Aufgabensammlung für den Unterricht (Lachner für die 7. Klasse[12])
- als „eigenständiges Buch“ im klassischen Sinne ohne direkte Verknüpfung zu einer speziellen Lerngruppe mit interaktiven Elementen (Hirst zu den Elementen von Euklid[13])

Am besten können Sie als User nachvollziehen, was ein GeoGebra Buch ausmacht, indem Sie sich selbst verschiedene anschauen oder noch besser ein eigenes GeoGebra Buch erstellen. Ihre ersten Schritte unterstützt das GeoGebra Buch „GeoGebra Buch Editor“[14].
Zuletzt soll in diesem Abschnitt noch auf die Definition von Lernpfaden nach Roth (2015) eingegangen werden, da die im folgenden dargestellten GeoGebra Bücher zur Wiederholung der linearen Algebra am ehesten dieser Gruppe zugeordnet werden können.

> „Ein Lernpfad ist eine internetbasierte Lernumgebung, die mit einer Sequenz von aufeinander abgestimmten Arbeitsaufträgen

[8]https://www.geogebra.org/m/e6g4adXp
[9]https://www.geogebra.org/m/ntf2kugy
[10]https://www.geogebra.org/m/hJCe3vDp
[11]https://www.geogebra.org/m/yvjHgGU6
[12]https://www.geogebra.org/m/NRyZH3VV
[13]https://www.geogebra.org/m/XrVUpb5F
[14]https://www.geogebra.org/m/UDdZTEmn

strukturierte Pfade durch interaktive Materialien (z. B. Applets) anbietet, auf denen Lernende handlungsorientiert, selbsttätig und eigenverantwortlich auf ein Ziel hin arbeiten. Da die Arbeitsaufträge eine Bausteinstruktur aufweisen, können die Lernenden jeweils für ihren Leistungsstand geeignete auswählen. Durch individuell abrufbare Hilfen und Ergebniskontrollen sowie die regelmäßigen Aufforderungen zum Formulieren von Vermutungen, Experimentieren, Argumentieren sowie Reflektieren und Protokollieren der Ergebnisse in den Arbeitsaufträgen wird die eigenverantwortliche Auseinandersetzung mit dem Lernpfad explizit gefördert.“ (Roth, 2015, S. 8)

5 Ein Praxisbeispiel: GeoGebra Bücher zur Linearen Algebra

Die Grundlage für diesen Abschnitt bildet eine Unterrichtsreihe zur Wiederholung grundlegender Begriffe der Linearen Algebra und einer folgenden Stunde zur Einführung des Geradenbegriffs in der Qualifikationsphase 1 (Q1).

5.1 Kontext der Unterrichtsreihen: Wiederholung grundlegender Begriffe der Linearen Algebra & Einführung des Geradenbegriffs

Die Lineare Algebra ist im Vergleich zu anderen Themen der gymnasialen Oberstufe (Analysis und Stochastik) insofern besonders, da einerseits der durch Koordinaten beschreibbare Erfahrungsraum auf drei Dimensionen erweitert wird und andererseits der grundlegende Begriff des Vektors neu eingeführt wird. Im Vergleich dazu kann die Analysis auf den seit der Mittelstufe verwendeten Funktionsbegriff und die Stochastik auf seit der Grundschule spiralcurricular auftretende Grundbegriffe wie Wahrscheinlichkeit und relative Häufigkeit zurückgreifen. Entsprechend wird die Lineare Algebra auch über die Jahrgangsstufen der Einführungsphase (EF) und den Qualifikationsphasen 1 und 2 (Q1 & Q2) spiralcurricular erarbeitet. In der EF werden laut Kernlehrplan (Ministerium für Schule und Weiterbildung

des Landes Nordrhein-Westfalen, 2013) die inhaltlichen Schwerpunkte auf die Koordinatisierung des dreidimensionalen Raumes sowie die Einführung des Vektorbegriffs mit elementaren Berechnungen wie Addition von Vektoren, Skalarmultiplikation und Länge von Vektoren (in passenden Anwendungen) gelegt. Zudem werden Vektoren in Bezug auf die Eigenschaft Kollinearität untersucht. Entsprechend dieser inhaltlichen Schwerpunkte wurde auch die hier in den Blick genommene Lerngruppe eines Grundkurses in der Q1 unterrichtet für die in erster Linie die hier behandelten GeoGebra Bücher konzipiert wurden. Die an der Schule verwendeten Schulbücher für diese Jahrgangsstufen sind die den Jahrgangsstufen entsprechenden Bände aus der Schulbuchreihe „Lambacher Schweizer" (Lambacher Schweizer, 2014, 2015)
Die Schülerinnen und Schüler haben sich bis zum Beginn der Unterrichtsreihe in der Q1 mit dem Themengebiet der Analysis auseinandergesetzt, was bedeutet, dass sie seit mindestens 9 Monaten keinen „intensiven Kontakt" zur linearen Algebra hatten. Entsprechend lohnte sich die Wiederholung der Grundbegriffe der linearen Algebra. Im Lambacher Schweizer (2015, S. 174-179) ist dieser Wiederholung ein ganzes Kapitel gewidmet. Aufgrund der Tatsache, dass mittlerweile durch GeoGebra eine auch für Schülerinnen und Schüler recht einfach zu handhabende räumliche dynamische Geometrie Software vorliegt, habe ich mich entschieden diese zu Nutzen. Und zwar nicht nur für neue Themen der linearen Algebra in der Q1, sondern direkt mit Beginn der notwendigen Wiederholung der Grundbegriffe der linearen Algebra, um den Umgang mit GeoGebra nicht in völlig unbekanntem mathematischem Gebiet zu starten. Dazu habe ich mit besonderer Berücksichtigung der Kohärenz in Bezug auf Bezeichnungen und Begriffe des verwendeten Schulbuchs das GeoGebra Buch „Lineare Algebra" (Stoffels 2019: https://www.geogebra.org/m/ntf2kugy) erstellt. Die Bearbeitungszeit dieses GeoGebra Buchs wurde mit fünf Schulstunden angesetzt und durchgeführt. In der darauffolgenden Stunde wurde der „Medien-UB" mit dem Stundenthema „Einführung von Geraden – Punkte erzeugen und Vektoren beschreiben Geraden" gehalten, die den Auftakt der Unterrichtsreihe „Lineare Algebra: Geraden"

bildet. Das zentrale Medium dieses „Medien-UBs“ ist das GeoGebra Buch „Dynamische Einführung des Geradenbegriffs“ (Stoffels 2019: https://www.geogebra.org/m/kb2vgvqb). Bevor nun beide GeoGebra Bücher im Rahmen einer Sachanalyse untersucht werden, sollen noch einige weitere Aspekte der Lernausgangslage der Lerngruppe und einige didaktische und methodische Entscheidung zur Nutzung des GeoGebra Buchs erläutert werden.
Die Schülerinnen und Schüler haben zum Abschluss der Analysis vor Beginn der Reihe zur Linearen Algebra u.a. Funktionsscharen betrachtet. Ein Ziel bei der Einführung des Geradenbegriffs lag also in dem Aufzeigen der Ähnlichkeit der Parameterverwendung bei Funktionsscharen und Geraden in Parameterform. Aus der Werkzeug-Perspektive sind den Schülerinnen und Schülern daher Schieberegler für die Festlegung von Parametern aufgrund ihrer Arbeit mit dem GTR bekannt. Eine antizipierte Lernhürde war und ist dann die Übertragung dieses mathematischen Objekts „Schieberegler“ auf den Kontext der linearen Algebra und des neuen Erfahrungsraums GeoGebra. Um die Erzeugung einer Geraden auf der Basis einer Spur eines Punktes nachzuvollziehen ist die Aktivierung von passenden Raumvorstellungen besonders wichtig. Daher wurde direkt zu Beginn der Wiederholung auf Vorteile der Nutzung von GeoGebra in Bezug auf den leichten Wechsel verschiedener Perspektiven durch Drehen der Ansicht und grundsätzliche Probleme der Projektion vom 3D- in 2D-Räume hingewiesen. Konsequent wurden dabei analoge Zeichnungen im Heft und digitale Konstruktionen in GeoGebra verglichen. Gleiches gilt für auszuführende Rechnungen und Messungen im Programm wie bspw. der Bestimmung von Vektorlängen oder kollinearer Vektoren. Im Unterrichtsverlauf wurde das GeoGebra Buch in der Wiederholungsphase durch das Darstellen von „Wegen“ zum Einzeichnen von Punkten im 3D-Koordinatensystem im Heft ergänzt um auch den Verschiebungsaspekt von Vektoren enaktiv und ikonisch erfahrbar werden zu lassen.
Die Schülerinnen und Schüler hatten einen eigenen Computerarbeitsplatz zur Bearbeitung der GeoGebra Bücher zur Verfügung, was den Vorteil bietet, dass unterschiedliche Arbeitstempi grundsätzlich zuge-

Aufgabe 2: Punkte in ein 3D-Koordinatensystem einzeichnen (Analog).

Ein Punkt $P = (x_1 | x_2 | x_3)$ im dreidimensionalen Koordinatensystem hat drei Koordinaten x_1, x_2 und x_3, die die Lage des Punktes bestimmen.

1. Zeichne folgende Punkte in das von dir erstellte Koordinatensystem ein:

- $O = (0|0|0)$
- $A = (2|0|0)$
- $B = (0|2|0)$
- $C = (0|0|2)$
- $D = (3|-3|0)$
- $E = (-3|-3|0)$
- $F = (4|-2|3)$
- $G = (0|-4|1)$

2. Beschreibe die Lage der Punkt. Beispiel: Der Punkt A liegt auf der x_1-Achse.

Für Experten: Finde ein anderes Paar zweier Punkte wie F und G.

Abbildung 20: Aufgaben zum Einzeichnen von Punkten im 3D-Koordinatensystem. Zusätzlicher Expertenauftrag in grüner Schrift. (erstellt mit GeoGebra©).

lassen waren und jede Schülerin und jeder Schüler eigenhändig – und dies eigenverantwortlich – die für sie jeweils notwendigen Konstruktionen und Rechnungen durchführen konnten. Die Unterstützungsmöglichkeiten bei akuten Fragen durch den Lehrer - in der Wiederholungsphase auch durch die Fachlehrerin - die sich im Raum bewegten, wie auch durch benachbarte Mitschülerinnen und Mitschüler blieb natürlich weiterhin bestehen.

5.2 Sachanalyse der GeoGebra Bücher als eigenverantwortlicher Lernpfad

Nun soll entsprechend der Kriterien von Heintz (2018) dargestellt werden inwiefern die genutzten GeoGebra Bücher im oben beschriebenen Setting eigenverantwortliches Wiederholen ermöglichen und ob es sich bei den verwendeten GeoGebra Büchern nach Definition von Roth (2015, S. 8) um Lernpfade handelt. Dabei wird zugleich ein Einblick in die konkrete Gestaltung der GeoGebra Bücher gegeben.
Zunächst soll das GeoGebra Buch „Lineare Algebra“ (Stoffels 2019: https://www.geogebra.org/m/ntf2kugy) aus Sicht des Lehrenden be-

Definition und Schreibweise von Vektoren

Der Vektor $\vec{v}$, den ihr oben betrachtet habt gibt eine Verschiebung an. Vektoren können aber auch in anderen Zusammenhängen auftreten. Um Vektoren von Punkten zu unterscheiden nutzt man folgende Schreibweise von Vektoren

- im zweidimensionalen Fall: $\vec{v} = \begin{pmatrix} v_1 \\ v_2 \end{pmatrix}$ (gesprochen: "Der Vektor hat die x_1-Koordinate v_1 und die x_2-Koordinate v_2."
- im dreidimensionalen Fall: $\vec{v} = \begin{pmatrix} v_1 \\ v_2 \\ v_3 \end{pmatrix}$ (gesprochen: "Der Vektor hat die x_1-Koordinate v_1 und die x_2-Koordinate v_2 und die x_3 Koordinate v_3."

1. Gib die Vektordarstellung mit entsprechenden Zahlenwerten für den Verschiebungsvektor $\vec{v}$ aus dem Applet an. Bestimme dazu die Koordinaten die Spitze des Vektors $S = (s_1 \mid s_2)$ und der Anfang des Vektors $E\,(e_1 \mid e_2)$. Der Verschiebungsvektor ist durch $\vec{v} = \begin{pmatrix} s_1 - e_1 \\ s_2 - e_2 \end{pmatrix}$ gegeben.
2. Erkläre, wie man bei gegebenen Vektor $\vec{v}$ aus dem Punkt A, den Punkt A' händisch erhält, indem du die Koordinaten verwendest. Mögliche Formulierungen sind: "Man geht ... Einheiten in x_1-Richtung, ... Einheiten in x_2-Richtung.

Abbildung 21: Einführung von Sprechweisen zu Vektoren, nachdem zuvor Verschiebungen ausgeführt wurden (erstellt mit GeoGebra©).

trachtet werden. Dieses GeoGebra Buch ermöglicht unterschiedliche Lernwege, in Bezug auf verschiedene Leistungsstufen. So sind bspw. Aufgaben für „Experten“ (vgl. Abbildung 20) angegeben und für einzelne Aktivitäten Tipps per Checkboxen einblendbar (vgl. Kapitel 1, Abstände von Punkten, Aufgabe 1, Teilaufgabe 3). Dies entspricht dem Kriterium von Heintz (2018) zur Förderung auf verschiedenen Niveaustufen.

Zusätzlich werden verschiedene Darstellungen miteinander verknüpft und in verschiedenen Abfolgen angeboten. Die Aufgaben regen in der Regel verschiedene Darstellungsarten oder den Wechsel zwischen Analogem, also händischen Arbeiten mit Stift und Papier sowie arbeiten mit den digitalen Arbeitsblättern an. Gerade dieser Wechsel zwischen Analogem und Digitalem wird in der aktuellen Forschungsliteratur positiv bewertet (Hillmayr et al., 2017).

Das nächste Kriterium von Heintz (2018) ist das der Einbeziehung des Interesses der Lernenden. Es handelt sich bei dieser Wiederholung bewusst um innermathematische Zusammenhänge. Zwar hat beispielsweise die Verschiebung geometrischer Objekte verschiedene Anknüpfungspunkte zu Vorerfahrung, sowohl innermathematischer als auch

außermathematischer Natur, sie stehen in dieser Lernumgebung aber nicht im Vordergrund. Grundsätzlich hat zunächst der Erfahrungsraum „Computerraum & GeoGebra“ für Interesse gesorgt, da gerade in der Analysis vorwiegend mit dem Schulbuch, GTR, Stift und Papier gearbeitet wurde. Dieser Effekt wird häufig als „Neuheitseffekt“ bezeichnet und spricht für einen kurzfristigen Einsatz von digitalen Medien oder zumindest einem ausgewogenen Wechselspiel von „neuen“ und „alten“ Medien (Hillmayr et al., 2017, S. 12).
Die Besprechungsphasen, die als Ritual zu Beginn und am Ende der Stunde durchgeführt wurden, erfüllen das vierte Kriterium von Heintz (2018). Diese sind natürlich nicht im GeoGebra Buch abgebildet, sollten aber auch je nach Bedarf der Lerngruppe angeboten werden (vgl. 5.3).
Betrachtet man die Kriterien aus Sicht der Lernenden so ist ein GeoGebra Buch aufgrund seiner eher linearen Struktur primär nicht dafür gedacht, dass Schülerinnen und Schüler die notwendigen Lernschritte völlig alleine planen und organisieren. Im Etappenziel wird allerdings eine Reflexion angeregt, bei der die Schülerinnen und Schüler eine Übersicht der Themen erhalten und durch Auswahl verschiedener Links zu den verschiedenen Aktivitäten zurückkehren können. Die Erfahrung zeigt, dass auch in der betreffenden Q1 Schülerinnen und Schüler gemerkt haben, dass einige Aufgaben für Sie zu leicht sind und diese übersprungen werden konnten. Andere Schülerinnen und Schüler haben dagegen die Chance genutzt im GeoGebra Buch zurückzublättern und einzelne Inhalte zu vertiefen. Entsprechend ist dieses Kriterium von Heintz (2018) meiner Ansicht nach in der gegebenen Situation so zu deuten, dass die Möglichkeit für eigene Entscheidung zur Strukturierung des eigenen Lernprozesses bestehen soll, aber dennoch ein möglicher Lernpfad vorgegeben sein kann. Dies ist im GeoGebra Buch der Fall und wurde im Unterricht zusammen mit den Gründen der Wiederholung der grundlegenden Begriffe expliziert.
Ein weiteres Kriterium von Heintz (2018) liegt darin, dass die Schülerinnen und Schüler die Ziele ihrer Lernaktivität erkennen und damit auch verfolgen können. Der wichtigste Schritt zur Erfüllung dieses Kriteriums ist Zieltransparenz, die einerseits durch Explikation des

Überblick: Punkte, Vektoren und deren Eigenschaften

Autor: Gero Stoffels

In diesem Kapitel geht es darum wichtige Eigenschaften und Zusammenhänge von Punkten und Vektoren im 2D, und 3D Raum, wie sie bereits in der Einführungsphase thematisiert wurden, zu wiederholen. Dazu werdet ihr:

1. Punkte in ein 2D und 3D Koordintensystem einzeichnen,
2. Abstände von Punkten berechnen,
3. Vektoren als Verschiebungen interpretieren,
4. Gegenvektoren bestimmen,
5. Ortsvektoren bestimmen und
6. den Betrag von Vektoren berechnen.

Abbildung 22: Überblick zu Beginn des GeoGebra Buchs zur Wiederholung der Linearen Algebra (erstellt mit GeoGebra©).

übergeordneten Ziels der Wiederholung von Grundbegriffen der linearen Algebra erreicht werden kann und andererseits durch die Angabe von Teilzielen sowohl zu Beginn des GeoGebra Buchs in einem Überblick (vgl. Abbildung 22) als auch in einer freiwilligen interaktiven Wissensprüfung am Ende dargestellt werden kann.

Ein weiteres Kriterium von Heintz ist, dass die Schülerinnen und Schüler eigenständig alleine oder in Gruppen die notwendigen Lernschritte vollziehen. Das war in der beschriebenen Lernsituation der Fall, wobei am Ende der Sitzungen die Erfahrungen auf der Basis der Lernprodukte der Schülerinnen und Schüler im Plenum diskutiert wurde. Ein weiteres Kriterium von Heintz (2018) liegt darin, dass Schülerinnen und Schüler ihren Lernfortschritt reflektieren. Hierzu ist es notwendig verschiedene „Abzweigungen“ im Lernpfad zu erlauben (vgl. Abbildung 23).

Insgesamt lässt sich festhalten, dass die Schülerinnen und Schüler eigenverantwortlich arbeiten konnten in Bezug auf transparente explizierte Ziele. Dabei wurden Sie allerdings nicht allein gelassen, u.a. durch die Lehrkräfte als Ansprechpartner. Im zweiten Teil dieses Abschnitts soll geklärt werden, ob es sich bei diesem GeoGebra Buch um einen Lernpfad im Sinne der Definition von Roth (2015) handelt. Diese Frage wird aufgrund der vielen Aspekte der Definition tabellarisch behandelt.

Die Verweise auf die Beispiele sind folgendermaßen zu lesen:

Aufgabe 3: "Erzeugende" Punkte

Beschreibe welches geometrisches Objekt durch alle Punkte P_r zusammen erzeugt wird.

Für Experten:

Versuche eine Formel aufzustellen, die die Gerade und alle enthaltenen Punkte beschreibt.
Vergleiche im Anschluss dein Ergebnis mit Aufgabe 4.

Falls du keine Idee, hast gehe weiter zu Aufgabe 4

Abbildung 23: Aufgabe 3 aus dem zweiten Kapitel des GeoGebra Buchs „Dynamische Einführung des Geradenbegriffs“ mit möglicher „Abzweigung“ (erstellt mit GeoGebra©).

GGB_{LA}; K1; Akt 1; A1 bedeutet „GeoGebra Buch: Lineare Algebra; Kapitel 1; Aktivität 1; Aufgabe 1“. Entsprechend ist GGB_{DEvG} das „GeoGebra Buch: Dynamische Einführung von Geraden“

Tabelle 1: Untersuchung, ob es sich bei den behandelten GeoGebra Büchern um Lernpfade handelt.

Kriterium	**erfüllt?**	**Beispiel in Lernumgebung**
internetbasierte Lernumgebung	ja	auf GeoGebra-Webseite verfügbar
Sequenz von aufeinander abgestimmten Arbeitsaufträgen	ja	GGB_{LA}; K1; Akt 4; A5 [15]
interaktive Materialien (z. B. Applets)	ja	Abbildung 5
handlungsorientiert	ja	Abbildung 1 und Abbildung 5
selbsttätig	ja	Aufgrund der Unterrichtsorganisation (5.1)
eigenverantwortlich	ja	s. Diskussion der Kriterien von Heintz (2018, S. 250–251)
explizite Ziele	ja	s. Diskussion der Kriterien von Heintz (2018, S. 250–251)
Aktivitäten nach Leistungsstand wählbar	ja	s. Diskussion der Kriterien von Heintz (2018, S. 250–251); Abbildung 1 und Abbildung 4
individuell abrufbare Hilfen	ja	GGB_{LA}; K1; Akt 3; Aufgabe 1; Teilaufgabe 3
Ergebniskontrollen	teilweise	Probleme werden vereinzelt durch Angabe von „Schülerlösungen" im GeoGebra Buch ausgewiesen. Übrige Ergebniskontrolle erfolgt im Plenum
Aufträge zum Formulieren von Vermutungen	ja	GGB_{DEvG}; K1; Akt 1
Aufträge zum Experimentieren	ja	GGB_{DEvG}; K1; Akt 2, A1 & A2
Aufträge zum Argumentieren	ja	GGB_{DEvG}; K1; Akt 1
Aufträge zum Reflektieren	ja	GGB_{LA}; K4; Akt 1
Aufträge zum Protokollieren der Ergebnisse	ja	GGB_{LA}; K1; Akt 1; A2

Aufgabe 4:

Ein weiterer wichtiger Begriff ist der des Ortsvektors. Ein Ortsvektor ist definiert als Vektor, der eine Verschiebung vom Ursprung $O = (0 \mid 0)$ zu einem Punkt $P = (p_1 \mid p_2)$ angibt. Den Vektor $\vec{OP} = \begin{pmatrix} p_1 - 0 \\ p_2 - 0 \end{pmatrix} = \begin{pmatrix} p_1 \\ p_2 \end{pmatrix}$ nennt man dann Ortsvektor zum Punkt P.

1. Bestimme die Ortsvektoren der Punkte B und C im nachfolgenden Applet.
2. Nutze die Eingabezeile um den Ortsvektor zum Punkt A zu bestimmen. Der Befehl lautet Vektor(A). Was fällt dir auf?
3. Nutze das Werkzeug Vektor um die Ortsvektoren der Punkte B und C zu bestimmen.

Ortsvektoren

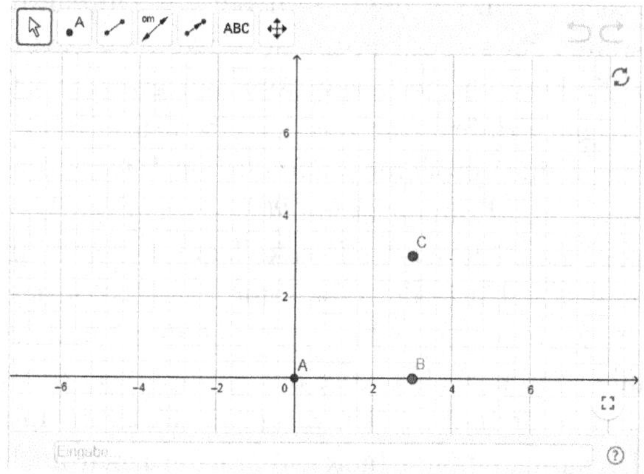

Abbildung 24: Kapitel 1 Aktivität 4 Aufgabe 4, Beispiel für interaktive Materialien (erstellt mit GeoGebra©).

Insgesamt lässt sich festhalten, dass nach den Kriterien von Roth (2015) beide GeoGebra Bücher als Lernpfad betrachtet werden können. Dieses Ergebnis ist nicht überraschend, da die GeoGebra Bücher entsprechend konzipiert wurden. Wichtig im Rahmen dieses Artikels ist allerdings, dass sich GeoGebra Bücher gut mit etablierten Kriterien als Materialien, im hier betrachteten Fall als Lernpfade, einordnen lassen und sie verschiedene, sogar multimediale und interaktive Lernprozesse zulassen. Die Transparenz und Überprüfbarkeit in Bezug auf didaktische Kriterien spielt für den nachfolgenden Abschnitt (5.3) eine wesentliche Rolle.

5.3 „Noticing“ im Erfahrungsraum „Computerraum & GeoGebra Bücher“

Entsprechend der Betrachtungen in Abschnitt (5.2) handelt es sich bei den hier vorgestellten GeoGebra Büchern um Lernpfade und damit um Medien, die sich grundsätzlich dazu eignen sollten eigenverantwortliches Arbeiten zu fördern. Es zeigte sich bei der Durchführung dieser Unterrichtsreihe, dass diese Form des eigenverantwortlichen Wiederholens für die betrachtete Lerngruppe gut geeignet ist. Dies entspricht den bisherigen Erfahrungen aus der Literatur (Heintz, 2018). Auch das Phänomen eines größeren anfänglichen Interesses – das Phänomen der „Neuheit“ – (Hillmayr et al., 2017, S. 11) war klar sowohl bei der Lerngruppe, als auch bei der Fachkollegin, feststellbar. Es zeigte sich aber auch, dass selbst in der Oberstufe von Gymnasien nicht davon ausgegangen werden kann, dass jede Schülerin und jeder Schüler über Basisfähigkeiten im Umgang mit Computern, dazu zähle ich an dieser Stelle u.a. „flüssigen“ Umgang mit Tastatur und Maus, verfügt. Solche Lernumgebungen bieten dann natürlich auch im Mathematikunterricht die Möglichkeit solche Fähigkeiten auszubilden, die je nach konkreter Aufgabe auch erste Elemente des Programmierens, wie das Festlegen von Konstanten und Variablen, auf einer recht intuitiven Ebene ermöglichen. Natürlich gelingt dies nur bei einer entsprechend gelungenen Rahmung der Unterrichtssituation. Hierbei bietet der Erfahrungsraum „Computerraum & GeoGebra Bücher“ einige Chancen, die insbesondere direkte Folgen aus dem eigenverantwortlichen Lernen sind, wie bspw. das Kennenlernen vielfältiger Zugänge zu mathematischen Problemen und Arbeitsweisen, Selbstorganisation und Reflexion. Die Herausforderungen sind aber eben neben der Selbstorganisation, der Schülerinnen und Schüler in der passenden Auswahl vielfältiger Zugänge und der Reflexion ihrer Auswahl und Bearbeitung, auch für Lehrerinnen und Lehrern vorhanden. Zum einen bietet der Erfahrungsraum „Computerraum“ häufig wegen einer eher unflexiblen „klassischen“ Einrichtung Herausforderungen für das Wahrnehmen – den ersten Schritt „des Noticing“ – von Aktivitäten der Schülerinnen und Schüler. Bei diesem Problem

handelt es sich allerdings um ein allgemeines pädagogisches Problem und betrifft grundsätzlich Nutzerinnen und Nutzer von Computerräumen. In Kombination mit eigenverantwortlichen Lernphasen und damit auch in weiten Teilen erwünschtem „Arbeiten im eigenen Tempo“ stellen solche Phasen gerade in Bezug auf das „Notiz-Nehmen“ und „Würdigen“ von gelungenen Lernprodukten hohe Anforderungen an die Lehrkraft, da diese neben fachlichen Perspektiven in diesem Erfahrungsraum zusätzliche technische Perspektive einnehmen muss (Angeli & Valanides, 2015). Auch dieses Problem ist nicht zwingend mathematikspezifisch, obwohl gerade im Fach Mathematik lange eigenverantwortliche Übungsphasen häufiger vorkommen.
Aus der praktischen Erfahrung, und in diesem Fall der speziellen Situation des Referendariats, in welchem auf natürliche Weise Team-Teaching entsteht, bieten GeoGebra Bücher zudem einen gelungenen Anlass zum kollegialen fachlichen und fachdidaktischen Austausch. Dieser wird zum einen sicherlich zunächst durch das Phänomen der Neuheit entfacht, kann aber durch die großen Auswahl- und leichten Kombinationsmöglichkeiten von verschiedenen mathematischen Gegenständen, Darstellungen und Aktivitäten längerfristig verstetigt werden. Gerade diese Aspekte des Vergleichs verschiedener Perspektiven unter Berücksichtigung geeigneter fachdidaktischer Einordnung von Medien, wie in (5.2), bietet meiner Ansicht reiche Möglichkeiten zur „Praxis“ des „Noticings“. Zugleich bietet sich das Potential die Kontextabhängigkeit der Fähigkeit des „Noticings“, bspw. in Bezug auf (digitale) Werkzeugkompetenzen von Schülerinnen und Schüler tiefgehender zu erforschen.

6 Reflexion und Ausblick

GeoGebra Bücher bieten die Möglichkeit zum eigenverantwortlichen Wiederholen sowohl aus theoretischer als auch praktischer Perspektive. Damit sind natürlich nicht alle Möglichkeiten der Nutzungsformen von GeoGebra Büchern erschöpft wie die bereits benannten Veröffentlichungen zeigen. Interessant ist dieses Medium für den Mathematikunterricht und die mathematikdidaktische Forschung insbesondere in Bezug auf dessen Multimedialität, bei gleichzeitiger Geschlossenheit des Systems, sowie einfacher Anpassungsmöglichkeiten unter Rückgriff auf einen freien Fundus von Materialien einer großen mathematischen Community. Das Potential zur Gestaltung von reichhaltigen Lernumgebungen für Unterrichtspraxis und Forschung kann dabei nicht nur in der Interaktion von Schülerinnen und Schülern mit GeoGebra Büchern, sondern auch in Bezug auf Fragen möglicher Perspektiverweiterungen im kollegialen Austausch Mathematiklehrender mit und über GeoGebra Bücher, sowie deren Einfluss auf Aspekte des „Noticing“ in (digital erweiterten) Erfahrungsbereichen gesehen werden.

Danksagung

Gerade diese letzten Gedanken wären mir sicherlich nur schwer in den Sinn gekommen ohne den regen Austausch mit den Schülerinnen und Schülern wie auch Kolleginnen und Kollegen am KAG. Für Eure Offenheit und Eure mit mir geteilte Freude am Diskurs an dieser Stelle ein besonderer Dank!

Literatur

Angeli, C. & Valanides, N. (2015). *Technological pedagogical content knowledge: Exploring, developing, and assessing TPCK*. New York, Springer.

Bauersfeld, H. (1983). Subjektive Erfahrungsbereiche als Grundlage einer Interaktionstheorie des Mathematiklernens und -lehrens. In H. Bauersfeld, H. Bussmann & G. Krummheuer (Hrsg.), *Lernen und Lehren von Mathematik. Analysen zum Unterrichtshandeln II* (S. 1–57). Köln, Aulis-Verlag Deubner.

Bos, W., Lorenz, R., Endberg, M., Eickelmann, B., Kammerl, R. & Welling, S. (2016). *Schule digital: Der Länderindikator 2016. Kompetenzen von Lehrpersonen der Sekundarstufe I im Umgang mit digitalen Medien im Bundesländervergleich*. Münster, Waxmann Verlag.

Breiter, A. (2001). Digitale Medien im Schulsystem. *ZfE*, *4*(4), 625–639.

Bruner, J. (1970). *Prozess der Erziehung*. Düsseldorf, Berlin.

Büchter, A. (2014). Das Spiralprinzip. Begegnen - Wiederaufgreifen - Vertiefen. *Mathematik lehren, 31*(182), 2–9.

Criswell, B. & Krall, R. (2017). Teacher Noticing in Various Grade Bands and Contexts: Commentary. In E. O. Schack & Fisher, M. H. & Wilhelm, J. A. (Hrsg.), *Teacher Noticing: Bridging and Broadening Perspectives, Contexts, and Frameworks* (S. 21–30). Cham, Springer International Publishing.

Dilling, F. & Witzke, I. (2020, online first). The Use of 3D-printing Technology in Calculus Education – Concept formation processes of the concept of derivative with printed graphs of functions. *Digital Experiences in Mathematics Education.*

Dreher, A. (2015). *Dealing with multiple representations in the mathematics classroom - Teachers' knowledge, views, and their noticing* (Dissertation). Pädagogische Hochschule Ludwigsburg. Ludwigsburg. https://phbl-opus.phlb.de/frontdoor/index/index/docId/61

Floro, B. & Bostic, J. D. (2017). A Case Study of Middle School Teachers' Noticing During Modeling with Mathematics Tasks. In E. O. Schack, M. H. Fisher & J. A. Wilhelm (Hrsg.), *Teacher Noticing: Bridging and Broadening Perspectives, Contexts, and Frameworks* (S. 73–89). Cham, Springer International Publishing.

Hattermann, M., Kadunz, G., Rezat, S. & Sträßer. (2015). Geometrie: Leitidee Raum und und Form. In R. Bruder, L. Hefendehl-Hebeker, B. Schmidt-Thieme & H.-G. Weigand (Hrsg.), *Handbuch der Mathematikdidaktik* (S. 411–434). Berlin, Springer Spektrum.

Heintz, G. (2018). Selbstständiges Lernen in einer medialen Lernumgebung. In T. Leuders (Hrsg.), *Mathematik-Didaktik. Praxishandbuch für die Sekundarstufe I+II.* Berlin, Cornelsen.

Hillmayr, D., Reinhold, F., Ziernwald, L. & Reiss, K. (2017). *Digitale Medien im mathematisch-naturwissenschaftlichen Unterricht der Sekundarstufe: Einsatzmöglichkeiten, Umsetzung und Wirksamkeit.* Münster, Waxmann.

Hohenwarter, M. & Hartl, A. (2012). GeoGebraCAS — Vom symbolischen Notizblock zur dynamischen CAS Ansicht. *Computeralgebra-Rundbrief, 2*(26), 15–18.

Kaenders, R. & Schmidt, R. (2014). *Mit GeoGebra mehr Mathematik verstehen.* Wiesbaden, Springer Spektrum.

Kimeswenger, B. & Hohenwarter, M. (2015). Interaktion von Darstellungsformen und GeoGebraBooks für Tablets. In J. Roth, E. Süss-Stepancik & H. Wiesner (Hrsg.), *Medienvielfalt im Mathematikunterricht: Lernpfade als Weg zum Ziel* (S. 171–184). Wiesbaden, Springer Spektrum.

Lambacher Schweizer. (2014). *Mathematik Einführungsphase.* Stuttgart, Klett.

Lambacher Schweizer. (2015). *Mathematik Qualifikationsphase.* Stuttgart, Klett.

Mason, J. (2002). *Researching Your Own Practice: The Discipline of Noticing.* London, Routledge.

Ministerium für Schule und Weiterbildung des Landes Nordrhein-Westfalen. (2013). *Sekundarstufe II – Gymnasiale Oberstufe des Gymnasiums und der Gesamtschule, Richtlinien und Lehrpläne Kernlehrpläne für die MINT-Fächer. Nr. 10/13. Fundstelle: RdErl. d. Ministeriums.* https://www.schulentwicklung.nrw.de/lehrplaene/lehrplan/47/KLP_GOSt_Mathematik.pdf

Palumbo, M. (2019). *Videogestützte Lehrpersonenfortbildung zum Einsatz von GeoGebra CAS im Mathematikunterricht (Masterarbeit).* https://www.dms.uni-landau.de/roth/za/masterarbeit_michael_palumbo_2019.pdf

Pöchtrager, H. (2018). Chancen für eigenverantwortliches Arbeiten im Mathematikunterricht. *R&E-SOURCE*, 1–5.

Pöchtrager, H. & Hohenwarter, M. (2017). GeoGebra Bücher: Eine Chance für eigenverantwortliches Lernen. In M. Schuhen, M. Froitzheim & K. Schuhen (Hrsg.), *Das Elektronische Schulbuch 2016. Fachdidaktische Anforderungen und Ideen treffen auf Lösungsvorschläge der Informatik* (S. 213–234). Münster, LIT Verlag.

Prediger, S., Zindel, C. & Büscher, C. (2017). Fachdidaktisch fundierte Förderung und Diagnose: Ein Leitthema auch im gymnasialen Lehramt. In C. Selter, S. Hußmann, C. Hößle, C. Knipping, K. Lengnink & J. Michaelis (Hrsg.), *Diagnose und Förderung heterogener Lerngruppen: Theorien, Konzepte und Beispiele aus der MINT-Lehrerbildung* (S. 213–234). Münster, Waxmann Verlag.

Roth, J. (2015). Lernpfade – Definition, Gestaltungskriterien und Unterrichtseinsatz. In J. Roth, E. Süss-Stepancik & H. Wiesner (Hrsg.), *Medienvielfalt im Mathematikunterricht. Lernpfade als Weg zum Ziel* (S. 3–25). Wiesbaden, Springer Spektrum.

Schack, E. O. & Fisher, M. H. & Wilhelm, J. A. (Hrsg.). (2017). *Teacher Noticing: Bridging and Broadening Perspectives, Contexts, and Frameworks.* Cham, Springer International Publishing.

Stockero, S. L. & Rupnow, R. L. (2017). Measuring Noticing Within Complex Mathematics Classroom Interactions. In E. O. Schack, M. H. Fisher & J. A. Wilhelm (Hrsg.), *Teacher Noticing: Bridging and Broadening Perspectives, Contexts, and Frameworks* (S. 21–30). Cham, Springer International Publishing.

Thomas, J. N. (2017). The Ascendance of Noticing: Connections, Challenges, and Questions. In E. O. Schack, M. H. Fisher & J. A. Wilhelm (Hrsg.), *Teacher Noticing: Bridging and Broadening Perspectives, Contexts, and Frameworks* (S. 507–514). Cham, Springer International Publishing.

Ufer, S., Heinze, A. & Lipowsky, F. (2015). Unterrichtsmethoden und Instruktionsstrategien. In R. Bruder, L. Hefendehl-Hebeker,

B. Schmidt-Thieme & H.-G. Weigand (Hrsg.), *Handbuch der Mathematikdidaktik* (S. 411–434). Berlin, Springer Spektrum.

Wittmann, E. C. (1992). Wider die Flut der „bunten Hunde“ und der „grauen Päckchen“: Die Konzeption des aktiv-entdeckenden Lernens und des produktiven Übens. In E. C. Wittmann & G. N. Müller (Hrsg.), *Handbuch produktiver Rechenübungen* (S. 157–171). Leipzig, Klett.

Ein mathematisches Zeichengerät (nach)entwickeln – eine Fallstudie zum Pantographen

Frederik Dilling und Amelie Vogler

Der Pantograph ist ein paradigmatisches Beispiel für ein historisches Zeichengerät, welches zum maßstäblichen Vergrößern und Verkleinern von Zeichnungen eingesetzt werden kann. Im Mathematikunterricht der Primarstufe eignet sich die Verwendung dieses analogen Zeichengerätes besonders im Themenbereich Maßstäbe bzw. zum maßstäblichen Vergrößern und Verkleinern ebener Figuren. Durch den Einsatz der 3D-Druck-Technologie können die Schülerinnen und Schüler den Pantographen eigenständig (nach)entwickeln und seine Funktionsweise handlungsorientiert erkunden. In einer Fallstudie wurde die Wissensaneignung von Schülerinnen und Schülern einer vierten Klasse im Umgang mit dem Pantographen auf Grundlage des Konzepts der empirischen Theorien untersucht.

1 Einleitung

Zeichengeräte nehmen in der Entwicklungsgeschichte der Mathematik eine bedeutende Rolle ein. Der Pantograph ist ein solches Zeichengerät, welches vor allem in der Kartographie zum Vergrößern und Verkleinern von Zeichnungen eingesetzt wurde. In diesem Artikel soll die Wissensentwicklung von Primarstufenschülerinnen und -schülern zur Funktionsweise eines Pantographen auf der Grundlage des Konzepts der empirischen Theorien untersucht werden. Die nachfolgende Fallstudie zeigt, wie Schülerinnen und Schüler einer vierten Klasse die

F. Dilling und F. Pielsticker (Hrsg.), *Mathematische Lehr-Lernprozesse im Kontext digitaler Medien*, MINTUS – Beiträge zur mathematisch-naturwissenschaftlichen Bildung, https://doi.org/10.1007/978-3-658-31996-0_5

Bauteile eines Pantographen unter Verwendung einer CAD-Software nachentwickeln, die Funktion ihrer 3D-gedruckten und eigens zusammengebauten Pantographen ausprobieren und daran anknüpfend Beziehungen zwischen der Bauweise und dem Grundprinzip des Gerätes herstellen.
Im ersten Abschnitt des Artikels wird das Konzept der empirischen Theorien kurz skizziert. Daran anschließend wird der Pantograph als historisches mathematisches Zeichengerät und sein Einsatz im Mathematikunterricht umfassend erläutert. Es wird unter anderem beschrieben, wie sich die technische (spezieller Mechanismus durch eine Parallelogrammkonstruktion) und mathematische Hintergrundidee (Strahlensätze, zentrische Streckung) des Zeichengeräts wechselseitig beeinflussen. Danach folgt eine kurze Darstellung der 3D-Druck-Technologie in Verbindung mit der in der Studie verwendeten CAD-Software Tinkercad™. Im nächsten Abschnitt werden die Forschungsfragen und Rahmenbedingungen der empirischen Untersuchung genannt. In diesem Zusammenhang wird die Konzeption des Workshops „(Nach)Entwicklung eines Pantographen", aus welchem die Daten für die Fallstudie gewonnen wurden, beschrieben. Im Weiteren erfolgt die Datenanalyse. Abschließend werden die Ergebnisse der Fallstudie diskutiert und zusammengefasst.

2 Empirische Theorien im Mathematikunterricht

Im Mathematikunterricht werden mathematische Sachverhalte zu weiten Teilen anschauungsgeleitet entwickelt. Die Schülerinnen und Schüler fassen Mathematik daher als eine Art Naturwissenschaft auf, mit dem Ziel die kennengelernten Phänomene adäquat beschreiben zu können (empirische Auffassung von Mathematik) (Burscheid & Struve, 2010; Schlicht, 2016; Witzke, 2009). Das im Unterricht entwickelte Wissen kann daher als *empirische Theorie über die Anschauungsmittel* beschrieben werden. Dabei lassen sich vereinfacht ausgedrückt so genannte empirische Begriffe, für die eindeutige Referenzobjekte in der Empirie existieren, von theoretischen Begriffen unterscheiden,

deren Bedeutung erst innerhalb der Theorie festgelegt wird. In der Grundschule erkunden Schülerinnen und Schüler beispielsweise das Gesetz der Kommutativität anhand des Vergleiches von selbstgebauten Türmen aus Bauklötzen. Die Bauklötze bilden in der empirischen Theorie die Referenzobjekte für den empirischen Begriff der natürlichen Zahl. Die Theorieentwicklung geschieht mit dem Ziel der adäquaten Beschreibung der Bausituation. Aus bildungstheoretischer und entwicklungspsychologischer Sicht ist die auf diese Weise entstehende ontologische Bindung des mathematischen Wissens gerechtfertigt (Hefendehl-Hebeker, 2016).
Für die Entwicklung einer tragfähigen empirischen Mathematikauffassung ist es notwendig, den Schülerinnen und Schülern den Raum zu geben, Hypothesen für paradigmatische Beispiele selbstständig entwickeln zu können, zu erproben und auf weitere Anwendungsbereiche zu übertragen (Witzke, 2009). Entsprechend ermöglicht ein konsequent am Konzept der empirischen Theorien orientierter Mathematikunterricht Aushandlungsprozesse zwischen Schülerinnen und Schülern, um im konstruktiven Sinne Begriffe zu bilden und damit Wissen zu entwickeln (Pielsticker, 2020). Die auf diese Weise generierten Erkenntnisse sollten mit bereits bekanntem Wissen beschrieben und erklärt werden, um eine echte Theoriebildung zu ermöglichen.

3 Der Pantograph als mathematisches Zeichengerät

3.1 Mathematische Zeichengeräte zur Wissensentwicklung

Zeicheninstrumente nehmen in der Entwicklung der Mathematik eine bedeutende Rolle ein. So baute die griechische Mathematik wesentlich auf den Instrumenten Zirkel und Lineal auf. Im 1. Buch der Elemente des Euklid werden ihr Gebrauch in den Postulaten festgelegt und darauf aufbauend eine Theorie über die mit diesen Instrumenten erzeugbaren Figuren und Kurven entwickelt. Auch in der Folgezeit sind Instrumente zum Zeichnen von Kurven (z.B. Parabelzirkel) oder zum

gezielten Verändern von Figuren (z.B. Pantograph) in der Geometrie von Bedeutung. Die Entwicklung von Zeichengeräten zieht sich bis ins frühe 20. Jahrhundert, wo unter anderem in der Analysis Integraphen zum präzisen Zeichnen von Stammkurven für praktische Berechnungen genutzt wurden. Für die verschiedenen, teilweise sehr speziellen Anwendungsfelder von mathematischen Zeichengeräten stehen häufig eine Vielzahl von Mechanismen und Abwandlungen der Instrumente zur Verfügung. Mit dem Durchbruch des Computers in der zweiten Hälfte des 20. Jahrhunderts haben analoge mathematische Instrumente an Bedeutung verloren. In der Wissenschaft sowie der Anwendung wurden sie durch digitale Instrumente ersetzt, die entsprechende Anforderungen in einer deutlich erhöhten Geschwindigkeit und Präzision erfüllen können und die analogen Instrumente um wesentliche Funktionen erweitern.
Im Mathematikunterricht der Schule nehmen die analogen Instrumente neben den digitalen allerdings weiterhin eine bedeutende Rolle ein. So gehören das Lineal, das Geodreieck und der Zirkel zur Standardausstattung einer jeden Schülerin und eines jeden Schülers. Sie entschleunigen den Konstruktionsprozess und verkörpern bei entsprechender Benutzung und Interpretation wesentliche mathematische Zusammenhänge. Vollrath (2013) beschreibt dies wie folgt:

> Sehen wir ein uns unbekanntes Instrument, so fragen wir: Was für ein Instrument ist das? Was macht man damit? Wie geht man mit ihm um? Oder vielleicht noch anspruchsvoller: Warum funktioniert es? Welche *Idee* liegt ihm zugrunde? (S. 5, Hervorhebung im Original)

Die mathematischen Zeichengeräte scheinen das Interesse der Schülerinnen und Schüler zu wecken und stellen authentische Anwendungen des im Unterricht entwickelten Wissens dar. Sie sind keine Black-Boxes, sondern können durch gezieltes ausprobieren untersucht werden, sodass die Funktionsweise erkannt und mit der mathematischen Theorie in Zusammenhang gesetzt werden kann. Vollrath (2013) unterscheidet diesbezüglich die *mathematische Idee* von der *technischen Idee* eines Zeichengerätes:

> Man muss bei ihnen also einerseits mit mathematischen, andererseits auch mit technischen Ideen rechnen. Beide sind meist eng miteinander verbunden. Und beide sollten nicht zu eng gesehen werden. So enthalten mathematische Ideen durchaus physikalische Vorstellungen wie z. B. Bewegungen. Technische Ideen wiederum können durchaus handwerkliche Einfälle umfassen wie z. B. bestimmte Mechanismen zur Übertragung von Kräften. (S. 5)

Mathematische Zeichengeräte können im Unterricht verwendet werden, um einen bestimmten mathematischen Begriff oder einen Zusammenhang einzuführen. Randenborgh (2015) spricht hier von einer didaktischen Idee innerhalb eines Prozesses der instrumentellen Wissensaneignung. Mit dem Konzept der empirischen Theorien kann dieser Prozess wie folgt beschrieben werden. Die im Instrument umgesetzten Mechanismen (*technische Idee*) und die dadurch entstehenden Abhängigkeiten innerhalb des Instruments oder in Bezug auf die konstruierten geometrischen Objekte können von den Schülerinnen und Schülern experimentell untersucht und damit begründet werden. Die Abhängigkeiten können interpretiert und mit den Begriffen ihrer empirischen mathematischen Schülertheorie in Verbindung gesetzt werden (*mathematische Idee*). Auf diese Weise kann aufbauend auf den Untersuchungen des Zeicheninstrumentes die Schülertheorie weiterentwickelt werden. Die Mechanismen und Zeichnungen bilden die Referenzobjekte zu den empirischen Begriffen. Zeichengeräte können dabei als paradigmatische Beispiele fungieren, da sie bei gleicher Verwendung auf eine Vielzahl von geometrischen Objekten angewendet werden können und als Werkzeug nicht auf einen konkreten Fall beschränkt sind.

3.2 Der Pantograph im Mathematikunterricht

Der *Pantograph* (griechisch: Alleszeichner) ist ein Zeichengerät zum maßstäblichen Kopieren, Vergrößern und Verkleinern von Zeichnungen. Aufgrund seines Aussehens wird er auch Storchenschnabel genannt. Das Zeichengerät ist wie folgt aufgebaut (technische Idee).

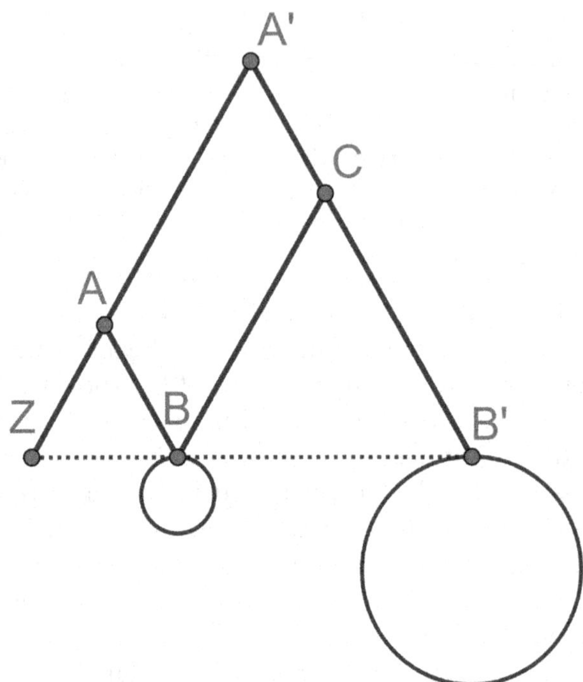

Abbildung 25: Schematische Darstellung eines Pantographen (Erstellt mit ©GeoGebra).

Der Punkt Z, auch Pol genannt, wird vom Nutzer festgehalten oder auf der Unterlage befestigt. Am Punkt B ist ein Fahrstift befestigt, mit welchem eine gegebene Zeichenblattfigur abgefahren werden kann. Dabei verschiebt sich das Gerät um den Punkt Z. Durch die Verschiebung des Gestänges wird die mit B abgefahrene Figur auf eine mit dem Punkt B', an welchem ein Zeichenstift verbaut ist, gezeichnete Figur abgebildet. Der Zeichenstift zeichnet eine zur Ausgangsfigur ähnliche vergrößerte Figur. Der Vergrößerungsfaktor ist durch das Verhältnis $|\overline{ZB'}| : |\overline{ZB}|$ gegeben. Eine Änderung dieses Streckfaktors kann durch das Verstellen der Schienen an den Punkten A und C erreicht werden. Der jeweilige Streckfaktor ist auf den meisten Geräten direkt auf den Schienen markiert. Vertauscht man Fahr- und

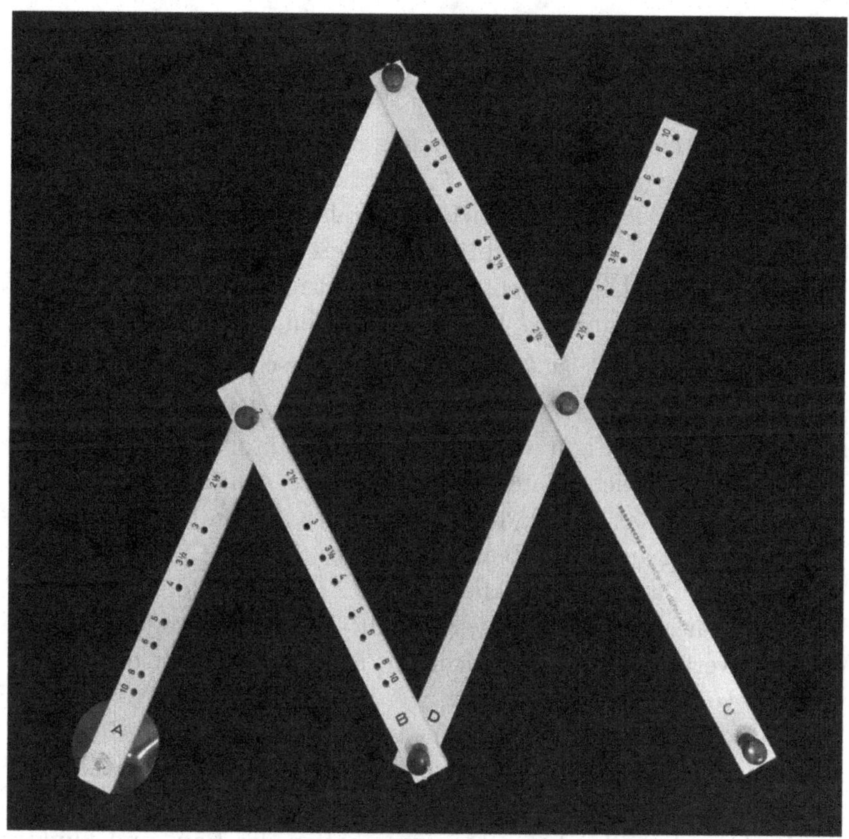

Abbildung 26: Pantograph der Firma Rumold aus Holz.

Zeichenstift, so verkleinert der Pantograph die Figur.
Dem Instrument liegt der mathematische Sachverhalt – also die mathematische Idee – der zentrischen Streckung zugrunde. Die Konstruktion besteht aus einem beweglichen Gestänge mit vier Schienen. In Abbildung 25 ist eine schematische Darstellung eines Pantographen zu sehen. Die vier Schienen entsprechen den Strecken ZA', $A'B'$, AB sowie BC. Die Schienen ZA' und $A'B'$ haben die gleiche Länge, sodass $ZB'A'$ einem gleichschenkligen Dreieck entspricht. Zudem sind die Schienen mit den Strecken AB und BC so mit den ande-

ren Schienen verschraubt, dass ein bewegliches Gelenkparallelogramm ($ABCA'$) entsteht und Z, B und B' kollinear sind. Damit sind die Dreiecke ZBA und $ZB'A'$ stets ähnlich zueinander. Die Ähnlichkeitsabbildung ist eine zentrische Streckung mit Zentrum Z. Gleiches gilt für die mit B abgefahrene und B' gezeichnete Figur.
Auf die zwei Dreiecke lassen sich die Strahlensätze anwenden. Nach dem ersten Strahlensatz entspricht das Verhältnis $|\overline{ZB'}| : |\overline{ZB}|$ dem Verhältnis $|\overline{ZA'}| : |\overline{ZA}|$. Es entspricht dem Streckfaktor der gezeichneten Figuren und kann mit k bezeichnet werden. Bei einem Längenverhältnis von $\frac{|\overline{ZA'}|}{|\overline{ZA}|} = \frac{3}{1}$ ist $k = 3$ und somit verschiebt sich der Punkt B' um 3 Längeneinheit, wenn der Punkt B um 1 Längeneinheit verschoben wird. Die Figur wird also um den Faktor 3 vergrößert. Im Mathematikunterricht bietet es sich an, zuerst den Spezialfall zu untersuchen, dass das Gelenk des Pantographen an den Punkten A und C genau mittig an den Stäben befestigt ist. Somit ist $|\overline{ZA'}| = 2|\overline{ZA}|$, woraus folgt, dass der Streckfaktor $k = 2$ ist. Die Bildfigur wird im Vergleich zur Ausgangsfigur verdoppelt. Werden Fahrstift und Zeichenstift vertauscht, so entspricht der neue Streckfaktor dem Kehrwert des vorherigen Streckfaktors.
Der Pantograph bietet mit all seinen geometrischen und technischen Eigenschaften gehaltvolle Einsatzmöglichkeiten im Mathematikunterricht. Durch instrumentelle Aktivitäten mit dem Zeichengerät können bereits Grundschulkinder erste Eigenschaften der Bau- und Funktionsweise ableiten. Dabei kommt es darauf an, dass entsprechende Lernumgebungen sach- und schülergemäß gestaltet werden. Eine entscheidende Erkenntnis seitens der Schülerinnen und Schüler ist, dass die Punkte Z,B und B' immer auf einer geraden Linie liegen. Darüber hinaus können sie entdecken, dass sich das Vergrößerungs- bzw. Verkleinerungsverhältnis nicht nur an der Zeichnung, sondern auch am Gerät selbst ablesen lässt.

4 3D-Druck im Mathematikunterricht

Die 3D-Druck-Technologie stellt ein digitales Werkzeug dar, welches im Mathematikunterricht auf verschiedene Weise eingesetzt werden kann. Mithilfe von 3D-Druckern ist es möglich, dreidimensionale Objekte auf Basis virtueller 3D-Modelle zu drucken. Daher können einerseits bereits existierende Arbeitsmittel oder durch die Lehrkraft individuell entwickelte Arbeitsmittel produziert werden, um diese dann im Unterricht zu nutzen. Andererseits können die Schülerinnen und Schüler selbst im Mathematikunterricht Objekte entwickeln, ausdrucken und im weiteren Lernprozess auf ihre selbsthergestellten Materialien zurückgreifen. Im Sinne eines schüler- und prozessorientierten Lernens ist diese eigenständige Entwicklung individueller Arbeits- und Anschauungsmittel besonders interessant. Aktuelle Forschungsergebnisse zeigen, dass die Nutzung dieser Technologie zu vielfältigen Anlässen zum Problemlösen, Kommunizieren und Begründen einlädt (Witzke & Heitzer, 2019) (Witzke & Heitzer, 2019). Insbesondere im Bereich von Begriffsbildungsprozessen ermöglicht der Einsatz dieser Technologie eine tiefgehende Auseinandersetzung mit mathematischen Inhalten und Begriffen und kann zu einer tragfähigen empirischen Auffassung von Mathematik anstelle einer reinen phänomenbezogenen Betrachtungsweise führen (Dilling et al., 2019, online first; Pielsticker, 2020)(Dilling et al. 2019; Pielsticker 2020). Zudem konnten verschiedene Forschungsprojekte einen hohen motivationalen Effekt des Werkzeuges auf die Schülerinnen und Schüler feststellen (Dilling, 2019; Pielsticker, 2020). Die in der nachfolgend beschriebenen und ausgewerteten Studie verwendete CAD-Software Tinkercad^{TM} ist eine Anwendung, welche das sogenannte direkte Modellieren erlaubt (Dilling & Witzke, 2019a). Hierbei werden Grundkörper (wie ein Quader oder Zylinder) per Drag and Drop auf eine Arbeitsfläche gezogen. Teile eines Körpers können dann durch Ziehen an Flächen, Ecken und Kanten direkt verändert werden und mit anderen Körpern über Boolesche Operatoren verbunden werden (siehe Abbildung 27). Bei der Konstruktion einer Pantographen-Schiene, welche die Schülerinnen und Schüler in der nachfolgenden Studie konstruiert haben, sind

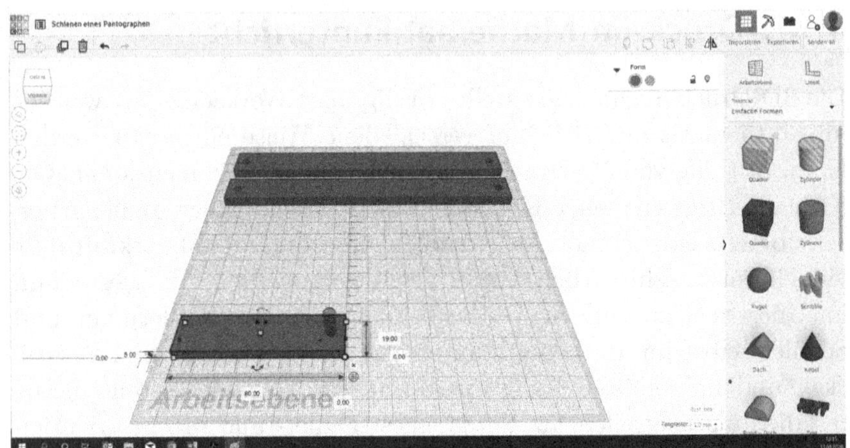

Abbildung 27: Konstruktion einer Schiene eines Pantographen mit Tinkercad™.

folgende Funktionen des Programms von Bedeutung: Änderung der Dimensionen des Grundkörpers Quader; Einfügen von Löchern mithilfe des Grundkörpers Zylinder; Mittige Ausrichtung des Zylinders; Verbindung von Bohr- und Vollkörper mit der Funktion Gruppieren.

5 Fallstudie – Workshop „(Nach)Entwicklung eines Pantographen“ in der Grundschule

5.1 Methodik und Rahmenbedingungen

In einer Fallstudie soll der Einfluss einer eigenständigen Entwicklung eines Pantographen auf das Verständnis der Funktionsweise des Gerätes und die Einbindung in die empirische mathematische Theorie der Schülerinnen und Schüler untersucht werden. Die Grundlage für die Untersuchung bildet ein Workshop in einer vierten Klasse einer Grundschule, in dem die Schülerinnen und Schüler in Gruppen ein solches Gerät unter Verwendung der 3D-Druck-Technologie entwickelt haben (siehe Abschnitt 5.2).

Im Vordergrund stehen bei der empirischen Untersuchung die folgenden Forschungsfragen:

- Wie wirkt sich die eigenständige Konstruktion eines Pantographen auf das Verständnis der Funktionsweise des Pantographen aus? Welchen Einfluss hat...
  - die Planung?
  - die Konstruktion mit Tinkercad™?
  - das Zusammensetzen?
  - das Zeichnen mit dem Pantographen?
- Welche empirischen Begriffe werden mit Pantographen in Verbindung gesetzt?

Im Anschluss an den Workshop wurden die Schülerinnen und Schüler in Gruppeninterviews in Bezug auf die Forschungsfragen über die Geschehnisse des Workshops und den Pantographen befragt. Das Interview mit einer Gruppe von drei Schülerinnen soll im Folgenden genauer in den Blick genommen werden. Vier Interviewausschnitte werden hierzu in Textform wiedergegeben und mit einem interpretativen Ansatz analysiert (Maier & Voigt, 1991). Schülerdokumente aus den von den Schülerinnen erstellten Forscherheften wie Zeichnungen oder Beschreibungen werden bei der Analyse unterstützend einbezogen.

5.2 Konzeption des Workshops

Der Workshop „*(Nach)Entwicklung eines Pantographen*“ richtete sich an Kinder der vierten Jahrgangsstufe und beinhaltete das Ziel, ihnen durch eine selbstständige Erkundung und Entwicklung eines Pantographen das Grundprinzip dessen näherzubringen. Inhaltlich und strukturell wurde der Workshop im Rahmen des Geometrieunterrichts anknüpfend an den Themenbereich Maßstäbe durchgeführt. Die Kinder konnten also bereits mit einem Geodreieck Zeichnungen maßstäblich vergrößern und verkleinern. Den Pantographen als Zeichengerät hatten sie jedoch im Unterricht noch nicht kennengelernt.

Mit Blick auf die Bildungsstandards (Kultusministerkonferenz, 2004) lässt sich das Thema im Bereich *Raum und Form* einordnen. Die Schülerinnen und Schüler zeichnen mit Hilfsmitteln, bilden ebene Figuren ab (maßstäbliches Verkleinern und Vergrößern) und untersuchen Umfang und Flächeninhalt von ähnlichen ebenen Figuren.
Der Workshop umfasste acht Unterrichtsstunden à 45 Minuten, verteilt auf zwei Tage. Am ersten Tag erfolgte die Erkundung, Planung und Konstruktion eines eigenen Pantographen mithilfe der CAD-Software, am zweiten Tag durften die Kinder ihre selbst konstruierten, 3D-gedruckten Pantographen zusammenbauen und im Anschluss daran die Funktion ihrer Zeichengeräte selbstständig erproben und untersuchen. Mithilfe eines Forscherheftes wurden die Kinder durch den Workshop geleitet. Dieses Heft umfasste folgende Arbeitsaufträge:

- Zeichnen eines Pantographen und geometrische Formen im Pantographen markieren
- Schreiben einer Bauanleitung für den Pantographen
- Formulieren einer Vermutung zur Forscherfrage „Warum vergrößert der Pantograph die Zeichnung?“
- Entwerfen eines Pantographen in Tinkercad^{TM}
- Zusammenbauen der 3D-gedruckten Teile des Pantographen
- Zeichnen mit dem Pantographen
- Reflexion des eigenen Vorgehens und Begründen, warum der Pantograph eine Figur maßstäblich verkleinert oder vergrößert

Die Arbeitsaufträge sind in abgeänderter Form in Dilling und Witzke (2019b) zu finden. Die Schülerinnen und Schüler arbeiteten in Kleingruppen gemeinsam an den Arbeitsaufträgen. Als Einstieg in den Workshop wurde ihnen im Sitzkreis ein handelsüblicher Pantograph aus Holz gezeigt. Die Kinder konnten die Bauweise des Zeichengeräts erkunden und es probeweise zur Vergrößerung nutzen. Im Plenumsgespräch entwickelten die Kinder gemeinsam mit der Lehrkraft erste Ideen und Vermutungen zur Funktionsweise des Pantographen und sammelten wichtige Begriffe wie Schiene, Zeichenstift, Fahrstift und Quader auf einem Wortspeicher. Während der Planung und Konstruktion des eigenen Pantographen mit der CAD-Software

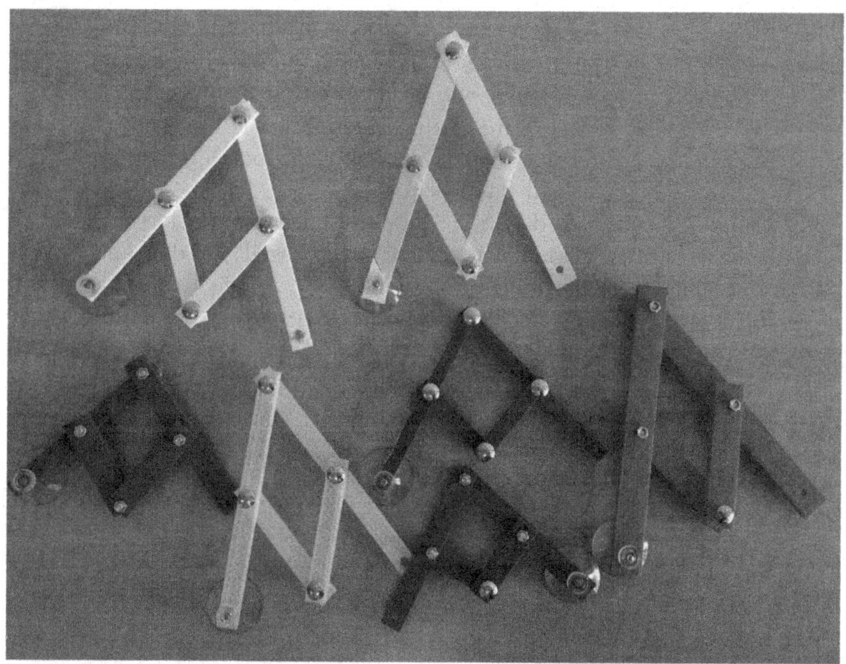

Abbildung 28: 3D-gedruckte Pantographen der Schülerinnen und Schüler.

hatten die Schülerinnen und Schüler stets die Möglichkeit auf den Holz-Pantographen als Anschauungsobjekt zurückzugreifen. Dieser war über den gesamten Verlauf des Workshops auf den Streckfaktor 2 eingestellt. In Abbildung 28 sind die von den Schülerinnen und Schülern entwickelten 3D-gedruckten Pantographen zu sehen.

5.3 Datenanalyse

Zu Beginn des Interviews werden die drei Schülerinnen Lea, Emma und Marie vom Interviewer gebeten, die Planung ihres Pantographen zu beschreiben:

Emma	Genau. Wir haben uns selber eine Bauanleitung, sollten wir erstellen. Und dann haben wir dahin geschrieben, wie wir das, ehm, bauen würden. Also wie es für uns (unverständlich).
Interviewer	Und worauf kam es dabei an, bei eurem Plan? Was war das Wichtige?
Emma	Ehm, dass wir schonmal gucken so 'n bisschen, wie man den bauen könnte, weil wir den auch selber bauen mussten.
Interviewer	Hm, und aus welchen Teilen besteht der Pantograph?
Lea	Aus, ehm, so Holzteilen, Schrauben.
Emma	Quadern.
Lea	Ja, Quader.
Marie	Saugknopf.
Lea	Ehm.
Marie	Fahrstift und Zeichenstift.
Interviewer	Hm, und diese Quader, wie sehen die aus? Was ist da.
Lea	Die sind lang.
Emma	Ja also, ehm, (zeigt mit Händen) das ist so'n Würfel nur langezogen.
Interviewer	Mhmm, und war da noch irgendwas Besonderes mit den Quadern? Musste man da noch mehr planen?
Emma	Ja, also man musste damit.
Marie	Die Höhe einstellen.
Emma	Ja und ehm.
Lea	Die Breite.
Emma	Die Breite. Man musste auch mit dem Zylinder war das glaube ich.
Lea	Löcher reinmachen. Und die Länge musste man auch kleiner machen.
Interviewer	Und als ihr den geplant habt auf dem Papier. Was habt ihr dabei gelernt über den Pantographen?
Emma	Das es eigentlich auch sehr viele Möglichkeiten gibt, den zu bauen und halt nicht nur eine.
Lea	Sondern viel mehr.

Interviewer	Hm, was haben die alle gleich? Die Pantographen.
Lea	Dass.
Emma	Sie sind Pantographen.
Lea	Dass sie, ehm, gleich gebaut sind, also.
Emma	Mit den gleichen Teilen.
Lea	Ja. Aber nicht in der gleichen Farbe meistens.

Die Schülerinnen erläutern in diesem Interviewabschnitt, wie sie den Pantographen geplant haben. Dazu haben sie zunächst die Teile des Pantographen in ihr Forscherheft gezeichnet und diese benannt (siehe Abbildung 29). Sie verwendeten die Begriffe Fahrstift, Zeichenstift, Saugknopf, Holzleiste und Verbindungsschraube. Diese wurden im Vorhinein in ähnlicher Form bei der Vorstellung des Holz-Pantographen im Plenum benutzt. Konkrete Maße oder eine genauere Beschreibung des Aufbaus, insbesondere der Holzleiste, wurden nicht angegeben. Die Schülerinnen scheinen in der Planungsphase die Teile des Pantographen kennengelernt zu haben, einige Eigenschaften der Teile werden im Interview und im Forscherheft jedoch noch nicht explizit geäußert (z.B. Abstand der Löcher zueinander, etc.).
Im Interview bezeichnen die Schülerinnen die Holzleiste dann als Quader und erklären wie die Löcher, welche sich in den Leisten befinden, im Programm durch Zylinder erzeugt werden. An dieser Stelle werden Begriffe der empirischen mathematischen Theorie zur präzisen Beschreibung und Entwicklung der Teile verwendet. Das Bauteil der Pantographenleiste fungiert in der Theorie als empirisches Referenzobjekt für die geometrischen Begriffe Quader und Zylinder. Die Verwendung des Begriffs Zylinder ist auf die programmspezifische Konstruktion der Pantographen-Teile mit der Software Tinkercad™ zurückzuführen, bei der ein Loch durch einen Zylinder und die Funktion „Bohrung“ erstellt wird.
Anschließend beschreiben die Schülerinnen noch einmal detailliert, wie sie bei der Konstruktion der Bauteile in Tinkercad™ vorgegangen sind:

Lea	Wir haben 'n Würfel, eh...

Abbildung 29: Ausschnitt aus dem Forscherheft von Emma.

Emma	In die Mitte gezogen.
Lea	Und dann auseinandergezogen.
Emma	Ja, also den lang gemacht und auch die Farbe eingestellt.
Interviewer	Das war besonders wichtig?
Emma	Ja, und dann mussten wir die...
Marie	Höhe einstellen (zeigt mit Händen).
Lea	Breite.
Emma	Genau, und die Länge.
Lea	Und die Breite.
Interviewer	Die Länge einstellen, wie war das?
Emma	Also bei der Länge da mussten wir, ehm, ne Länge nehmen, die man auch durch Zwei teilen kann, denn da gab's auch zwei kleine Quader und die sollten die Hälfte, ehm, ...
Marie	Von den Großen.
Emma	Ja, von den Großen, messen.
Interviewer	Mhmm, genau und dann hattet ihr die Quader und was habt ihr dann noch gemacht?
Emma	Ehm.
Marie	Dann mit den Zylindern.
Emma	Zylinder, den mussten wir auch erstmal einstellen, auf 5,5, weil die Löcher Millimeter sein sollten.

Marie	Für die Schrauben.
Emma	Dann haben wir die da rein gestellt, genau, und dann markiert und dann haben wir da die Löcher reingebohrt.

In dieser Interviewsequenz beschreiben die Schülerinnen die Phase der Konstruktion ihres Pantographen mit Tinkercad™. Dabei werden die zuvor eher unpräzise geplanten Bauteile im Programm detailliert konstruiert. Diese Art der Konstruktion scheint seitens der Schülerinnen zu einer präziseren Auseinandersetzung mit den Eigenschaften der Pantographenbauteile zu führen. Die Höhe, Breite und Länge der Pantographenleisten müssen passend eingestellt werden. Dabei ist besonders darauf zu achten, dass die Löcher in den längeren Leisten im Vergleich zu den kürzeren Leisten doppelt so weit auseinander platziert werden. Dass die Schülerinnen dieses Kriterium berücksichtigt haben, zeigt sich in der Aussage, dass die Länge der großen Leisten durch die Zahl 2 teilbar sein müsse. Dies scheinen die Schülerinnen vom Beispielpantographen abgeleitet zu haben. Außerdem nennen sie konkrete Maße für den Durchmesser der Zylinder. In der Konstruktionsphase scheinen die Schülerinnen somit weitere Eigenschaften der Pantographenbauteile kennengelernt zu haben.

Interessant ist auch die Verwendung des geometrischen Begriffes Würfel bei der Beschreibung der Vorgehensweise. Dies zeigt den Einfluss des CAD-Programms Tinkercad™ auf die Wissensentwicklung der Schülerinnen, denn hier werden Quader tatsächlich erstellt, indem ein Würfel als Grundkörper ausgewählt wird und die Seitenlängen entsprechend modifiziert werden.

In dem folgenden Interviewausschnitt beschreiben die Schülerinnen das Zusammensetzen ihrer 3D-gedruckten Bauteile mit Schrauben und einem Saugnapf:

Emma	Ja, sehr viel, ehm, zum Beispiel wir haben gelernt, ehm, wie wir mit dem umgehen und wie man den baut und als ich den gebaut hab, hab ich auch eigentlich erst so richtig verstanden, wie das funktioniert. (lächelt)

Interviewer	Ja?
Emma	(nickt)
Interviewer	Ja, was hast du da genau verstanden?
Emma	Ehm, zum Beispiel, wo die einzelnen Teile (zeigt mit Händen) eingesetzt werden, dann wusste ich auch ein bisschen mehr (unverständlich)
Interviewer	Als ihr den zusammengesetzt habt, oder als ihr den geschraubt habt?
Emma	Ja. (nickt) Ja.
Interviewer	Hmhm, jaha und bei dem, eh, 3D-gedruckten Pantographen, war da irgendwas dann anders als auf der Zeichnung, die ihr auf dem Computer hattet?
Lea	Jaha, dass es 'ne andere Farbe war.
Emma	Und es war halt real und man konnte den anfassen.
Lea	Und es war dicker.
Marie	Und man konnte ihn auch bewegen und dann richtig mit ihm kreisen. (zeigt mit Händen)
	[...]
Interviewer	Und war bei eurem 3D-gedruckten Pantographen irgendwas anders als bei dem, den Frau xxx euch am Anfang gezeigt hat?
Emma	Ja, er war so'n bisschen.
Marie	Er war kleiner.
Emma	Ja und er war halt so'n bisschen aus Kunststoff, also er war nicht aus Holz, er war so'n bisschen kleiner.
Marie	Und da waren keine Zahlen drauf.
Emma	Ja. Und ehm, wir hatten auch keinen Fahrstift, dafür haben wir 'ne Schraube genommen.
Lea	Und keinen...
Emma	Angebauten Zeichenstift.
Lea	Ja.

Die Schülerinnen beschreiben das Zusammensetzen des Pantographen. Dabei scheint ihnen die Position der einzelnen Bauteile und deren Bedeutung für den Pantographen bewusst zu werden. Man kann den Pantographen nun „bewegen und dann richtig mit ihm kreisen". Dies

erlaubt es den Schülerinnen, die Zusammenhänge zwischen den Bauteilen zu erkunden und zu verstehen „wie das funktioniert“.
Die Schülerinnen erkennen nicht nur die Funktionsweise ihres eigenen Pantographen, sie können ihn auch mit dem am ersten Workshoptag vorgestellten Gerät vergleichen. Dabei gehen sie auf die unterschiedlichen verwendeten Stifte, die unterschiedliche Größen der Geräte, das unterschiedliche Material und die markierten Zahlen auf dem professionellen Gerät ein. Dieser reflektierte Vergleich der beiden Geräte zeigt auf, dass die Schülerinnen entscheidende von weniger wichtigen Eigenschaften trennen können.
In einer letzten Sequenz des Interviews gehen die Schülerinnen schließlich auf die Verwendung des Pantographen zum vergrößerten Zeichnen ein:

Interviewer	Ok, hmhm, und als ihr die Figuren dann mit dem Pantographen vergrößert habt, ehm, wie habt ihr das denn gemacht?
Marie	Ja, wir haben den Fahrstift auf die Ecke von dem ...
Emma	(schaut zu 3) Wir haben als erstes den Saugknopf auf den Tisch getut, eh getan.
Lea	Nein! Wir haben als erstes das kleine, ehm, Quadrat gezeichnet.
Emma	Ja, die, den Körper gezeichnet. Dann haben wir den Saugknopf auf den Tisch gemacht.
Marie	Tisch geklebt.
Emma	Und dann haben wir den Fahrstift an eine Ecke getan und dann haben wir mit dem, ehm.
Marie	Fahrstift und dem Zeichenstift (zeigt mit Händen auf Tisch) die Linien abgezeichnet.
Emma	Genau.
Interviewer	Mhm, und wie das, ehm, hat, also in dem, wenn ihr das bewegt habt, den Fahrstift, was hat denn der Zeichenstift dann gemacht?
Marie	Der wurde schneller und hat die Sachen vergrößert.
Emma	Ja, und wenn man...

Interviewer	Schneller?
Emma	Ja, naja.
Lea	Der ist hinterhergekommen.
Emma	Ja, und wenn man die nicht angefasst hat, dann war das alles irgendwie (schüttelt Hand).
Lea	Verwackelt.
Emma	Kuschelmuddel.
Interviewer	Okay.
Emma	Kuddelmuddel.
Interviewer	Musste man den ein bisschen fest packen dazu?
Emma	Ja. (nickt)
Marie	Mhm.
Emma	Aber auch nicht zu fest.
Lea	Bei mir aber nicht, bei mir hat's geklappt.
Emma	Mhm, mhm. (schaut zu 2 und schüttelt Kopf)
Interviewer	Auch so?
Emma	Nein, am Anfang nicht. Bei mir war es das reinste Chaos.
Interviewer	Und was habt ihr dabei gelernt, als ihr damit gezeichnet habt?
Emma	Ehm. (Pause)
Lea	Dass man vorsichtig mit ihm umgehen muss. (zieht Schultern hoch)
Emma	Ja und dass man auch die Figuren, ehm, vergrößern kann ohne, dass man jetzt 'n Lineal hat.
Lea	Und dass man es nicht schnell macht, sondern langsam.

Bei der Erläuterung der Schülerinnen zum vergrößerten Zeichnen mit dem Pantographen gehen sie weniger auf die Frage ein, warum der Pantograph vergrößert, als vielmehr wie dabei konkret vorgegangen wird. Laut den Aussagen der Schülerinnen muss zunächst eine zu vergrößernde Figur gezeichnet werden. Anschließend muss der Pantograph mit dem Saugnapf am Tisch befestigt werden, um dann mit dem Fahrstift die Figur abfahren zu können. Der Zeichenstift wurde dann „schneller und hat die Sachen vergrößert". Damit zeigen die Schülerinnen, dass sie wahrgenommen haben, dass sich Fahrstift und Zeichenstift gleichzeitig bewegen. Darüber hinaus erkennen sie, dass der Zeichenstift stets einen weiteren Weg als der Fahrstift in derselben Zeit zurücklegt und dementsprechend eine größere Zeichnung erstellt. Die Schülerinnen erklären auch, dass der Zeichenstift etwas festgehalten und der Fahrstift vorsichtig bewegt werden muss, damit gerade Linien entstehen.

6 Fazit

Im Sinne von Vollrath (2013) lässt sich mit dieser Fallstudie darstellen, wie Schülerinnen und Schüler die *mathematische* und *technische Idee* eines Zeichengerätes, in diesem Fall des Pantographen, nach ihren Möglichkeiten erkunden und die Funktionsweise experimentell untersuchen. Im Fokus des Workshops stand die selbstständige Wissensaneignung der Schülerinnen und Schüler, welche durch die (Nach)Entwicklung des Pantographen mithilfe der 3D-Druck-Technologie erzielt werden sollte.
Bezogen auf die erste Forschungsfrage (*Wie wirkt sich die eigenständige Konstruktion eines Pantographen auf das Verständnis der Funktionsweise des Pantographen aus? Welchen Einfluss haben die einzelnen Phasen?*) scheint jede Phase des Workshops einen Beitrag zum Verständnis des Pantographen als mathematisches Zeichengerät zu leisten. In der *Planungsphase* entwickeln die Schülerinnen und Schüler ein noch undifferenziertes, allgemeines Bild der benötigten Bauteile für einen Pantographen. In der *Konstruktionsphase* mit dem Programm Tinkercad™ werden die Schülerinnen und Schüler aufgefordert, sich detailgenau mit dem zu entwickelnden Objekt, in diesem Fall dem Pantographen, auseinanderzusetzen. Zuvor unpräzise skizzierte Bauteile werden unter Beachtung weiterer Eigenschaften sorgfältig konstruiert. Die im Programm verwendeten empirischen Objekten, wie Würfel und Zylinder, spielen dabei eine entscheidende Rolle. Die hieran anschließende Phase beinhaltet das *Zusammensetzen* der eigenständig erstellten Bauteile und das *Zeichnen mit den eignen Pantographen.* Eine Schülerin beschreibt in diesem Zusammenhang den erlebten „Aha-Moment“: „[...] und als ich den gebaut hab, hab ich

auch eigentlich erst so richtig verstanden, wie das funktioniert". Ab diesem Moment stellt der Pantograph für sie keine Black-Box mehr dar. Beim ersten Bewegen und Austesten der verschraubten Bauteile erlangen die Schülerinnen und Schüler tiefergehende Einsichten in den Zusammenhang zwischen der Funktion des Pantographen und der speziellen Parallelogrammkonstruktion bzw. dem Mechanismus, welcher ein *fließendes* Nachzeichnen verschiedener Figuren ermöglicht. Im Interview wird auch deutlich, dass die Schülerinnen und Schüler nun in der Lage sind, entscheidende Eigenschaften und die spezifische Konstruktion des Zeichengerätes zu beschreiben. Zudem äußern sie erste Erklärungsansätze, warum der Pantograph eine Figur vergrößert.

Die zweite Forschungsfrage (*Welche empirischen Begriffe werden mit Pantographen in Verbindung gesetzt?*) lässt sich mit dem Konzept der empirischen Theorien beschreiben. Die Bauteile im Programm, also die virtuellen Objekte wie die Würfel oder die Zylinder, und die von den Schülerinnen und Schülern entwickelten und 3D-gedruckten Pantographen bilden die Referenzobjekte für das Schülerwissen bzw. die Schülertheorien. Zur Beschreibung der Bauteile des Pantographen nutzen die Schülerinnen die geometrischen Begrifflichkeiten Quader und Zylinder. Die Äußerungen der Schülerinnen deuten darauf hin, dass sie ihr Wissen zum Pantographen und zu Streckungen als empirische Schülertheorie über ihren selbst hergestellten 3D-gedruckten Pantographen entwickeln.

Aus den Ergebnissen dieser Fallstudie wird deutlich, dass die selbstständige (Nach)Entwicklung eines mathematischen Zeichengerätes zu einem differenzierten Wissen über die Funktionsweise jenes Geräts führen kann. Es zeigt sich auch, dass die 3D-Druck-Technologie zur Durchführung eines solchen Unterrichtsvorhabens ein besonders geeignetes Werkzeug darstellt. Bereits Schülerinnen und Schüler der Primarstufe entwickeln zielführend und selbstständig mithilfe einer CAD-Software die Bauteile eines Pantographen. Darüber hinaus bietet die 3D-Druck-Technologie gestalterische Freiheiten bei der Realisierung dieser Unterrichtsidee. Die Schülerinnen und Schüler könnten beispielsweise im weiteren Unterrichtsverlauf aufgefordert werden, weitere Pantographen mit unterschiedlichen Vergrößerungsfaktoren zu entwickeln. Des Weiteren bieten die Pantographen vielfältige weiterführende Fragestellungen und Begründungsanlässe, wie z.B. die Frage, warum der Pantograph eine Zeichnung verkleinert, wenn Fahr- und Zeichenstift vertauscht werden oder wie man das Vergrößerungsverhältnis bzw. den Maßstab am Gerät selbst ablesen kann.

Literatur

Burscheid, H. J. & Struve, H. (2010). *Mathematikdidaktik in Rekonstruktionen: Ein Beitrag zu ihrer Grundlegung.* Hildesheim, Franzbecker.

Dilling, F., Pielsticker, F. & Witzke, I. (2019, online first). Grundvorstellungen Funktionalen Denkens handlungsorientiert ausschärfen – Eine Interviewstudie zum Umgang von Schülerinnen und Schülern mit haptischen Modellen von Funktionsgraphen. *Mathematica Didactica.*

Dilling, F. & Witzke, I. (2019a). Was ist 3D-Druck? Zur Funktionsweise der 3D-Druck-Technologie. *Mathematik lehren, 217,* 10–12.

Dilling, F. (2019). *Der Einsatz der 3D-Druck-Technologie im Mathematikunterricht: Theoretische Grundlagen und exemplarische Anwendungen für die Analysis.* Wiesbaden, Springer Spektrum.

Dilling, F. & Witzke, I. (2019b). Ellipsograph, Integraph & Co: Historische Zeichengeräte im Mathematikunterricht entwickeln. *Mathematik lehren, 217,* 23–27.

Hefendehl-Hebeker, L. (2016). Mathematische Wissensbildung in Schule und Hochschule. In A. Hoppenbrock, R. Biehler, R. Hochmuth & H.-G. Rück (Hrsg.), *Lehren und Lernen von Mathematik in der Studieneingangsphase* (S. 15–24). Wiesbaden, Springer Spektrum.

Kultusministerkonferenz. (2004). *Bildungsstandards im Fach Mathematik für den Primarbereich.* München, Neuwied, Wolters Kluwer Deutschland GmbH.

Maier, H. & Voigt, J. (Hrsg.). (1991). *Interpretative Unterrichtsforschung: Heinrich Bauersfeld zum 65. Geburtstag.* Köln, Aulis- Verl. Deubner.

Pielsticker, F. (2020). *Mathematische Wissensentwicklungsprozesse von Schülerinnen und Schülern.* Wiesbaden, Springer Spektrum.

Randenborgh, C. v. (2015). *Instrumente der Wissensvermittlung im Mathematikunterricht: Der Prozess der Instrumentellen Genese von historischen Zeichengeräten.* Wiesbaden, Springer Spektrum.

Schlicht, S. (2016). *Zur Entwicklung des Mengen- und Zahlbegriffs.* Wiesbaden, Springer Spektrum.

Vollrath, H.-J. (2013). *Verborgene Ideen: Historische mathematische Instrumente.* Wiesbaden, Springer Spektrum.

Witzke, I. & Heitzer, J. (2019). 3D-Druck. *Mathematik lehren*, (217).

Witzke, I. (2009). *Die Entwicklung des Leibnizschen Calculus: Eine Fallstudie zur Theorieentwicklung in der Mathematik*. Hildesheim, Franzbecker.

Argumentieren – Wissen sichern und erklären

Felicitas Pielsticker, Amelie Vogler und Ingo Witzke

Ein materialgebundenes und inhaltlich-anschauliches Arbeiten hat insbesondere im Mathematikunterricht der Grundschule eine zentrale Bedeutung. Durch den vermehrten Einsatz digitaler Medien werden weitere solcher Zugänge möglich. Neben stoffdidaktischen Überlegungen rücken dann insbesondere auch Fragen bzgl. einer Entwicklung mathematischen (Schüler-) Wissens in den Fokus. Entscheidende Fragen, die wir in diesem Artikel stellen, betreffen die Kompetenz des Argumentierens, welche wir mithilfe der Termini „Wissenssicherung" und „Wissenserklärung" in einem empirisch-orientieren Mathematikunterricht (Pielsticker, 2020) mit digitalen Medien präzisieren möchten. Mithilfe eines theoretischen und methodischen Hintergrunds basierend auf dem Ansatz empirischer Theorien zur Beschreibung erfahrungswissenschaftlichem (individuellem) (Schüler-) Wissens, diskutieren wir unser Fallbeispiel zur Begriffsentwicklung des geometrischen Körpers „Würfel" im Mathematikunterricht einer 4. Klasse.

1 Einleitung und Motivation

Eine Frage, mit der sich die mathematikdidaktische Forschung und auch Mathematiklehrerinnen und -lehrer immer wieder beschäftigen, ist, inwiefern Argumentieren, Begründen und Beweisen im Unterricht eine Rolle spielen können und sollen. Einigkeit besteht darüber, dass Argumentieren, Begründen und Beweisen zentral für ein adäquates Bild von Mathematik (z.B. im Sinne der zweiten Grunderfahrung nach H. Winter) sind und daher als ein erklärtes Ziel des Mathematik-

F. Dilling und F. Pielsticker (Hrsg.), *Mathematische Lehr-Lernprozesse im Kontext digitaler Medien*, MINTUS – Beiträge zur mathematisch-naturwissenschaftlichen Bildung, https://doi.org/10.1007/978-3-658-31996-0_6

unterrichts gesehen werden können (z.B. Reiss & Heinze, 2005). Dabei wird der unterrichtliche Umgang mit einem Argumentieren, Begründen und Beweisen von vielen Mathematiklehrerinnen und -lehrern als herausfordernd wahrgenommen und führt daraus resultierend stellenweise zur Vermeidung.

> „Diese Eigenheiten der Mathematik erleichtern den Umgang mit ihr offensichtlich aber nur für wenige Menschen. Für die meisten Menschen hingegen, und das trifft speziell auf junge Schülerinnen und Schüler zu, stellt das Eindringen in die Spielregeln und das Durchschauen dieser Regeln ein erhebliches Problem dar. Dies gilt insbesondere für mathematisches Argumentieren, Begründen und Beweisen. Das Thema ist zwar fest in den Lehrplänen verankert, es beinhaltet dennoch für die Lehrerinnen und Lehrer eine erhebliche methodische und didaktische Herausforderung. Logisch konsistentes Argumentieren, stichhaltiges Begründen und die Formulierung eines Beweises auf dieser Grundlage ist eben nicht mit Mitteln der alltäglichen Logik zu bewältigen, sondern hat eigene Gesetze, die herausgearbeitet werden müssen." (Reiss, 2002, S. 2)

Gehen wir von der Kompetenz des Argumentierens nach den Bildungsstandards (KMK) für den Primarstufenbereich aus, so ist Folgendes zu berücksichtigen:

- „Mathematische Aussagen hinterfragen und auf Korrektheit prüfen,
- Mathematische Zusammenhänge erkennen und Vermutungen entwickeln,
- Begründungen suchen und nachvollziehen." (Kultusministerkonferenz, 2004, S. 8)

Das „Suchen und Nachvollziehen" von Begründungen ist ein entscheidender Aspekt für die Entwicklung der Kompetenz des Argumentierens. Gerade auch für eine kritisch-reflektierte und informierte Haltung zu digitalen Medien spielt die Kompetenz des Argumentierens eine entscheidende Rolle. Gleichzeitig sind mit dem Argumentieren in Bezug zu digitalen Medien auch neue Herausforderungen verbunden.

Wird in der Grundschule inhaltlich-anschaulich (auch mit digitalen Medien) gearbeitet, werden (Schüler-) Argumente an der Empirie entwickelt und ausgehandelt?
In unserem Fallbeispiel aus dem Mathematikunterricht einer 4. Klasse wollen wir uns der Kompetenz des Argumentierens mithilfe der Beschreibung von „Wissenssicherung“ und „Wissenserklärung“ innerhalb des theoretischen Konzepts Empirischer Theorien nähern. Ziel ist es dabei die Begriffe im Rahmen Empirischer Theorien für den Mathematikunterricht der Grundschule zu klären und auf diese Weise wissenschaftlich informiert die Kompetenz des Argumentierens zu diskutieren. Leitend für unseren Artikel ist dabei die Frage: Wissenserklärung!? – In einem Mathematikunterricht der Grundschule gestützt durch digitale Medien überhaupt möglich? Entscheidende Diskussionsgrundlage bildet für uns das Konzept eines „empirisch-orientierten Mathematikunterricht“ (Pielsticker, 2020, S. 46),

> „ein Mathematikunterricht, in dem die Lehrkraft die bewusste didaktische Entscheidung (im präskriptiven Sinne) trifft in Konzeption und Durchführung mit empirischen Objekten [...] als den mathematischen Objekten des Mathematikunterrichts zu arbeiten“,

mit digitalen Medien.
Der Fokus unseres Artikels liegt auf der analytischen Betrachtung unseres Fallbeispiels – die Beschreibung einer Lehr-Lern-Situation gestützt durch das digitale Werkzeug der 3D-Druck-Technologie, aus einer Lernumgebung zum Bereich der Geometrie (Begriffsentwicklung zum geometrischen Körper „Würfel“). Entscheidend für den Aufbau ist, dass Begrifflichkeiten und zur Beschreibung notwendige theoretische Konzepte auch in einer Art theoretischer Exkurs innerhalb der Diskussion des Fallbeispiels geklärt werden.

2 Theoretische Rahmung

Für die Beschreibung unseres Fallbeispiels treffen wir im Sinne des Konzepts Empirischer Theorien (Burscheid & Struve, 2018, 2020;

Pielsticker, 2020; Schiffer, 2019; Schlicht, 2016; Stoffels, 2020; Struve, 1990; Witzke, 2009) die Annahme der Entwicklung einer empirischen Auffassung[16] von (Grundschul-) Mathematik bei Schülerinnen und Schüler der betrachteten 4. Klasse. Dabei entzieht sich der Auffassungsbegriff (für die Mathematikdidaktik) einer einheitlichen Definition und ist „[...] rather fuzzy. Depending on the many different approaches regarding beliefs and belief systems“ (Witzke & Spies, 2016, S. 133). Für unseren Ansatz ist insbesondere die Beschreibung von Pehkonen und Pietilä (2003, S. 2) entscheidend, wenn für beliefs (englischer Begriff für Auffassungen) festgehalten wird:

> „[...] as his subjective, experience-based, often implicit knowledge and emotions on some matter or state of art.“

Konsens scheint darüber zu bestehen, dass Auffassungen für Lehr-Lern-Prozesse relevant und bedeutsam sind bzw. werden, da es von diesen Auffassungen (beliefs, world view, Haltungen, Konzeption, etc. ...) abhängig zu sein scheint, wie mathematisches Wissen aufgebaut wird, wie damit umgegangen wird und wie erfolgreich jemand in Bezug auf die Mathematik ist. Bei der Diskussion unseres Fallbeispiels wollen wir insbesondere auch auf die Arbeit von Struve (1990) eingehen, wenn wir davon ausgehen, dass Schülerinnen und Schüler in einem „empirisch-orientierten Mathematikunterricht“ (Pielsticker, 2020, S. 46) eine empirische Auffassung von (Schul-) Mathematik – eine Empirische Theorie – über die im Unterricht verwendeten empirischen Gegenstände und Kontexte erwerben. Struve hält fest:

> „Vom ontologischen Status der mathematischen Gegenstände hängt der ontologische Status der Sätze ab, die Art der Beweisführung, die Bedeutung von Beweisen und der Aufbau der Theorie, die im Unterricht vermittelt wird. Zur Formulierung, Rechtfertigung und Beurteilung von Unterrichtsvorschlägen ist daher eine Kenntnis des ontologischen Status der Objekte des Unterrichts eine notwendige Voraussetzung. Darüber hinaus

[16] Im Gegensatz zu der Auffassung eines Hochschulmathematikers oder zu einer weiteren Vielzahl an möglichen Auffassungen von Mathematik, die beschrieben werden können.

> können Schwierigkeiten, der Schüler beim Verstehen von Begriffen, Sätzen und Beweisen haben, in ‚Problemen der Sinngebung' begründet sein." (Struve, 1990, S. 1)

Innerhalb unseres (erkenntnistheoretischen) Ansatzes Empirischer Theorien, wollen wir einen Argumentationsprozess im Sinne von Struve (1990) – bestehend aus

- der Entwicklung oder Formulierung einer Hypothese,
- einer Wissenssicherung (beispielgebunden sowie experimentell oder durch Beobachtung) und
- einer Wissenserklärung (dem schlüssigen Zurückführen auf bekanntes Wissen)

beschreiben. Dies bildet unsere erste Beschreibungsebene. Für unsere Analyse gehen wir dabei davon aus,

> „dass es für die Entwicklung einer sinnvollen (empirischen) Mathematikauffassung im Schulunterricht notwendig ist, Schülern den Raum zu geben, Hypothesen für paradigmatische Beispiele selbstständig entwickeln zu können, erproben und auf weitere Anwendungsbereiche übertragen zu lassen." (Witzke, 2009, S. 359)

Dabei stellt insbesondere die

> „[...] Formulierung von Erklärungen [...] – im Sinne der Rückführung von neuem Wissen auf Bekanntes – [...] ein wichtiges grundständiges Entwicklungsmerkmal dar." (Witzke, 2009, S. 359)

Darauf darf in der (Schul-) Mathematik nicht verzichtet werden, wenn wir die Mathematik

> „[...] nicht als eine bloße – den Charakteristika empirischer Theorien widerstrebende – Phänomenologie vermitteln wollen." (ebd.)

Damit erhält insbesondere die *Wissenserklärung* eine zentrale Bedeutung für die Entwicklung mathematischen (Schüler-) Wissens. Weil dann

> „[...] reale Phänomene [...] erst im Zusammenhang erklärbar [werden], also erst wenn wir sie auf bekannte Aussagen zurückführen können." (ebd.)

Gehen wir im Sinne Empirischer Theorien davon aus, dass es den Schülerinnen und Schülern unseres Fallbeispiels zunächst darum geht, ihre Erkenntnisse aus dem Mathematikunterricht experimentell abzusichern, ist es dann entscheidend auch ein Erklärungsbedürfnis zu wecken, damit sie ihr

> „gewonnenes Wissen selbstständig erklären können [...] [und] den Status des ‚pure empiricist' hinter sich [lassen und auf diese Weise] in die Lage versetzt [werden], eine der Mathematik angemessene Auffassung zu entwickeln." (ebd.)

Den Aspekt der Wissenserklärung wollen wir dabei durch das Konzept der Argumentationsbasis von Fischer und Malle (1985) ergänzen. Beobachten wir für ein Subjekt das Wissen schlüssig auf bereits bekanntes Wissen – auf eine Wissensbasis – zurückgeführt wird und so das Argument gestützt wird, wollen wir von einer Wissenserklärung sprechen. Als Argumentationsbasis für die betrachteten Schülerinnen und Schüler unseres Fallbeispiels gilt beispielweise folgender Steckbrief eines Würfels (Schülerwissen über diesen geometrischen Körper):

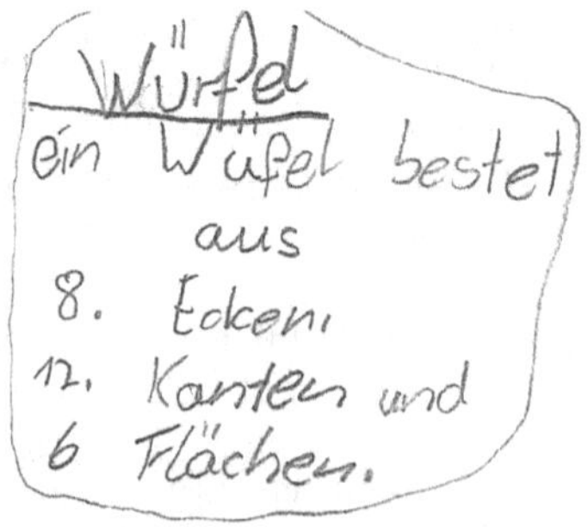

Abbildung 30: Schülerbemerkung auf einem Plakat zur Lernumgebung.

Als weitere Beschreibungsebene zur Darstellung und Analyse von Spezifika in der Argumentation der betrachteten Schülerinnen und

Schüler nutzen wir zudem das nach Stephen Toulmin benannte, in der Mathematikdidaktik mittlerweile wohl bekannte Argumentationsschema (Krummheuer, 2003). In dem sogenannten *Toulmin-Schema* oder *Toulmin-Modell* (Toulmin & Berk, 1996) wird eine zu klärende Schlussfolgerung („conclusion") als durch Argumente („data") begründet beschrieben. Die dabei verwendete Schlussregel („warrant") kann durch gewisse Sachverhalte bzw. Argumentationsgegenstände gestützt werden („backing"). Wichtig ist dabei zu bemerken, dass das Toulmin-Schema hilft eine Argumentation in ihrer Struktur präzise zu beschreiben bzw. zu rekonstruieren jedoch nicht ihre inhaltliche Schlüssigkeit zu beurteilen.
Somit möchten wir beschreiben, wie die Schülerinnen und Schüler unserer Fallgeschichten im gewählten Beispiel ihr mathematisches Wissen in Bezug auf den Begriff des „Würfels" in einer Lernumgebung an Hand von digitalen Werkzeugen (wie beispielhaft der 3D-Druck-Technologie) (weiter)entwickeln und eine Bedeutung geben.

3 Lernumgebung und methodische Überlegungen

In unserem Fallbeispiel beschreiben wir die Wissensentwicklungsprozesse von Grundschülerinnen und -schülern am Anfang der 4. Jahrgangsstufe einer Schule in NRW. Die Lerneinheit, in der sich die Schülerinnen und Schüler thematisch mit dem geometrischen Körper des Würfels im Bereich der Geometrie auseinandergesetzt haben, wurde an zwei Vormittagen durchgeführt.
Die Schülerinnen und Schüler hatten den Auftrag einen Bausatz für ein Kantenmodell eines Würfels mithilfe der 3D-Druck-Technologie zu erstellen. Die Lernumgebung unterteilte sich in verschiedene Phasen. Zunächst kamen die Schülerinnen und Schüler im Lernkontext an und es ging darum den Arbeitsauftrag zu verstehen. Anschließend sollten die Schülerinnen und Schüler in einer Planungsphase in Kleingruppen von bis zu vier Lernenden überlegen, wie ihr Bausatz eines Kantenmodells eines Würfels aussehen soll und wie sie diesen im CAD-Programm Tinkercad™ umsetzen bzw. herstellen wollen. Mit

ihren Ideen entwickelten die Schülerinnen und Schüler in einer darauffolgenden Phase dann einen Bausatz für ein Kantenmodell eines Würfels in Tinkercad™. Anschließend wurden die Schülerkonstruktionen 3D-gedruckt. In einer letzten Phase reflektierten die Schülerinnen und Schüler ihren Arbeitsprozess, was in der Erstellung und Präsentationen einzelner Ergebnisse und Gruppenplakate mündete.
In Bezug auf die Bildungsstandards für den Primarbereich (Kultusministerkonferenz, 2004), wird mit dieser Lernumgebung insbesondere die inhaltsbezogene mathematische Kompetenz „Raum und Form“ angesprochen.

> „Sich im Raum orientieren: zwei- und dreidimensionale Darstellungen von Bauwerken (z.B. Würfelgebäuden) zueinander in Beziehung setzen (nach Vorlage bauen, zu Bauten Baupläne erstellen, Kantenmodelle und Netze untersuchen).“ (Kultusministerkonferenz, 2004, S. 10)

3.1 Datenerhebung

Für unsere Studie haben wir die unterschiedlichen Phasen der Lernumgebung videographiert. Dieses Videomaterial haben wir für unsere Analyse nach den Regeln von Meyer (2010) transkribiert. Neben den Transkripten der Unterrichtssituationen, Arbeits- und Reflexionsphasen sind auch schriftliche Aussagen der Schülerinnen und Schüler Teil unserer Untersuchung und beschreibenden Analyse im Sinne Empirischer Theorien.

3.2 Technische Rahmendaten des CAD-Programms Tinkercad™

Tinkercad™[17] ist ein webbasiertes kostenfreies CAD-Programm von Autodesk®, „that helps people all over the world think, create and make” (Autodesk®, 2019, Homepage). Dabei zeichnet sich Tinkercad im Vergleich zu weiterer CAD-Software durch einen besonders intuitiven Zugang aus, der eine erstmalige Nutzung erleichtert und einen

[17] https://www.tinkercad.com/

guten Start in die Nutzung von 3D-Druck-Technologie ermöglichen kann. Die Programmoberfläche stellt dabei folgende Funktionen bzw. Handlungsmöglichkeiten bereit (vgl. auch Tab. 2 & Abb. 32).

Tabelle 2: Funktionen und Handlungsmöglichkeiten im CAD-Programm Tinkercad™ (https://www.tinkercad.com/learn/project-gallery;collectionId=OPC41AJJKIKDWDV).

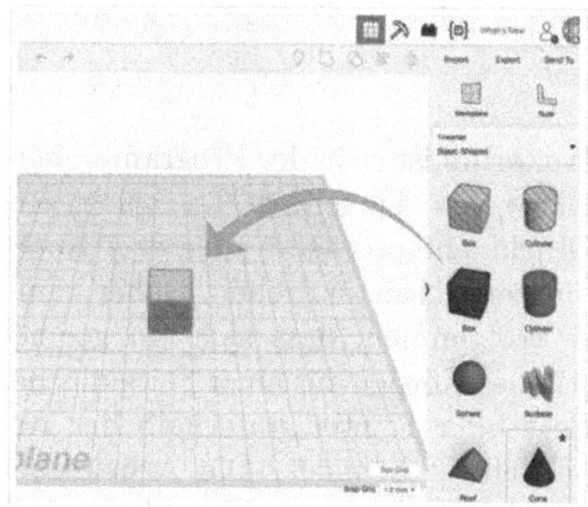	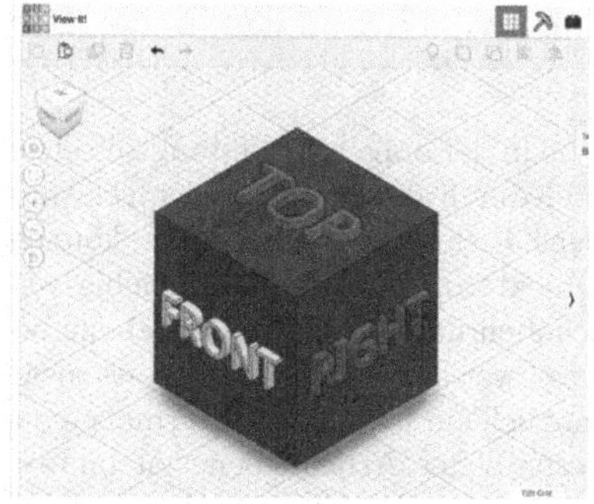
Aus einer Randleiste mit einer Vielfalt an Objekten kann eine Auswahl geometrischer Körper getroffen werden und immer jeweils ein Objekt mithilfe des Cursors auf die Arbeitsebene der Tinkercadoberfläche gezogen werden (angedeutet durch den Pfeil). Dabei kann das Objekt an verschiedenen Stellen auf der Arbeitsebene platziert werden.	Für das gewählte Objekt – in diesem Falle ein 6-seitiger Würfel – kann nun die Ansicht verändert werden. Der geometrische Körper kann von allen (hier) 6 Seiten betrachtet werden. In dieser Beispielansicht können wir die „Front“, die „Top“ und die Seitenfläche „Right“ sehen. Diese Bezeichnungen dienen an dieser Stelle nur zur Verdeutlichung der Ansicht und sind normalerweise nicht auf dem geometrischen Körper angebracht.

4 Fallbeispiel – Kantenmodell eines Würfels

Unser Fallbeispiel bezieht sich auf den Mathematikunterricht von Schülerinnen und Schülern am Anfang der 4. Jahrgangstufe. Dabei stellt die Lernumgebung zur Entwicklung eines Bausatzes eines Kan-

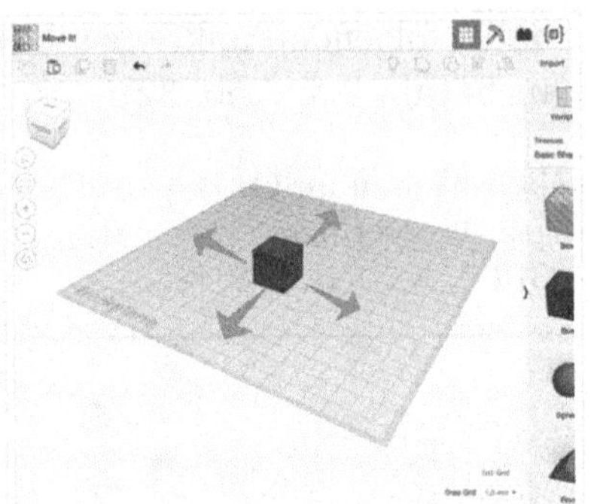

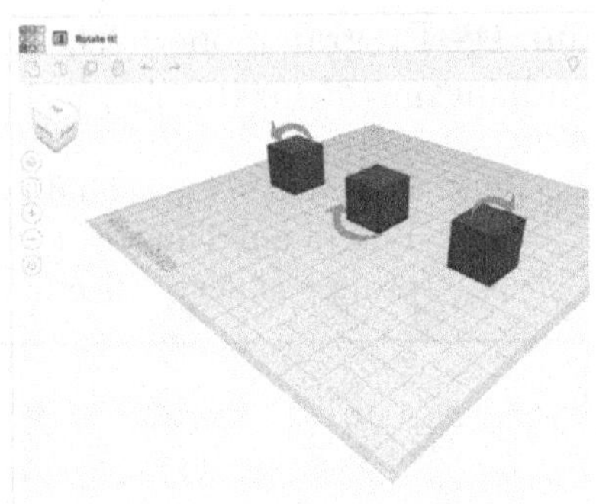

Wie in der obigen Abbildung zu sehen und durch die Pfeile in vier verschiedene Richtungen angedeutet, können Objekte in Tinkercad™ beliebig verschoben und auf der Arbeitsebene bewegt werden. Tatsächlich ist es sogar möglich ein Objekt gewissermaßen außerhalb der Arbeitsebene zu platzieren. Eine Schülerin unseres Fallbeispiels kommentiert diese Beobachtung mit „der Körper ist nun in einer anderen Welt“ (Schülerzitat).

Weiterhin ist es in der Programmoberfläche von Tinkercad™ möglich, ein Objekt entsprechend aller drei Koordinatenachsen zu drehen. Daher kann es vorkommen, dass sich ein geometrischer Körper mit einer Seitenfläche, Ecke oder Kanten unterhalb der Arbeitsebene befindet. Die Arbeitsebene ist sozusagen „durchlässig“, denn das Objekt wird nicht „abgeschnitten“, sondern ist unterhalb der Arbeitsebene immer noch sichtbar.

tenmodells eines Würfels mithilfe des digitalen Werkzeugs der 3D-Druck-Technologie für die Klasse eine Wissensvertiefung zum Thema geometrische Körper dar. Beispielsweise haben die Kinder den Steckbrief eines Würfels (vgl. Abb. 30) bereits kennen gelernt. Den Schülerinnen und Schülern sind dreidimensionale Darstellungen von geometrischen Körpern (z.B. eines Würfels) aus vorherigen Mathematikstunden bekannt. Auch Baupläne für Kantenmodelle oder Netze haben sie bereits untersucht und erstellt. Die Lernumgebung stellt insofern eine Vertiefung dieser Inhalte dar, da mit dem digitalen Werkzeug des CAD-Programms Tinkercad™ und den 3D-gedruckten Objekten, weitere Kontexte in das Unterrichtsgeschehen eingebracht werden, in welche die Schülerinnen und Schüler ihr entwickeltes mathematisches Wissen übertragen müssen.

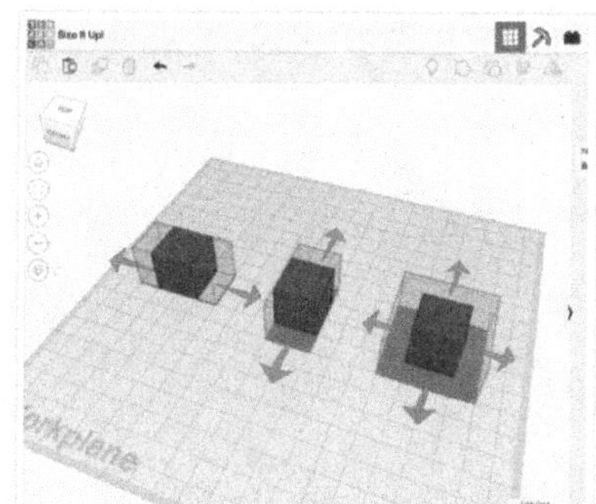

In Tinkercad™ können geometrische Körper schnell durch ein „Ziehen“ mithilfe des Cursors an bestimmten Punkten vergrößert oder verkleinert werden. Wie in der Abbildung durch die verschiedenen Pfeile angedeutet, kann das entsprechend aller drei Richtungen des Koordinatensystems erreicht werden.

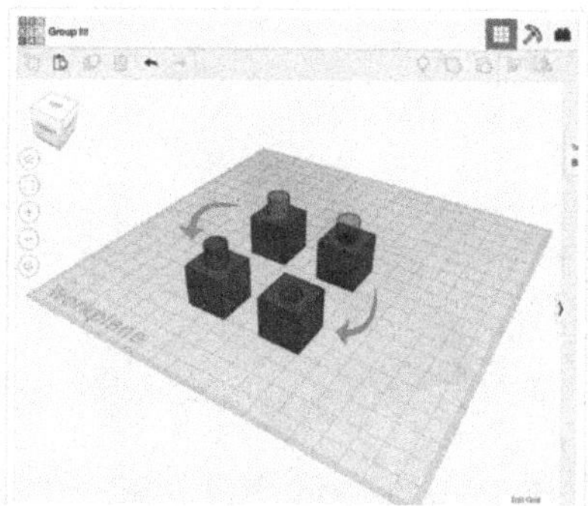

Eine weitere Funktion ist das Vornehmen einer „Bohrung“, um (im mathematischen Sinne eine mengentheoretische Komplementbildung) mithilfe eines grau-schraffierten Körpers (Zylinder) eine Aussparung in einem anderen geometrischen Körper (Würfel), einem „Volumenkörper“ zu erreichen (vgl. hierzu auch Pielsticker & Witzke, 2020, angenommen).

In einer kurzen Wiederholung sollten die Schülerinnen und Schüler im Lernkontext ankommen. Dazu wurden zunächst verschiedene empirische Objekte – die an unterschiedliche geometrische Körper erinnern – in die Mitte des „Sitzkreises“ (vgl. Abb. 31) gelegt. Die Schüler und Schülerinnen sollten diese Objekte ordnen und sortieren, wobei die „Art der Sortierung“ nicht vorgegeben wurde. In Abbildung 31 ist erkennbar, dass die Schülerinnen und Schüler eine Sortierung der empirischen Objekte entsprechend bestimmter Begriffe wie „Würfel“ oder „Zylinder“ gewählt haben. Anschließend sollten die Schülerinnen und Schüler Eigenschaften der empirischen Objekte beschreiben und klassifizieren:

L (1)	(setzt sich hin) okay. ... also wer kann mir denn sagen was jetzt da in der Mitte liegt.

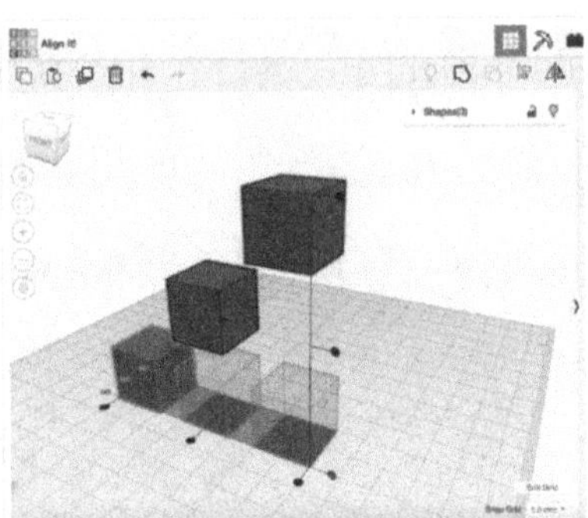

Auf der Arbeitsebene von Tinkercad™ ist es zudem möglich, nicht nur mehrere geometrische Körper zu platzieren, sondern diese auch getrennt oder gemeinsam zu bearbeiten. Dazu können mehrere geometrische Köper ausgewählt und gleichzeitig bearbeitet werden. Wie in der Abbildung skizziert, soll für zwei Würfel der Abstand zur Arbeitsebene verändert werden. Die beiden Würfel sollen mit dem Abstand 0 auf der Arbeitsebene und neben dem bereits vorhandenen linken Würfel in einer Reihe platziert werden.

Ss (2)	(die Schüler melden sich) (7sec) (L nimmt einen Schüler dran)
Emma (3)	eine Kugel'
L (4)	ja möchtest du die einmal zeigen'
Emma (5)	(steht auf, geht in die Mitte und hebt die Kugel auf)
L (6)	was is denn so besonders an der Kugel.
Ss (7)	(SuS melden sich)
L (8)	(fragt eine Schülerin) dein Name ist' (Schülerin antwortet, L wiederholt den Namen)
Luna (9)	die ist ganz rund und hat keine Ecken und Kanten.

Abbildung 31: Sitzkreis und empirische Objekte in der Mitte.

L (10)	super. ... möchte die Emma die Kugel vielleicht ein bisschen an die Seite nehmen - nur ein ganz kleines bisschen - weil die haben wir dann ja schon.
Emma (11)	(geht in die Mitte und legt die Kugel ein wenig zur Seite)
L (12)	genau. .. wer kann denn zu den anderen - , die Lea.
Lea (13)	der Würfel. (steht auf geht in die Mitte und zeigt auf den Würfel, setzt sich wieder)
L (14)	was is denn so besonders an dem Würfel., magst du das auch noch sagen', weißt du das'
Lea (15)	(schüttelt den Kopf)
L (16)	okay dann nehmen wir jemand anderen. ... wer weiß was zu dem Würfel. .. (zu einer Schülerin) du hast dich glaub ich zuerst gemeldet. ähm (versucht den Namen zu sagen)
Corinna (17)	Corinna.
L (18)	Corinna danke.
Corinna (19)	ähm, also jede Fläche am Würfel, ist, gleich groß.
L (20)	super. (zu einem Schüler der sich meldet) Max ist richtig'
Max (21)	ja. (steht auf, geht in die Mitte und nimmt einen Körper, legt ihn zur Seite) .. n Zylinder'

L (22)	okay - ... was ist denn mit dem Zylinder' ... (zu Max)
Max (23)	der hat nur Kanten und keine Ecken.

In diesem Plenumsgespräch mit den Schülerinnen und Schülern wurden verschiedene geometrische Körper (Kugel, Würfel, Zylinder) beschrieben und unterscheidende sowie gemeinsame Eigenschaften wiederholt („ganz rund und hat keine Ecken und Kanten“ Luna, Z. 9 oder „der hat nur Kanten und keine Ecken“ Max, Z. 23). In dem Zusammenhang wurde nach besonderen Charakteristika der einzelnen empirischen Objekte gefragt und bestimmte Eigenschaften diskutiert („Was ist denn so besonders an dem Würfel“ L., Z. 14 worauf Corinna antwortet „ähm, also jede Fläche am Würfel, ist, gleich groß“ Corinna, Z. 19). Anschließend entwickelten die Kinder gemeinsam eine Hypothese, wie der Bausatz eines Kantenmodells eines Würfels aussehen soll, welche Eigenschaften gebraucht werden und welche Kriterien dafür entscheidend sind:

L (256)	Emma -
Emma (257)	daraus kann man einen Würfel bauen'
L (258)	super -, genau -, wie viele bräucht ich denn davon'(6sec) hm'
Theresa (259)	sechs.
L (260)	Theresa', ja - sechs', (zeigt auf die Notizen an der Tafel) wenn wir nochmal hier gucken' ... Klarissa -
Klarissa (261)	ähm zwölf Stäbchen -
L (262)	genau -
Klarissa (263)	und, acht, Würfelchen.
L (264)	genau. (hält beide Hände aneinander, bewegt sie entgegengesetzt hoch und runter) du hast schon so gemacht - ... Luna.
Luna (265)	ähm .. und die Stäbe müssen genau in die, Würfelchen reinpassen.

Mit Blick auch auf bereits zur Herstellung eines Kantenmodells verwendete Materialien (wie bspw. Knet-Kugeln und Zahnstochern) hält die Schülerin Emma fest: „daraus kann man einen Würfel bauen'" Emma, Z. 257. Wie im Transkriptauszug deutlich wird, kann folgende Hypothese formuliert werden: *Für die Konstruktion und die Erstellung eines Bausatzes eines Kantenmodells eines Würfels braucht es 8 Ecken und 12 Kanten - Zwei Eigenschaften des bereits bekannten Steckbriefs* (vgl. Abb. 30).
Dabei gilt, wie auch im Transkript verdeutlicht, dass acht „Würfelchen" (Z. 263) die Ecken und zwölf gleichlange „Stäbchen" (Z. 261) die Kanten bilden. Weiterhin ist zu beachten, „die Stäbe müssen genau in die, Würfelchen reinpassen" Luna, Z. 265. Wie Hoffart (2019, S. 14-15) festhält, gilt, „dass der Bausatz für das Kantenmodell eines Würfels aus acht Ecken und zwölf gleichlangen Kanten bestehen muss". Der fertige Bausatz der betrachteten Schülergruppe ist in Abbildung 40 dargestellt. (Für weitere Informationen zum Bausatz siehe auch Hoffart (2019)).
Die aufgestellte Hypothese soll nun getestet werden. Für unsere Diskussion gehen wir davon aus, dass eine Hypothese, die an der Empirie – z.B. an den Schülerinnen und Schülern vorliegenden empirischen Objekte (z.B. geometrische Körper) und deren zugeschriebenen Eigenschaften – entwickelt wurde, auch notwendiger Weise daran geprüft werden muss. Um den Bausatz eines Kantenmodells eines Würfels herzustellen, kam nun die 3D-Druck-Technologie zum Einsatz. Die Schülerinnen und Schüler arbeiteten in Gruppen an der Herstellung eines Bausatzes eines Kantenmodells für einen Würfel. Zunächst sollten die Schülerinnen und Schüler Skizzen erstellen und planen, wie sie den Bausatz im CAD-Programm Tinkercad^{TM} entwickeln möchten.

Theoretischer Exkurs (Bereichsspezifität von Wissen):
Im Sinne des Konzepts Subjektiver Erfahrungsbereiche (kurz: SEB) nach H. Bauersfeld (1985, S. 14) gilt, dass

> „[...] die entscheidende Grundlage für die Bildung eines SEB die Handlungen des Subjekts und der von ihm konstruierte Sinn-

> zusammenhang, genauer deren Ausformung in der sozialen Interaktion"

ist. Weiterhin kann (Schüler-)Wissen nach Bauersfeld (1983, S. 32) als bereichsspezifisch und kontextabhängig beschrieben werden, wenn er festhält, dass

> „das gleiche Wort in unverbundenen SEB'en in spezifisch verschiedenen Beziehungsnetzen benutzt wird und daher vom Sprecher nicht als ‚dasselbe' – d.h. mit einer einheitlichen SEB-übergreifenden Bedeutung versehen – wahrgenommen wird."

Somit ist es für uns von Interesse, ob die Schülerinnen und Schüler ihr in Bezug auf den Steckbrief eines Würfels entwickeltes Wissen auf den neuen digitalen Kontext Tinkercad™ übertragen können und welche Vorstellungen sie für das Kantenmodell eines Würfels bezüglich der Programmoberfläche entwickeln.

Für die Schülerinnen und Schüler geht es um die Erstellung der einzelnen „Bauelemente" – „Würfelchen" und „Stäbchen" – auf der Programmoberfläche von Tinkercad™ (vgl. auch Tab. 2). Eine Schülergruppe beginnt mit den „Würfelchen" (vgl. Abb. 32).

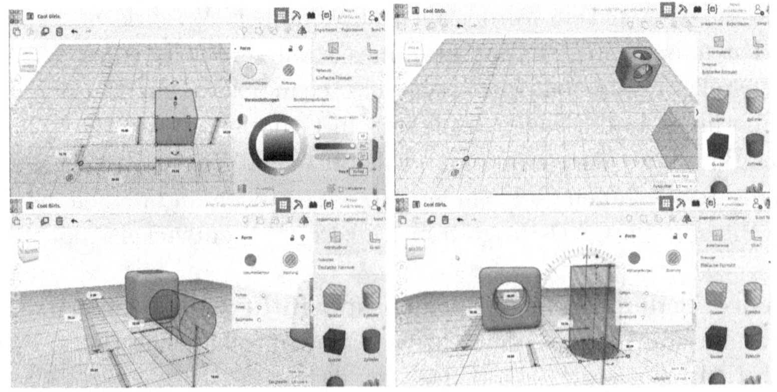

Abbildung 32: Erstellungsprozess der Ecken im Programm Tinkercad™.

Die Schülergruppe platziert zunächst einen Quader auf der Arbeitsebene und bearbeitet diesen anschließend. Sie runden die Ecken des Quaders ab, passen die Farbe an und nehmen mit einem Zylinder (mit der „Bohrung") Aussparungen im „Würfelchen" vor. Dabei entstand folgender Transkriptauszug:

S1 (67)	Wie viele haben wir jetzt? (Tippt mit dem Finger auf den Bildschirm).
S2 (68)	Zwei, vier, sechs –
S1 (69)	Da fehlen eins – zwei. Wir brauchen ...Wir haben acht – (zeigt mit den Fingern auf den Bildschirm).
S2 (70)	Wir brauchen noch die Kanten. Das (zeigt mit einem Finger auf den Bildschirm) sind die Ecken.

Interessant am obigen Transkriptauszug ist, dass die Schülergruppe von „Kanten" und „Ecken" spricht (vgl. Z. 70) und nicht von „Würfelchen" oder „Stäbchen", wie dies im Plenumsgespräch zu Beginn der Fall war. Die Schülergruppe nutzt in Bezug auf das Programm Tinkercad^{TM} somit die Begriffe des Steckbriefs eines Würfels – Ecken und Kanten.

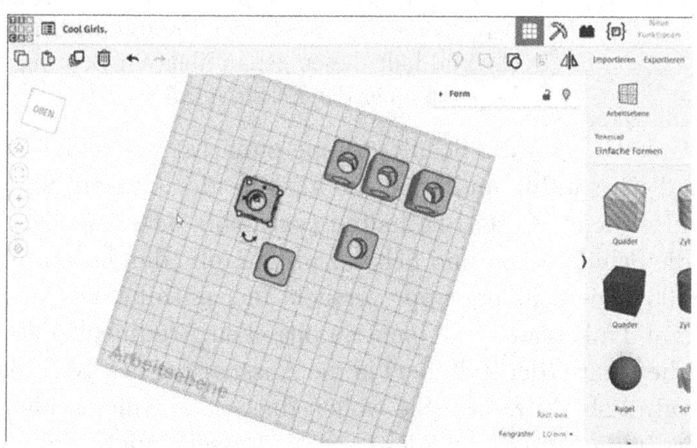

Abbildung 33: Sechs Ecken im Programm Tinkercad^{TM}.

Die Schülergruppe hält fest, dass noch zwei Ecken fehlen (S1, Z. 69).

Dabei zählen die Schülerinnen und Schüler die einzelnen „Würfelchen“ im Bildschirm. Es wird also deutlich, dass die Schülerinnen und Schüler in der Lage sind, den bereits festgehaltenen Steckbrief eines Würfels – im Speziellen die Anzahl der Ecken – auf den neuen Kontext Tinkercad^{TM} zu übertragen. Das Kantenmodell des Würfels muss nicht erst auf der Programmoberfläche gewissermaßen im Ganzen erstellt werden, um zu überprüfen, wie viele Ecken erstellt werden müssen oder ob bereits die benötigte Anzahl erreicht wurde. Dies liegt unter anderem auch an einem Impuls durch die Lehrperson. Es wurde betont, dass die Bauteile von den Schülerinnen und Schülern einzeln erstellt werden sollen und auf ein Zusammenbauen in Tinkercad^{TM} verzichtet werden kann.
Die Schülerinnen und Schüler wollen nun die Kanten erstellen, „wir brauchen noch die Kanten“ (S2, Z. 70). Dabei ist der Schülergruppe noch nicht klar, wie sie die Kanten erstellen wollen, „wie machen wir die Kanten?“ (S1, Z. 102):

S1 (102)	Wir haben die acht Ecken fertig. Wie machen wir die Kanten?
S2 (103)	Die müssen genau darein passen. Wie machen wir das die da rein passen‘ (Nimmt einen Zylinder aus der Randleiste der Programmoberfläche und hält diesen genau über ein Bohrungsloch von einer der Ecken vgl. Abb. 34)

Interessant ist, dass die Schülergruppe zunächst einen Zylinder aus der Randleiste wählt und versucht mithilfe des Cursors über eines der „Würfelchen“ (Ecken) zu halten (vgl. Abb. 34). Auf diese Weise wollen die Schülerinnen und Schüler prüfen, ob „die da rein passen‘“ (S2, Z. 103). Die Schülergruppe versucht hier mithilfe der Ansicht im Programm Tinkercad^{TM} – einem empirischen Argument – zu bewerten, ob die Kante (der Zylinder) in die Aussparung des „Würfelchens“ passt (vgl. Abb. 34 & 38). Sie wollen durch das Hineinschieben des Zylinders in die Aussparung der Ecke die Passgenauigkeit abschätzen und überprüfen.
Mithilfe des neuen Kontexts der CAD-Software Tinkercad^{TM}, sollte geprüft werden, wie stabil das Wissen der Schülerinnen und Schü-

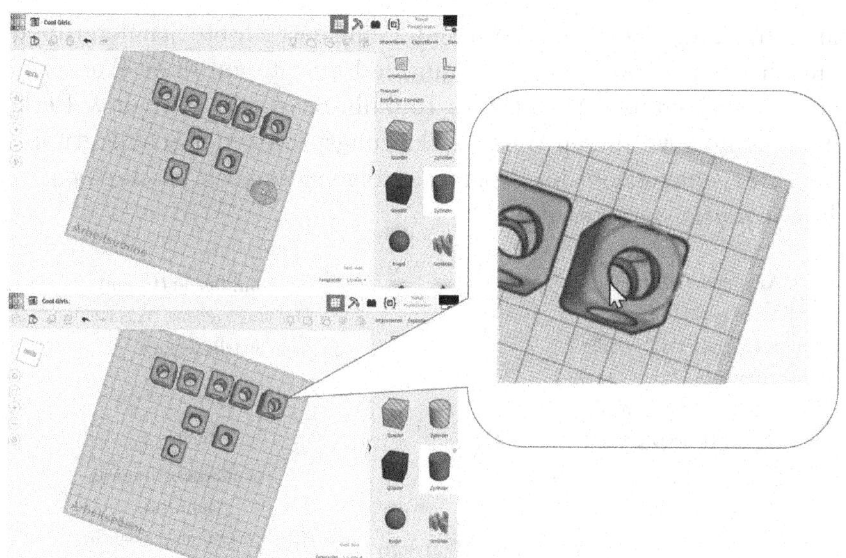

Abbildung 34: Überlegungen zur Erstellung und Passgenauigkeit der Kanten in Tinkercad™.

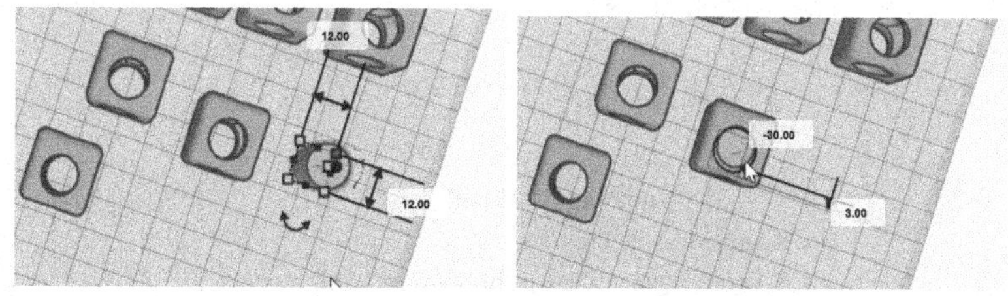

Abbildung 35: Prüfung der Passgenauigkeit der Kanten bzgl. der Aussparung in Tinkercad™.

ler bzgl. des Begriffs „Würfel“ ist und ob die betrachteten Schülergruppen in der Lage sind, ihr Wissen aus den bereits formulierten Steckbrief (vgl. Abb. 30) auf diesen neuen Kontext zu übertragen. Wie überprüfen die Schülergruppen, ob sie in Bezug auf die Hypothese einen Lösungsweg gefunden haben? Wie überprüfen sie innerhalb der Programmoberfläche, ob sie bei der Konstruktion der Ecken und Kanten zielführend handeln? Um die Passgenauigkeit der Kanten abzuschätzen und diese zu sichern, nutzt eine betrachtete Schülergruppe zunächst die Ansicht im Programm und möchte auf diese Weise zur Erkenntnis kommen. Mithilfe des Toulmin-Schemas (Toulmin & Berk, 1996) können wir diesen Wissenserklärungsprozess der Schülergruppe zur „Passgenauigkeit“ im Programm folgendermaßen beschreiben. *Argumentationsprozess AI:*

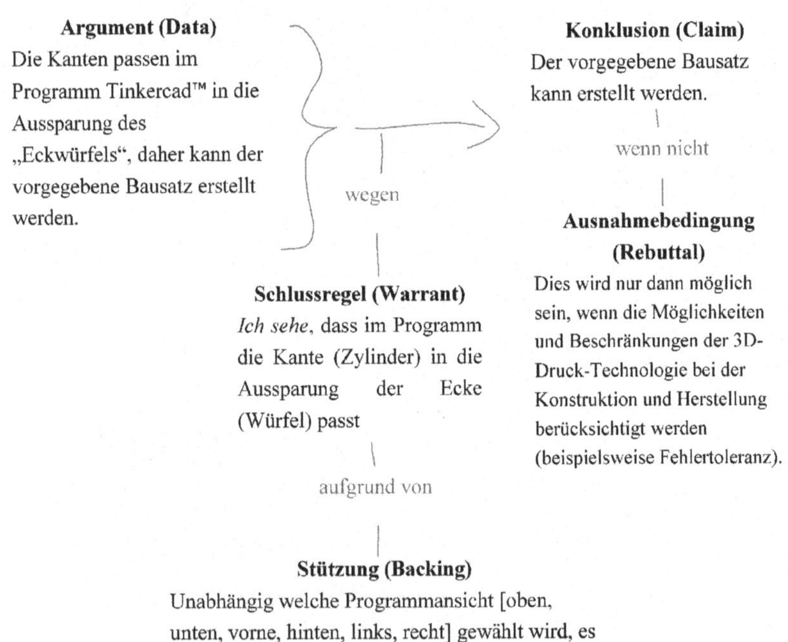

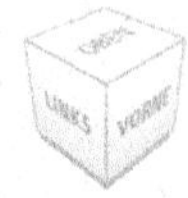

Abbildung 36: Argumentationsprozess AI.

Die betrachtete Schülergruppe argumentiert mit der Ansicht (dem „Augenschein“) im Programm, um die Passgenauigkeit des Zylinders und der Aussparung zu prüfen und ob der Bausatz erstellt werden kann und somit ein späteres Zusammenstecken der „Bauteile“ möglich wäre. Die Schlussregel bezieht sich also auf die subjektive Wahrnehmung – die Ansicht im Programm bzw. eine Projektion – wobei dieses Argument (verschiedene Perspektiven bestätigen den visuellen Eindruck: Es sieht so aus als würde es passen, *Stützung*, vgl. Argumentationsprozess AI) – weiterhin gestützt wird.
An dieser Stelle erhält die Schülergruppe einen Impuls der Lehrperson, die sagt: „überlegt noch einmal welche Maße ihr für die Aussparung genutzt habt und wann das passen könnte. Das Lineal habt ihr doch schon da (zeigt auf die Programmoberfläche). Denkt auch daran, dass der Druck nicht so genau ist“. Daraufhin richtet die Schülergruppe das Lineal auf der Programmoberfläche neu aus. Auch erinnert sich eine Schülerin der Gruppe an die Maße der Aussparung und prüft die Maße noch einmal. Nach diesem Hinweis der Lehrperson wählt die Gruppe den Durchmesser des Zylinders im Programm nun 1mm kleiner als den Wert der Aussparung. Durch den Impuls der Lehrperson – im Sinne von Bauersfeld (1983) ein Versuch, einen Konflikt bei den Schülerinnen und Schülern zu erzeugen – verändert die Schülergruppe ihr Vorgehen (Seiler, 2012) und orientiert sich nun an den Programmmaßen.
Argumentationsprozess AII:

Argument (Data)
Die Kanten passen im Programm Tinkercad™ in die Aussparung des „Eckwürfels", daher kann der vorgegebene Bausatz erstellt werden.

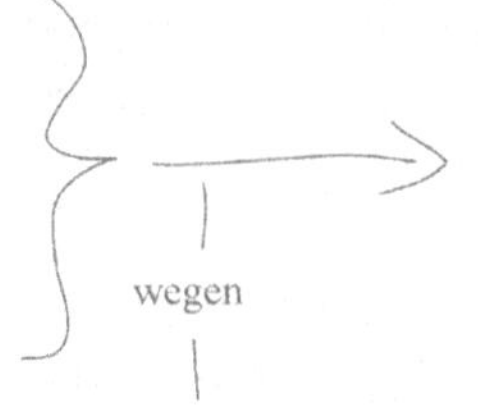

Konklusion (Claim)
Der vorgegebene Bausatz kann erstellt werden.

wenn nicht

Ausnahmebedingung (Rebuttal)
Dies wird nur dann möglich sein, wenn die Möglichkeiten und Beschränkungen der 3D-Druck-Technologie bei der Konstruktion und Herstellung berücksichtigt werden (beispielsweise eine Fehlertoleranz von 1mm, die eingeplant werden muss).

Schlussregel (Warrant)
Eine Kante (Zylinder) passt in die Aussparung der Ecke (Würfel), wenn der angegebene Durchmesser des Zylinders gleich dem angegebenen Durchmesser der Aussparung ist.

aufgrund von

Stützung (Backing)
Wie wir wissen, passen die Objekte genau dann, wenn die Maße übereinstimmen. Mithilfe des Lineals kann der Durchmesser des Zylinders und der Durchmesser der Aussparung indirekt vergleichen werden.

Abbildung 37: Argumentationsprozess AII.

Wie in unseren Argumentationsprozessen AI und AII dargestellt, bleiben Data, Claim und Rebuttal gleich, jedoch verändert sich der Warrant und das Backing. Im beschriebenen Argumentationsprozess AI, zeigt sich, dass die Schülergruppe sich zunächst ausschließlich auf ihre (subjektive) Ansicht verlässt, um die Passgenauigkeit von Kante (Zylinder) und Aussparung der Ecke (Würfel) zu beurteilen (vgl. auch Abb. 35). Gestützt wird dieser Aspekt durch ein Backing, einer Argumentationsbasis, die allein auf einem visuellen Eindruck fußt. Dieser Eindruck verstärkt sich durch die spezifischen Möglichkeiten des CAD-Programms. Die Ansicht im Programm bzw. eine Projektion wird zum Backing (verschiedene Perspektiven bestätigen den

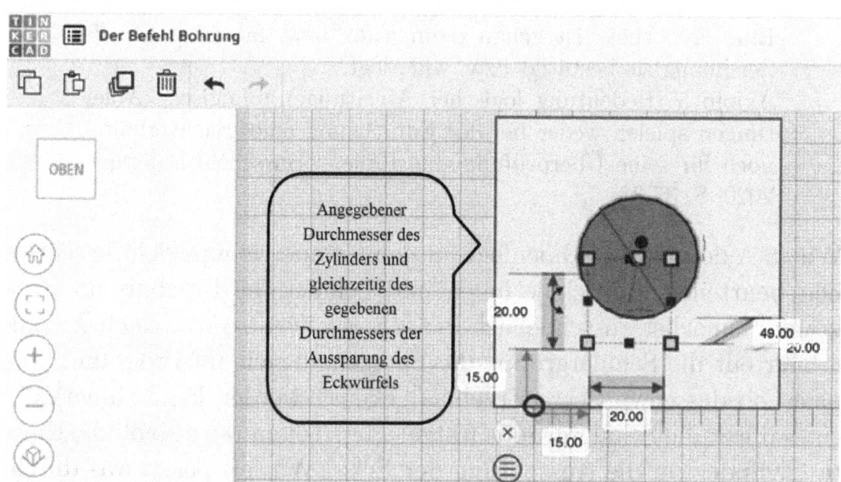

Abbildung 38: Darstellung zur Verdeutlichung der Schlussregel und Stützung im Programm.

visuellen Eindruck: Es sieht so aus als würde es passen). Dieser Argumentationsprozess AI erinnert uns deutlich an eine naive-Auffassung die Schoenfeld (1985) in seinen Studien in Bezug auf geometrische mathematische Konstruktionen beschreibt (*pure empiricist*). Schoenfeld nutzt seine formulierten Axiome als ein Beschreibungstool um damit zum Ausdruck zu bringen, dass er einen theoretischen Archetypus beschreibt, einen *pure empiricist.* Drei der dort festgehaltenen Axiome (Axiom 1, 4 und 5) erscheinen uns am wichtigsten und wollen wir für unsere Diskussion aufgreifen bzw. können wir auch auf unseren Fall (geometrische Zusammenhänge innerhalb eines CAD-Programms) übertragen.

> „Axiom 1 (Entwicklung von Hypothesen): Auf Ideen und Vermutungen kommt man ausschließlich durch das Betrachten von Zeichnungen. Je genauer eine Zeichnung ist, desto wahrscheinlicher ist es, ihr nützliche Informationen entnehmen zu können.
> [...]
> Axiom 4 (Überprüfung von Hypothesen): Die Überprüfung einer geometrischen Hypothese geschieht anhand einer Zeichnung.

> Eine Hypothese ist genau dann wahr bzw. falsch, wenn die Zeichnung sie bestätigt bzw. widerlegt. [...]
> Axiom 5 (Bedeutung logischer Ableitungen): Logische Ableitungen spielen weder bei der Entdeckung eines Sachverhaltes noch für seine Überprüfung eine Rolle." (Burscheid & Struve, 2020, S. 37-38)

Wie in Axiom 1 von Schoenfeld für den Geometrieunterricht beschrieben beurteilen die Schülerinnen und Schüler ihr Ergebnis im Programm zunächst ausschließlich danach, *wie es aussieht.* Nach Axiom 4 beurteilt die Schülergruppe die Passgenauigkeit im Programm danach, ob das gewünschte Ergebnis geliefert werden kann (innerhalb einer durch die Schülergruppe festgelegten Toleranz), also ob die Kante (Zylinder) in die Aussparung der Ecke (Würfel) passt, was durch ein Schieben der Kante in die Aussparung der Ecke im Programm realisiert werden kann. Für die betrachtete Schülergruppe ist im Sinne des Axioms 5 dabei kein Zurückführen schlüssige Zusammenhänge – z.B. ein Vergleich der Maße für den Durchmesser – nötig. Mithilfe der Axiome 1, 4 und 5 nach Schoenfeld wollen wir Argumentationsprozess AI mit einem naiven Vorgehen beschreiben.
Entscheidend für das weitere (im Sinne des Kompetenzaufbaus zum Argumentieren) erwünschte Vorgehen der Schülergruppe ist dann ein Lehrerimpuls, wo auf die „Maße", das Programmlineals und die Druckerbeschaffenheit hingewiesen wird. In Argumentationsprozess AII können wir Data, Claim und Rebuttal verglichen mit Argumentationsprozess AI gleich beschreiben, jedoch verändern sich, und dies weist auf den entscheidenden Unterschied von einer naiven zu einer tragfähigen Auffassungsentwicklung bei Schülerinnen und Schülern hin, Warrant und Backing. Die Schülergruppe nutzt nun die Maße (die Maße des Durchmessers der Kante und der Aussparung der Ecke) und die Programmlinien (zum Vergleich) und beurteilt so aufgrund eines logischen Zusammenhangs (dass physikalisch gesehen die Objekte genau dann passen, wenn die Maße übereinstimmen) ihr Argument (Data). Sie nutzen somit einen schlüssigen Zusammenhang: Die Kante (Zylinder) passt in die Aussparung der Ecke (Würfel), wenn der angegebene Durchmesser des Zylinders gleich dem angegebenen

Durchmesser der Aussparung ist. Die Schülergruppe aktiviert, initiiert durch den Lehrerimpuls, geometrisches Wissen und stützt sich somit auf Wissen, welches gewissermaßen außerhalb des Programms liegt. Die Schülerinnen und Schüler denken an dieser Stelle über ihr bisheriges (geometrisches) Wissen nach und bilden auf diese Weise zusammenhängendes Wissen. Dadurch gelingt an dieser Stelle ein Aufbau tragfähiger (zusammenhängender) Vorstellungen.
In Argumentationsprozess AII sehen wir für den weiteren mathematischen Entwicklungsprozess der Schülerinnen und Schüler ein anknüpfungsfähiges Vorgehen beschrieben.
An der Unterscheidung der Argumentationsprozesse AI und AII mit Hilfe des Toulmin-Schemas kann verdeutlicht werden, dass wir die Entwicklung und die Unterscheidung eines naiven Vorgehens und eines empirisch angemessenen Vorgehens (das von uns beschriebene Verhalten der Schülerinnen und Schüler) mithilfe von Warrant und Backing diagnostizieren können.
Aufbauend auf ihren Überlegungen und Prüfungen verändern die Schülerinnen und Schüler nun den Durchmesser und die Höhe des ausgewählten Zylinders so, dass – aufgrund eines logischen Zusammenhangs und nicht mehr aufgrund einer ungefähren (potentiell trügerischen) Abschätzung ausschließlich basierend auf einem visuellen Eindruck – passgenaue Kanten für das Kantenmodell entstehen können.
Durch den geeigneten Lehrerimpuls erhalten die Schülerinnen und Schüler einen Hinweis auf einen schlüssigen Zusammenhang unabhängig vom rein visuellen Eindruck – wenn der Durchmesser des Zylinders gleich dem Durchmesser der Aussparung ist, „passt" das – und können auf diese Weise ein naives Vorgehen (auch im Sinne Schoenfelds, 1985), für diesen konkreten Fall, hinter sich lassen. Mithilfe des durch den Lehrerimpuls eröffneten Zusammenhangs, ist die Schülergruppe nun in der Lage ihr Wissen punktuell an dieser Stelle zu erklären und wie bereits Witzke (2009, S. 359) festhält, ihr

> „gewonnenes Wissen selbstständig erklären können [...] [und] den Status des ‚pure empiricist' hinter sich [zu lassen und auf

> diese Weise] in die Lage versetzt [werden], eine der Mathematik angemessene Auffassung zu entwickeln."

Die betrachtete Schülergruppe überlegt nun noch einmal an den Kanten. Die Kanten werden gezählt, wie im untenstehenden Transkript deutlich wird. Gleichzeitig werden Vorstellungen zum Aufbau eines Kantenmodells aktiviert – es wird von „unten sind vier, so müssen vier" (Z. 123) gesprochen und dabei ein Finger von oben senkrecht nach unten geführt:

S1 (123)	Drei, vier ...
S2 (124)	Guck mal, unten sind vier, so müssen vier (zieht den Zeigefinger von oben senkrecht nach unten) und so (4 sec.), zwölf.
S1 (125)	Wir machen doch jetzt die Kanten, oder?
S2 (126)	Ja. Guck mal. Hier müssen ja vier hinkommen, hier müssen vier, so, so und so, wir müssen hier, hier, hier und hier (zeigt mit einem Finger in der Luft senkrecht und waagegerecht.
S1 (127)	Warte es sind eins, zwei, drei, vier, fünf, sechs, sieben, acht. Es sind nur acht. Oh oh.
S2 (128)	(Kopiert weitere Zylinder im Programm). Jetzt sind es neun. (Kopiert noch einmal drei Zylinder im Programm). Zwölf. Ein, zwei, drei, vier, fünf, sechs, sieben, acht, neun, zehn, elf, zwölf (folgt mit dem Mauscursor den einzelnen Zylindern im Programm), jetzt haben wir zwölf.

Auch diesen Prozess wollen wir im Sinne des Toulmin-Schemas (1996) beschreiben.

Argumentationsprozess B:

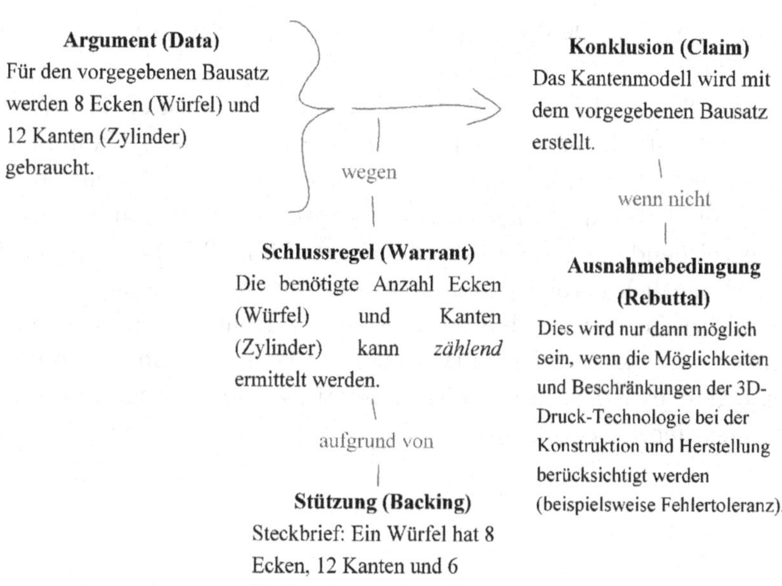

Abbildung 39: Argumentationsprozess B.

Dabei weist das Zählen auf einen Bezug zur Argumentationsbasis des bereits bekannten Steckbriefs eines Würfels (geometrisches Wissen) hin. Argumentationsprozess B ordnen wir als empirisch angemessenes Vorgehen ein. Die Schülergruppe beurteilt ihr Argument (Data) durch Zählen der Ecken (Würfel) und Kanten (Zylinder), um zu entscheiden, ob sie die jeweils entsprechende Anzahl für die Erstellung eines Bausatzes eines Kantenmodells konstruiert haben. Ein Zählen der Ecken (Würfel) und Kanten (Zylinder) – vgl. Schlussregel (Warrant) – weist dabei auf die Verwendung bzw. Aktivierung des bereits bekannten Steckbrief eines Würfels, also eines schlüssigen geometrischen Zusammenhangs hin. Die Schülergruppe greift also auch im neuen Kontext des CAD-Programms auf bereits bekanntes geometrisches Wissen über den Würfel zurück. Ein naives Vorgehen hätte hier wie folgt ausgesehen: Die Schülergruppe würde es als notwendig ansehen, dass Kantenmodell aus den einzelnen Bausatzteilen bereits im Programm zusammen zu setzen und dann zu *gucken*, ob alle benötig-

ten Teile (8 Würfel als Ecken und 12 Zylinder als Kanten) vorhanden sind.
Die beiden Schüler beziehen ihr Wissen aus dem Steckbrief eines Würfels mit ein. Gleichzeitig verhandeln sie den Aufbau eines Kantenmodells und sprechen über ihre Vorstellungen bzw. wo die einzelnen Kanten im späteren Modell platziert werden und was dahingehend eine ausreichende Kantenanzahl wäre (vgl. Abb. 40). Die Lernenden haben vermutlich bereits zusammenhängendes geometrisches Wissen zu definitorischen Eigenschaften des späteren Kantenmodells aus den in Tinkercad™ konstruierten Bauteilen entwickelt und müssen dieses für eine „naive“ Überprüfung nicht zusätzlich auf der Programmoberfläche erstellen.

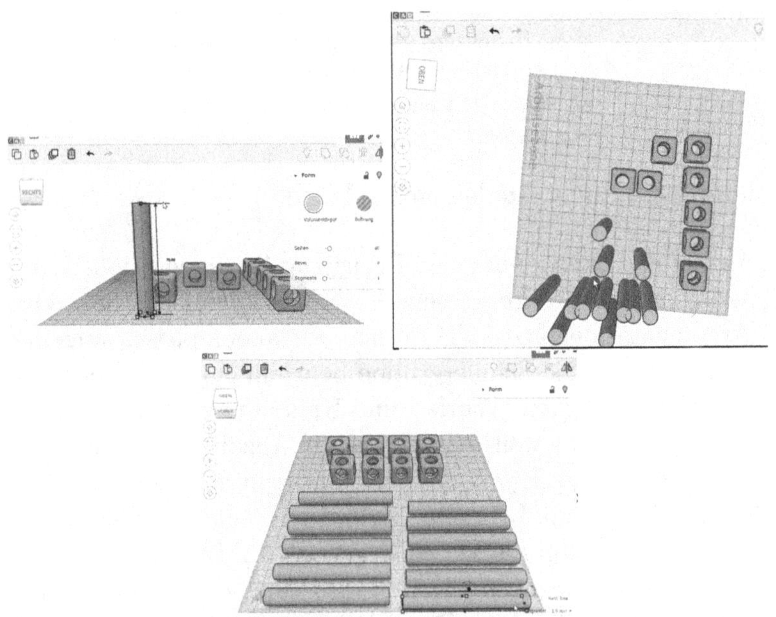

Abbildung 40: Erstellung weiterer Kanten und fertige Konstruktion in Tinkercad™.

Anschließend wurden die Schülerkonstruktionen 3D-gedruckt. Der Bausatz, bestehend aus den 3D-gedruckten „Würfelchen“ und „Stäbchen“, soll nun zusammengesteckt werden.

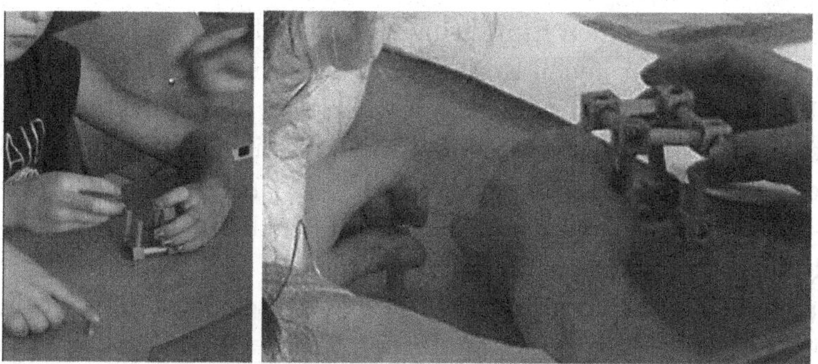

Abbildung 41: Zwei 3D-gedruckte Bausätze zum Kantenmodell eines Würfels zweier Schülergruppen.

Wir möchten darauf hinweisen, dass mit Blick auf die vorhandenen Daten nicht mehr zu beurteilen ist, ob nicht einige Schülergruppen tatsächlich erst durch das Zusammenstecken und Erbauen des Kantenmodells aus den einzelnen Bauteilen ihr Wissen bzgl. der Anzahl der Ecken und Kanten eines Würfels absichern und auch die Hypothese erst dann als gesichert ansehen, wenn sie das Kantenmodell tatsächlich im Ganzen vor sich haben. Die Frage, ob dieser Schritt erledigt wird, weil die Lernumgebung auf diese Weise konzipiert ist und es ein vorgegebener Arbeitsauftrag der Lehrperson – sozusagen als Suggestivimpuls (Seiler, 2012) – ist, können wir nicht abschließend beantworten.

Einige Schülerinnen und Schüler vertrauen auch auf das im Steckbrief beschriebene geometrische Wissen (vgl. Abb. 30), nutzen dieses gewissermaßen als Argumentationsbasis und bräuchten ein Zusammenstecken zur Überprüfung der Hypothese sicherlich nicht. Für andere Lernende ist der sukzessive Aufbau aus dem Bausatz aber wohl noch ein dringend notwendiger Schritt zu ihrer Wissenssicherung.

5 Abschlussdiskussion

Mit der systematischen Einführung eines für die betrachteten Schülerinnen und Schüler neuen Kontextes in Tinkercad™ (CAD-Software, Teilkomponente des digitalen Werkzeugs der 3D-Drucktechnologie) sollte diskutiert werden, wie stabil und gefestigt das Wissen der Lernenden bzgl. des geometrischen Körpers „Würfel“ ist und ob sie in der Lage sind, Begründungen sowohl auf der digitalen Ebene und als auch der Objektebene adäquat zu nutzen.
Gerade der Mathematikunterricht der Grundschule ist geprägt durch einen Umgang mit realen Phänomenen. Wenn nun durch den Einsatz digitaler Werkzeuge auch empirische Objekte auf virtuell-enaktiver Ebene (Hartmann et al., 2007) Eingang in den Mathematikunterricht finden, sollte ein Fokus auch auf der Ausprägung der Kompetenz des Argumentierens liegen. Zum einen lässt sich dies damit begründen, dass wie in unserem Beispiel (vgl. Argumentationsprozess AI) gerade auch eine virtuell-enaktive Ebene zu einer Begründung basierend auf einer rein visuellen Ansicht und damit zu einem naiven Vorgehen führen kann. Durch den Impuls der Lehrperson werden die Schülerinnen und Schüler angehalten (entsprechend der in den Bildungsstandards (Kultusministerkonferenz, 2004) festgehaltenen Kompetenz des Argumentierens), ihr Wissen zu hinterfragen, weitere mathematische (logische) Zusammenhänge, z.B. einen Vergleich der Maße zu entwickeln, und diese durch eine nachvollziehbare Erklärung zu stützen. Auf diese Weise gelingt es in diesem Fallbeispiel konkret zusammenhängendes Wissen und tragfähige Vorstellungen aufzubauen.
Mit der Kompetenz des Argumentierens sind für Mathematiklehrerinnen und -lehrer zweifelsohne Herausforderungen verbunden. Es bedarf in der beschriebenen Situation eines gezielten Lehrerimpuls damit die Schülerinnen und Schüler im mathematischen zusammenhängenden Sinne argumentieren („Mathematische Zusammenhänge erkennen und Vermutungen entwickeln“ (Kultusministerkonferenz, 2004, S. 8)). Für die Lehrperson bedeutet dies, in solchen Situationen sehr aufmerksam das Schülerverhalten zu beobachten und zu diagnostizieren, welche Schülerhandlungen und/oder -vorstellungen ausbaufä-

hig sind. Darauf aufbauend sollten sie gezielt Impulse (bspw. welche Eigenschaft muss zur Passgenauigkeit gleich sein) zur (Weiter-) Entwicklung des Schülerwissens geben. Dies ist nicht nur mit Blick auf neue digitale Werkzeuge eine wesentliche Aufgabe der Mathematikdidaktik.

Wie in unserem betrachteten Fallbeispiel, veranlasst der Lehrerimpuls für die Schülergruppe einen bedeutenden Schritt in Richtung eines empirisch angemesseneren Vorgehens (vgl. Argumentationsprozess AII). Dabei ist es entscheidend, dass Schülerinnen und Schüler das angewendete und gewonnene (mathematisches) Wissen eigenständig nachvollziehen und erklären können und somit ein naives Vorgehen hinter sich lassen.

Um solche gezielten Impulse zu geben, welche bei Schülerinnen und Schülern beispielsweise einen produktiven kognitiven Konflikt (zur Weiterentwicklung des Schülerwissens) erzeugen (Bauersfeld, 1983; Seiler, 2012), ist es notwendig, Lehrpersonen für herausfordernde Situationen im Zusammenhang mit digitalen Werkzeugen im Mathematikunterricht zu sensibilisieren. In Bezug auf die Kompetenz des Argumentierens mit digitalen Werkzeugen und der Entwicklung eines empirisch angemessenen Vorgehens ergeben sich darüber hinaus weitere Fragen, wie z.B.: Welche digitalen Werkzeuge fördern, fordern und unterstützen die gezielte Entwicklung des Argumentierens im Mathematikunterricht in besonderem Maße? An welchen Stellen des Mathematikunterrichts mit digitalen Werkzeugen braucht es gezielte Impulse durch die Lehrperson? Welche Argumente sind in Bezug auf digitale Werkzeuge mit besonderen Herausforderungen verbunden? Wo ergeben sich in Lehr-Lernprozesse mit digitalen Werkzeugen inhaltliche oder epistemologische Hürden? Und schließlich: Wie kann in Bezug auf Mathematikunterricht mit digitalen Werkzeugen der Vorstellung *"digitales Werkzeug als weitere Instanz, der geglaubt wird"* (Pielsticker, 2020) in Argumentationsprozesse von Schülerinnen und Schülern begegnet werden?

Literatur

Bauersfeld, H. (1985). Ergebnisse und Probleme von Mikroanalysen mathematischen Unterrichts. In W. Dörfler & R. Fischer (Hrsg.), *Empirische Untersuchungen zum Lehren und Lernen von Mathematik* (S. 7–25). Wien, Hölder-Pichler-Tempsky.

Bauersfeld, H. (1983). Subjektive Erfahrungsbereiche als Grundlage einer Interaktionstheorie des Mathematiklernens und -lehrens. In H. Bauersfeld, H. Bussmann & G. Krummheuer (Hrsg.), *Lernen und Lehren von Mathematik. Analysen zum Unterrichtshandeln II* (S. 1–57). Köln, Aulis-Verlag Deubner.

Burscheid, H. J. & Struve, H. (2018). *Empirische Theorien im Kontext der Mathematikdidaktik.* Wiesbaden, Springer Spektrum.

Burscheid, H. J. & Struve, H. (2020). *Mathematikdidaktik in Rekonstruktionen. Ein Beitrag zu ihrer Grundlegung: Grundlegung von Unterrichtsinhalten.* Wiesbaden, Springer Spektrum.

Hartmann, W., Näf, M. & Reichert, R. (2007). *Informatikunterricht planen und durchführen.* Berlin, Heidelberg, Springer.

Hoffart, E. (2019). Kantenmodelle mal anders. *Mathematik lehren, 217.*

Krummheuer, G. (2003). Argumentationsanalyse in der mathematikdidaktischen Unterrichtsforschung. *ZDM*, *35*(6), 247–256.

Kultusministerkonferenz. (2004). *Bildungsstandards im Fach Mathematik für den Primarbereich.* München, Neuwied, Wolters Kluwer Deutschland GmbH.

Meyer, M. (2010). Wörter und ihr Gebrauch - Analyse von Begriffsbildungsprozessen im Mathematikunterricht. In G. Kadunz (Hrsg.), *Sprache und Zeichen* (S. 49–82). Hildesheim, Berlin, Franzbecker.

Pehkonen, E. & Pietilä, A. (2003). On Relationships between beliefs and knowledge in mathematics education [presented Paper], In *CERME 3: third conference of the European society for research in mathematics education*, Bellaria, ERME.

Pielsticker, F. & Witzke, I. (2020, angenommen). Jede Menge Mathematik. Mathematiklehren und -lernen mit (CAD)Programmen am Beispiel von Tinkercad™ (G. Pinkernell & F. Schacht, Hrsg.). In G. Pinkernell & F. Schacht (Hrsg.), *Digitale Kompetenzen und Curriculare Konsequenzen. Arbeitskreis Mathematikunterricht und digitale Werkzeuge in der Gesellschaft für Didaktik der Mathematik.*

Pielsticker, F. (2020). *Mathematische Wissensentwicklungsprozesse von Schülerinnen und Schülern.* Wiesbaden, Springer Spektrum.

Reiss, K. (2002). *Argumentieren, Begründen, Beweisen im Mathematikunterricht.* Bayreuth, Universitätsverlag.

Reiss, K. & Heinze, A. (2005). Argumentieren, Begründen und Beweisen als Ziele des Mathematikunterrichts. In H.-W. Henn & G. Kaiser (Hrsg.),

Mathematikunterricht im Spannungsfeld von Evolution und Evaluation: Festschrift für Werner Blum (S. 184–192). Hildesheim, Div-Verl. Franzbecker.

Schiffer, K. (2019). *Probleme beim Übergang von Arithmetik zu Algebra.* Wiesbaden, Springer Spektrum.

Schlicht, S. (2016). *Zur Entwicklung des Mengen- und Zahlbegriffs.* Wiesbaden, Springer Spektrum.

Schoenfeld, A. (1985). *Mathematical Problem Solving.* New York, Academic Press.

Seiler, T. B. (2012). *Evolution des Wissens. Band I: Evolution der Erkenntnisstrukturen.* Münster, LIT-Verlag.

Stoffels, G. (2020). *(Re-)konstruktion von Erfahrungsbereichen bei Übergängen von einer empirisch-gegenständlichen zu einer formal-abstrakten Auffassung. Eine theoretische Grundlegung sowie Fallstudien zur historischen Entwicklung der Wahrscheinlichkeitsrechnung und individueller Entwicklungen mathematischer Auffassungen von Lehramtsstudieren-den beim Übergang Schule Hochschule.* Siegen, Universi.

Struve, H. (1990). *Grundlagen einer Geometriedidaktik.* Mannheim, BI-Wiss.-Verlag.

Toulmin, S. E. & Berk, U. (1996). *Der Gebrauch von Argumenten* (2. Aufl.). Weinheim, Beltz.

Witzke, I. & Spies, S. (2016). Domain-Specific Beliefs of School Calculus. *Journal für Mathematik-Didaktik, 37*(1), 131–161.

Witzke, I. (2009). *Die Entwicklung des Leibnizschen Calculus: Eine Fallstudie zur Theorieentwicklung in der Mathematik.* Hildesheim, Franzbecker.

Authentische Problemlöseprozesse durch digitale Werkzeuge initiieren – eine Fallstudie zur 3D-Druck-Technologie

Frederik Dilling

Digitale Werkzeuge bieten im Unterricht die Möglichkeit, vielseitige Problemlöseprozesse zu initiieren. Dies soll in diesem Beitrag an einem Beispiel zur 3D-Druck-Technologie ausgeführt werden. Als theoretischer Hintergrund zum Problemlösen werden insbesondere die Arbeiten von George Pólya und Alan H. Schoenfeld angeführt. In einer Fallstudie wird auf dieser Grundlage der Problemlöseprozess einer Gruppe von drei Schülerinnen interpretativ analysiert. Die Schülerinnen entwickelten im Rahmen eines Workshops mit Hilfe der 3D-Druck-Technologie eine sogenannte reduzierte Kupplung – einen Verbinder zwischen zwei Rohren mit unterschiedlichem Durchmesser.

1 Einleitung

Das Identifizieren und Lösen von Problemen stellt eine typische Aktivität in der Mathematik dar und wird auch im Mathematikunterricht an verschiedenen Stellen praktiziert. Authentische Problemstellungen aus dem Alltag oder der Berufswelt sind selten an Fächergrenzen gebunden. Stattdessen müssen zur Lösung entsprechender Probleme teilweise sehr unterschiedliche Wissensbereiche aktiviert werden.
In diesem Beitrag sollen interdisziplinäre und mathematikhaltige Problemlöseprozesse im Kontext digitaler Werkzeuge in den Blick genom-

F. Dilling und F. Pielsticker (Hrsg.), *Mathematische Lehr-Lernprozesse im Kontext digitaler Medien*, MINTUS – Beiträge zur mathematisch-naturwissenschaftlichen Bildung, https://doi.org/10.1007/978-3-658-31996-0_7

men werden. Vor dem Hintergrund der Arbeiten von George Pólya und Alan H. Schoenfeld zum Problemlösen wird in einer Fallstudie eine Problemlösesituation von drei Schülerinnen untersucht. Die Schülerinnen entwickelten im Rahmen eines Workshops mit Hilfe der 3D-Druck-Technologie eine so genannte reduzierte Kupplung – einen Verbinder zwischen zwei Rohren mit unterschiedlichem Durchmesser.

2 Problemlösen im Mathematikunterricht

Das Problemlösen ist ein etabliertes Thema des Mathematikunterrichts und der mathematikdidaktischen Forschung. Die Definition eines Problems erfolgt dabei meist als die Transformation von einem Anfangszustand in einen Endzustand, wobei dem problemlösenden Individuum für den Übergang kein direktes Verfahren bekannt ist (Dörner, 1979; Newell & Simon, 1972; Schoenfeld, 1985). Stattdessen müssen eigenes Wissen und Strategien verknüpft werden, um eine Lösung zu finden. Schoenfeld (1985, S. 11) fasst dies folgendermaßen zusammen:

> „The problem solver does not have easy access to a procedure for solving a problem – a state of affairs that would make the task an exercise rather than a problem – but does have an adequate background with which to make progress on it [...].“

Dabei ist nicht die Komplexität einer Aufgabe entscheidend, sondern vielmehr, ob direkte Lösungsverfahren bekannt sind oder nicht (Smith, 1991). Ob eine Aufgabe als Problem bezeichnet wird, hängt somit vom problemlösenden Individuum bzw. dem verfügbaren Wissen ab.

Der Begriff des Problems ist damit zunächst nicht auf das Fach bzw. die Disziplin Mathematik beschränkt und bezieht bei der Problemlösung Wissen und Strategien aus anderen Bereichen mit ein. Im Mathematikunterricht sind mathematikhaltige Probleme von Interesse, das heißt solche, die bei der Problemlösung im Wesentlichen mathematisches Wissen und Strategien beanspruchen. In diesem Beitrag wird ein mathematikhaltiges Problem aus dem Bereich der Industrie exemplarisch untersucht. Zu dessen Lösung wird die Computer-Aided-Design Software als digitales Werkzeug eingesetzt. Als Theoriehintergrund der Analyse dienen die Arbeiten zum Problemlösen von George Pólya (1949) und Alan H. Schoenfeld (1985), welche im Folgenden genauer dargestellt werden.

2.1 Stufen des Problemlöseprozesses nach George Pólya

Die Arbeiten des Mathematikers George Pólya gelten als Ausgangspunkt der Forschung zum Problemlösen als mathematische Tätigkeit. In seinem Buch *Schule des Denkens* (Originaltitel: *How to Solve it*) (Pólya, 1949) befasst er sich mit den „allgemeinen Prinzipien, die zur Entdeckung mathematischer Sachverhalte und demnach zur Lösung von Aufgaben führen" (Pólya, 1949, S. 1). Eine wesentliche Erkenntnis des Werkes ist, dass Problemlöseprozesse bzw. das Lösen von Aufgaben häufig nach einem gewissen Schema ablaufen – er unterscheidet dabei vier Schritte des Problemlöseprozesses. Diese sind einerseits eine Hilfestellung für die Schülerinnen und Schüler im Unterricht und können andererseits von Lehrkräften als Strukturierungshilfe herangezogen werden.
Der erste Schritt zur Lösung eines Problems ist das *Verstehen der Aufgabe.* In dieser Phase stehen die Fragen, was unbekannt ist, was gegeben ist und wie die Bedingungen lauten, im Vordergrund. Um diese zu beantworten, müssen die Schülerinnen und Schüler den Aufgabentext verstehen. Dabei kann unter anderem das Entwerfen einer Zeichnung oder das Einführen von Notationen hilfreich sein. Schließlich soll in dieser Phase auch eine Hypothese darüber entwickelt werden, ob die in der Aufgabe genannten Bedingungen überhaupt zu erfüllen sind.
Der zweite Schritt ist das *Ausdenken eines Planes.* Ein Plan umfasst das Wissen über notwendige „Rechnungen, Umformungen oder Konstruktionen [...], um die Unbekannte zu erhalten" (S. 22). Um einen Lösungsplan zu entwickeln, kann auf dem eigenen Wissen über die mit dem Problem in Beziehung stehenden Begriffe und Sätze sowie auf bereits gelösten ähnlichen Problemen aufgebaut werden. Des Weiteren

kann es in dieser Phase hilfreich sein, die Aufgabe umzuformulieren oder zunächst einzuschränken.
Im dritten Schritt geht es um das *Ausführen des Planes.* Dies bedeutet, dass die geplanten Rechnungen, Umformungen und Konstruktionen tatsächlich ausgeführt werden. Dabei ist es entscheidend, dass die Schülerin oder der Schüler jeden Schritt intuitiv oder formal kontrolliert, um die Richtigkeit der Lösung sicherstellen zu können.
Der vierte Schritt ist schließlich die *Rückschau* durch „nochmaliges Erwägen und Überprüfen des Resultats und des Weges, der dazu führte“ (S. 28). Auf diese Weise kann einerseits das Resultat noch einmal auf Korrektheit geprüft werden und andererseits das Wissen gefestigt und die Problemlösefähigkeit ausgebaut werden.
Die Schritte des Problemlöseprozesses können darüber hinaus als Kreislauf aufgefasst werden (siehe Abbildung 42). Nach der Rückschau kann hier durch erneutes Durchführen der Problemlöseschritte eine Verbesserung der gefundenen Lösungen stattfinden (Greefrath, 2018).
Die Schritte des Problemlösens nach Pólya (1949) können eine Strukturierungshilfe für das Vorgehen beim Lösen von Problemen im Unterricht bilden. Sie sollten allerdings nicht normativ verwendet werden – Schülerinnen und Schüler können ebenso auf andere Weise vorgehen und Lösungen für Probleme finden. Die Schritte des Problemlösens können auch zur Beschreibung von Problemlöseprozessen in der didaktischen Forschung dienen. So stellen sie wichtige Ankerpunkte bei der Entwicklung einer Problemlösung dar. Das Vorgehen der Schülerinnen und Schüler muss dabei nicht linear entlang der beschriebenen Schritte erfolgen, vielmehr ist in den meisten Fällen ein häufiger Wechsel zwischen den einzelnen Schritten zu erwarten.

2.2 Kategorien zur Analyse von Problemlöseprozessen nach Alan H. Schoenfeld

Alan H. Schoenfeld entwickelt in seinem Buch mit dem Titel *Mathematical Problem Solving* eine Theorie zur Beschreibung von Problemlöseprozessen (Schoenfeld, 1985). Das Ziel ist die Identifikation

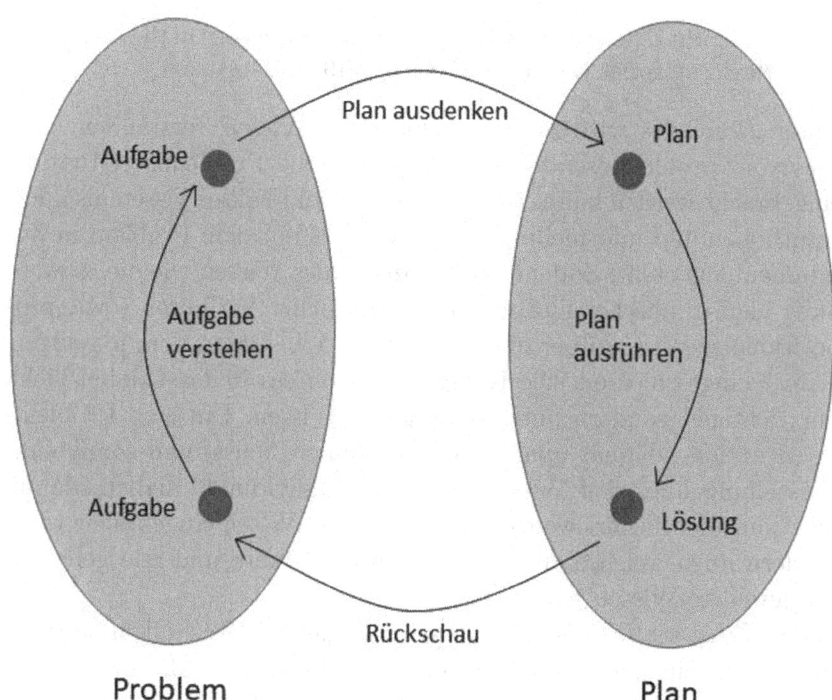

Abbildung 42: Problemlösekreislauf in Anlehnung an Pólya (1949) nach Greefrath (2018).

relevanter Eigenschaften des Individuums, die den Erfolg in einer Problemlösesituation determinieren. Aufbauend auf seinen Erfahrungen aus Kursen zum Problemlösen an verschiedenen Colleges und wissenschaftlichen Untersuchungen entwickelte er ein System aus vier Kategorien zur Analyse von Problemlöseprozessen:

> "Whether one wishes to explain problem-solving performance, or to teach it, the issues are more complex. One must deal with (1) whatever mathematical information problem solvers understand or misunderstand, and might bring to bear on a problem; (2) techniques they have (or lack) for making progress when things look bleak; (3) the way they use, or fail to use, the information at their disposal; and (4) their mathematical world

> view, which determines the ways that the knowledge in the first three categories is used." (Schoenfeld, 1985, S. 14)

Unter *Resources* wird das mathematische Wissen verstanden, welches vom problemlösenden Individuum in die Problemlösesituation eingebracht werden kann. Dies umfasst sowohl Faktenwissen als auch Intuitionen und informelles Wissen, welches mit dem Problem in Zusammenhang steht. Zudem wird prozedurales Wissen wie die Anwendung algorithmischer und nichtalgorithmischer Verfahren sowie propositionales Wissen über die Regeln zum Arbeiten in dem jeweiligen Gebiet eingeschlossen. Die Kategorie Resources umfasst dabei nicht nur richtiges, sondern auch fehlerhaftes Wissen. Um eine Problemlösesituation adäquat analysieren zu können, muss man somit eine Vorstellung über den Wissensstand des Individuums haben, damit nicht nur identifiziert werden kann, welches Wissen eingebracht wird, sondern auch welches eingebracht werden könnte und wie gefestigt das jeweilige Wissen ist.

In der Kategorie *Heuristics* werden Strategien und Techniken betrachtet, um an ein unbekanntes Problem heranzugehen. Hierunter wird unter anderem das Zeichnen von Skizzen, das Einführen geeigneter Notationen, das Erörtern verwandter Probleme, das Umformulieren des Problems, das Rückwärtsarbeiten oder das Überprüfen und Verifizieren von Verfahren gefasst. Die einzelnen Strategien und Techniken umfassen eine Vielzahl weiterer Fähigkeiten, die zur erfolgreichen Anwendung in einer Problemlösesituation ebenfalls erlernt werden müssen. Heuristics können einen entscheidenden Beitrag zur erfolgreichen Problemlösung leisten. Die Grundlage zur Anwendung einer Strategie oder Technik bildet allerdings immer das der Kategorie Resources zugeschriebene Wissen.

Als *Control* bezeichnet Schoenfeld die allgemeinen Entscheidungen zur Auswahl und Ausführung von Resources und Heuristics. Die Kategorie umfasst die Planung sowie die Kontrolle und Bewertung des Problemlöseprozesses. Auf dieser Basis werden bewusste Entscheidungen für die Nutzung gewisser Wissensaspekte oder Strategien getroffen, die den Verlauf des Prozesses wesentlich beeinflussen.

Die letzte Analysekategorie bezeichnet Schoenfeld als *Belief System*. Hierunter ist das eigene Mathematische Weltbild („mathematical world view") zu verstehen, welches eine Menge, teils unbewusster Faktoren für das Verhalten darstellen. Die Auffassungen beziehen sich auf das Individuum selbst, die Umgebung, das Thema und die Mathematik und geben den Rahmen für Resources, Heuristics und Control vor.

3 Computer-Aided-Design und 3D-Druck im Mathematikunterricht

Die 3D-Druck-Technologie stellt ein vergleichsweise neues digitales Werkzeug für den Mathematikunterricht bereit. In Publikationen der letzten Jahre wurden verschiedene Anwendungen vorgestellt und der Einfluss der Technologie auf Lernprozesse im Mathematikunterricht untersucht (u.a. Dilling et al., 2019, online first; Dilling & Witzke, 2020, online first; Dilling, 2019; Pielsticker, 2020). Dabei stand insbesondere die Verwendung der Technologie durch die Schülerinnen und Schüler im Rahmen von Begriffsentwicklungsprozessen im Vordergrund. In diesem Artikel sollen dagegen mathematikhaltige Problemlöseprozesse untersucht werden, bei denen die Technologie einen zentralen Einfluss auf die Problemlösung hat.

Der 3D-Druck ist ein Fertigungsverfahren, mit dem sich dreidimensionale Objekte schnell und verhältnismäßig preisgünstig herstellen lassen. 3D-Druck wird auch als additive Fertigung bezeichnet, da die Objekte schichtweise aus flüssigem Kunststoff aufgebaut werden. Zur 3D-Druck-Technologie zählen neben den 3D-Druckern als Hardware-Komponente auch die Computer-Aided-Design-Programme als Software-Komponente zur Erstellung virtueller dreidimensionaler Objekte. Im Rahmen der in diesem Artikel beschriebenen Problemlösesituation verwenden die Schülerinnen und Schüler das parametrische Modellierungsprogramm Fusion 360 der Firma Autodesk®.

Das parametrische Modellieren basiert auf dem Erstellen von zweidimensionalen Skizzen in einer ausgewählten Zeichenebene eines virtu-

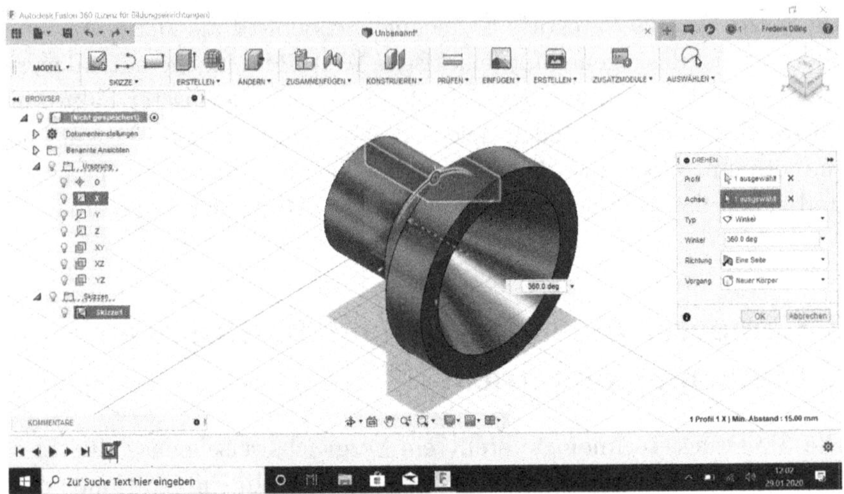

Abbildung 43: Erzeugung eines Rotationskörpers in Fusion360.

ellen dreidimensionalen Bauraums. In die Skizze können zweidimensionale Figuren (Rechteck, Kreis, etc.) oder Linien (Strecke, Bogen, Spline, etc.) eingefügt und anschließend bemaßt werden. Die zweidimensionale Skizze kann dann auf verschiedene Weise extrudiert, also zu einem dreidimensionalen Objekt erweitert werden. Für die später in diesem Artikel beschriebene Problemlösesituation ist insbesondere das rotierende Extrudieren, also das Erstellen eines Rotationskörpers durch Auswahl einer Schnittfläche und einer Rotationsachse entscheidend (siehe Abbildung 43). Ein extrudiertes Objekt kann durch weitere Skizzen oder verschiedene andere Funktionen weiter verändert werden (Dilling & Witzke, n. d.).

4 Fallstudie zu 3D-Druck und reduzierten Kupplungen

4.1 Rahmenbedingungen

In einer Fallstudie wird das Problemlösen unter Verwendung von Computer-Aided-Design-Software und 3D-Druck exemplarisch untersucht. Die Grundlage hierfür bildet ein Workshop, in dem Schülerinnen und Schüler der gymnasialen Oberstufe eine Problemstellung in Kleingruppen gemeinsam bearbeiten. Ziel ist die Entwicklung einer sogenannten reduzierten Kupplung, die zwei Rohre mit unterschiedlichem Durchmesser miteinander verbindet. Eine detaillierte Beschreibung des Workshops findet sich in Abschnitt 4.2.
Die Schülerinnen und Schüler dokumentieren und reflektieren ihr Vorgehen in Forscherheften. Auf dieser Basis wird der Problemlöseprozess einer Gruppe von drei Teilnehmerinnen rekonstruiert und mit den Theorien von Pólya (1949) und Schoenfeld (1985) in einem interpretativen Ansatz (Maier & Voigt, 1991) analysiert. Dabei stehen die zwei folgenden Forschungsfragen im Vordergrund:

- Wie kann das Vorgehen der Gruppe mit den Schritten des Problemlöseprozesses nach Pólya (1949) beschrieben werden?
- Inwiefern tragen Resources, Heuristics, Control und Belief Systems nach Schoenfeld (1985) zur Problemlösung bei?

4.2 Workshop

Die Grundlage der empirischen Untersuchung bildet ein zweitägiger Workshop in einem Mathematik-Leistungskurs mit 17 Schülerinnen und Schülern eines Gymnasiums. Der Workshop wurde von Mitarbeitern der Mathematikdidaktik der Universität Siegen in Kooperation mit einem mittelständischen Unternehmen aus der Region, welches Produkte für den Heizungs- und Sanitärbereich produziert, geplant und durchgeführt.
Der erste Arbeitsauftrag beinhaltete eine Beschreibung der Problemstellung, die bearbeitet werden sollte. Es ging um die Verbindung

zweier Rohre mit unterschiedlichem Durchmesser. Den entsprechenden Rohrverbinder (Fachbegriff: reduzierte Kupplung) sollten die Gruppen mit der CAD-Software Fusion360 konstruieren. Die Maße der Rohre waren nicht angegeben, stattdessen erhielt jede Gruppe zwei 3D-gedruckte Rohrenden und einen Messschieber. Die Schülerinnen und Schüler konnten zudem beliebige weitere Hilfsmittel hinzuziehen. Die vollständige Aufgabenstellung sowie ein Foto der ausgeteilten Rohrenden sind in Abbildung 44 zu sehen.
Am ersten Workshoptag diskutierten die Schülerinnen und Schüler Ideen zur Entwicklung eines Rohrverbinders und setzten sie mit dem Programm Fusion360 um. Erste 3D-Drucke wurden bereits im Workshop gestartet, die übrigen Objekte wurden über Nacht bis zum Folgetag gedruckt. Im Anschluss an die Konstruktion beantworteten die Schülerinnen und Schüler die Reflexionsfragen in den Gruppen gemeinsam und erstellten entsprechend eines zweiten Arbeitsauftrages eine Präsentation zur Beschreibung des Produktes und der Vorgehensweise. Des Weiteren entwickelten sie Kriterien zur Beurteilung der Qualität der Produkte.
Am zweiten Workshoptag besuchten sie eine Produktionsstätte des beteiligten Unternehmens. Hier konnten die Schülerinnen und Schüler die Produktion von Kunststoff- und Rotgussverbindern kennenlernen. Die Gruppen bekamen ihre 3D-gedruckten Kupplungen ausgehändigt und konnten die Dichtigkeit und den Durchlauf mit einer speziellen Apparatur sowie die Materialmenge mit einer Waage überprüfen. Die eigenen Produkte (Beispiel Abbildung 45, rechts) konnten außerdem mit dem von der Firma produzierten Produkt (Abbildung 45, links) verglichen werden. In vorbereiteten Kurzpräsentationen stellten die Gruppen die eigens entwickelten Produkte ihren Mitschülern und einigen Mitarbeitern der Firma vor. Abschließend wurden die besten Lösungen mit einem kleinen Preis gewürdigt. Auch diesen Tag reflektierten die Schülerinnen und Schüler anhand verschiedener Fragen in ihren Forscherheften.

Arbeitsauftrag 1

Aufgrund von Modernisierungsmaßnahmen sollen Heizkörper getauscht werden. An die neuen Heizkörper passen allerdings nicht mehr die alten Rohre. Daher muss eine Lösung gefunden werden, wie die neuen Heizkörperrohre mit kleinerem Durchmesser mit den alten Rohren mit größerem Durchmesser verbunden werden können. Aus Stabilitätsgründen sollte das Objekt in einem Teil erstellt werden. Die Objekte werden morgen bei der Firma getestet.

Zur Verfügung stehen euch:

- Die zwei Rohre mit unterschiedlichem Durchmesser
- Ein Messschieber zur genauen Bestimmung von Abständen
- Papier für Skizzen
- Ein Laptop mit einer CAD-Software zum Entwerfen von 3D-Objekten (sowie 3D-Drucker zum Produzieren der entworfenen Objekte)
- Hilfekarte zur Benutzung der CAD-Software
- Eigenes Material (GTR, Zirkel, etc.)

2

Abbildung 44: Arbeitsauftrag der Schülerinnen und Schüler (Firmenname ausgelassen).

Abbildung 45: Rotguss-Kupplung (links) sowie von Schülerinnen und Schülern entwickelte 3D-gedruckte Kupplung (rechts).

4.3 Datenanalyse

In diesem Abschnitt sollen ausgewählte Stellen des Forscherheftes von drei Schülerinnen mit Blick auf die beiden formulierten Forschungsfragen diskutiert werden. Zunächst beschreiben die Schülerinnen im Forscherheft, wie sie bei der Planung ihres Objektes vorgegangen sind (siehe Abbildung 46).

In diesem Abschnitt erklären die Schülerinnen ihre Vorgehensweise bei der Planung des 3D-Objektes zur Verbindung der zwei Rohre. Zunächst versuchen sie, sich eine Verbindung gedanklich vorzustellen. Dabei greifen sie auf Erfahrungen mit ähnlichen Gegenständen zurück und erkennen schließlich, dass sie den Verbinder als Rotationskörper erzeugen können und hierzu zunächst eine Schnittfläche zeichnen

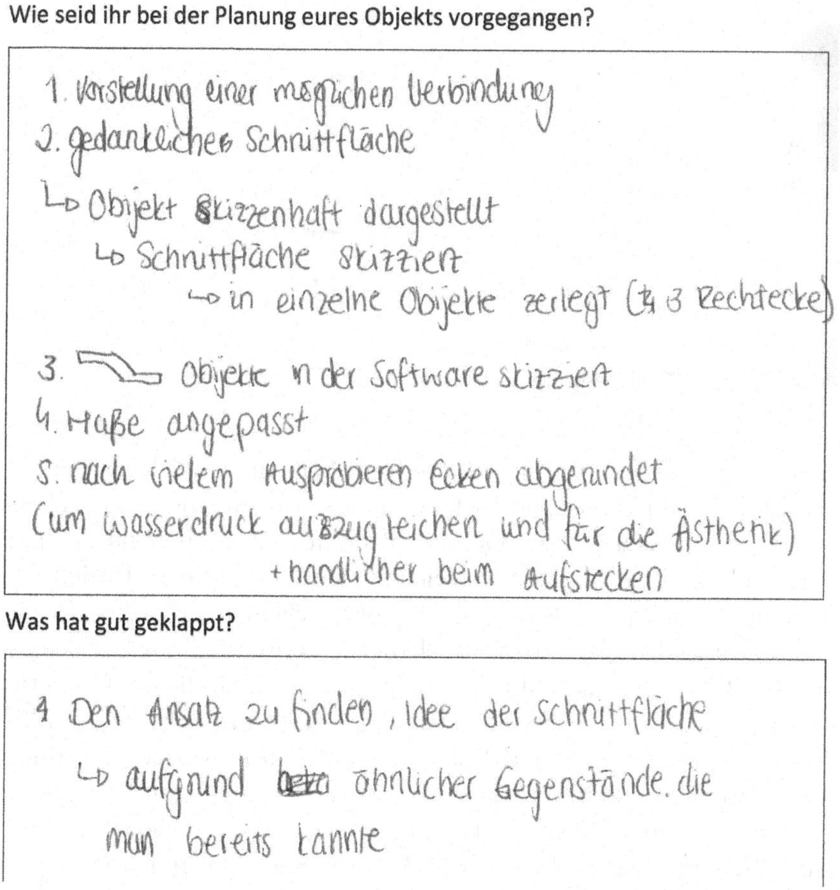

Wie seid ihr bei der Planung eures Objekts vorgegangen?

1. Vorstellung einer möglichen Verbindung
2. gedanklicher Schnittfläche
↳ Objekt skizzenhaft dargestellt
↳ Schnittfläche skizziert
↳ in einzelne Objekte zerlegt (z.B. 3 Rechtecke)
3. Objekte in der Software skizziert
4. Maße angepasst
5. nach vielem Ausprobieren Ecken abgerundet
(um Wasserdruck auszugleichen und für die Ästhetik)
+ handlicher beim Aufstecken

Was hat gut geklappt?

1 Den Ansatz zu finden, Idee der Schnittfläche
↳ aufgrund ähnlicher Gegenstände, die man bereits kannte

Abbildung 46: Auszug aus dem Forscherheft zur Planung des Objektes.

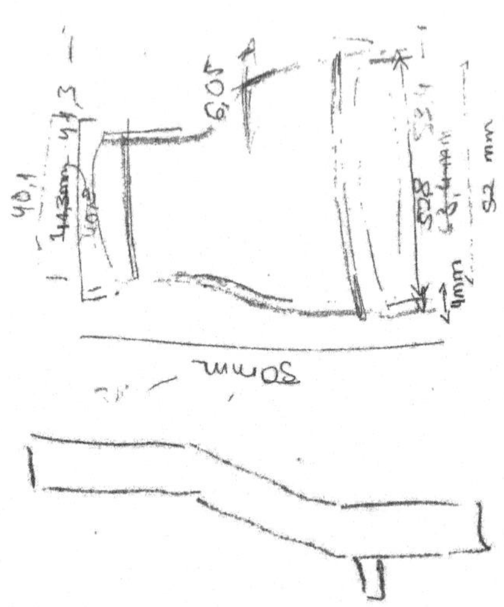

Abbildung 47: Skizzen der Schülerinnen im Forscherheft.

müssen. Bei der Erörterung verwandter Probleme handelt es sich um eine häufig zu findende Heuristik im Sinne der Kategorien von Schoenfeld (1985). Das Objekt wird anschließend im Forscherheft skizzenhaft dargestellt (Abbildung 47). Gezeichnet wird sowohl eine Projektion des Rotationskörpers als auch die Schnittfläche. Die projektive Zeichnung wird mit Maßangaben versehen, die vermutlich durch Ausmessen der Rohrenden und Ableiten einer passenden Größe des Objektes bestimmt wurden. Die Schnittfläche wird zudem in bekannte Teilflächen wie Rechtecke zerlegt. Die Skizzen stellen Heurismen im Sinne von Schoenfeld (1985) dar. Das in diesem Zusammenhang aktivierte Wissen (Resources) stammt insbesondere aus der Geometrie und betrifft Rotationskörper sowie ebene Figuren und Maßeinheiten.
Anschließend wird die Schnittfläche im CAD-Programm nachgezeichnet und die Maße werden entsprechend angepasst. Die Schülerinnen probieren hierbei verschiedene Anpassungen aus, um das Objekt zu optimieren. Dieses systematische Ausprobieren stellt eine heuristische Strategie dar und kann damit ebenfalls der Kategorie Heuristics zugeordnet werden. Um den Wasserdruck auszugleichen, also einen strö-

mungsoptimierten Durchfluss zu ermöglichen, und um das Zusammensetzen des Verbinders und der Rohre zu erleichtern sowie ein ästhetisches Ergebnis zu erzielen, wurden des Weiteren die Ecken des Objekts abgerundet. Hierin zeigen sich die Kontrollmechanismen (Control), die die Schülerinnen im Problemlöseprozess anwenden. Sie erkennen entstehende (Teil)Probleme und lösen diese bereits vor der Fertigstellung des Endprodukts. Dabei nutzen sie physikalisches Wissen (Wasserdruck), technisches Wissen (Verbindung von Bauteilen) und Wissen aus dem Bereich Design (Ästhetik) (Resources).
In einem weiteren Ausschnitt des Forscherheftes beschreiben die Schülerinnen die Arbeit mit dem CAD-Programm Fusion360 noch einmal detaillierter (siehe Abbildung 48).
Zunächst wird eine grobe Skizze erstellt, deren Maße und Form anschließend angepasst werden. Die Schnittfläche wird dann durch rotierendes Extrudieren zu einem Rotationskörper entwickelt. Dieser wird von den Schülerinnen genau betrachtet und verschiedene Probleme werden anhand der Darstellung diskutiert. Die eigene Lösung wird somit bereits vor dem 3D-Drucken als virtuelles Objekt beurteilt (Control). Bei der Identifikation weiterer (Teil-)Probleme und bei der Entwicklung von Lösungsplänen spielt die Kommunikation innerhalb der Gruppe eine entscheidende Rolle (Heuristics). Die Schülerinnen entwickeln die Idee, einen „Rutschstopper" einzufügen, damit das kleinere der Rohre fest auf dem Verbinder sitzt. Das in der Konstruktionsphase aktivierte Wissen umfasst somit weiteres mathematisches Wissen insbesondere zur Bedienung des Programms (Begriffe wie „kollinear") sowie technisches Wissen („Rutschstopper") (Resources).
Abschließend beurteilen die Schülerinnen in ihrem Forscherheft das erstellte Objekt (Abbildungen 49 und 50). Dazu entwickeln sie selbst Kriterien (Effektivität und Handlichkeit) und bestimmen das Gewicht des 3D-gedruckten Objektes. Der Durchmesser des Rotationskörpers wurde zu klein gewählt, sodass dieser nicht über das Rohr passt. Daher würden sie diesen zur Verbesserung der Problemlösung vergrößern.
Schließlich bewerten die Schülerinnen auch ihren eigenen Lernfortschritt innerhalb des Workshops (Abbildung 50). Sie schreiben, dass

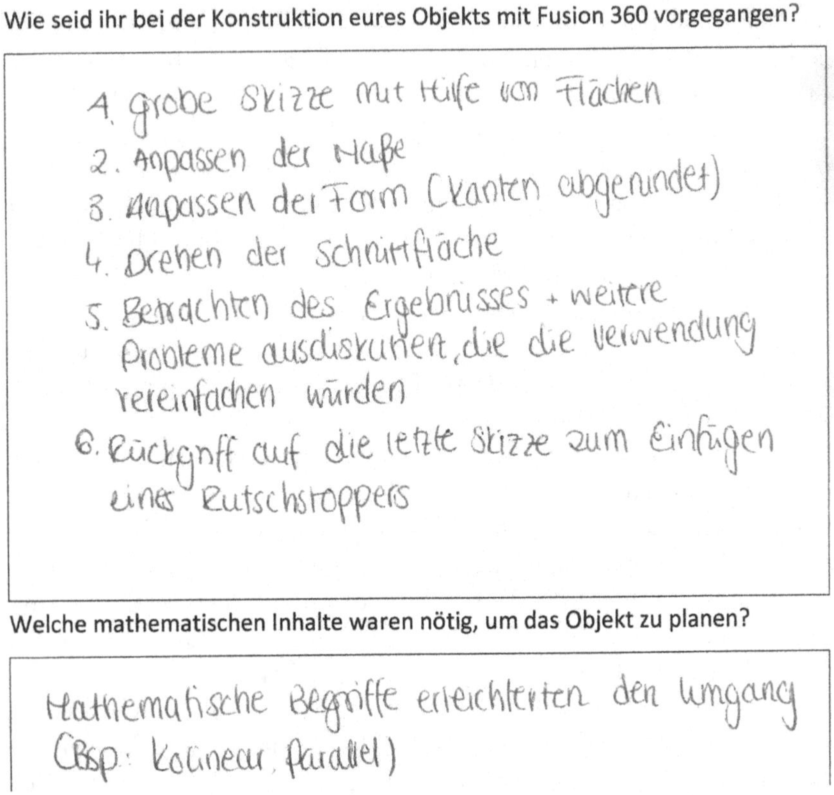

Wie seid ihr bei der Konstruktion eures Objekts mit Fusion 360 vorgegangen?

1. grobe Skizze mit Hilfe von Flächen
2. Anpassen der Maße
3. Anpassen der Form (Kanten abgerundet)
4. Drehen der Schnittfläche
5. Betrachten des Ergebnisses + weitere Probleme ausdiskutiert, die die Verwendung vereinfachen würden
6. Rückgriff auf die letzte Skizze zum Einfügen eines Rutschstoppers

Welche mathematischen Inhalte waren nötig, um das Objekt zu planen?

Mathematische Begriffe erleichterten den Umgang (Bsp: kolinear, parallel)

Abbildung 48: Auszug aus dem Forscherheft zur Konstruktion des Objektes mit Fusion360.

sie den Umgang mit einem CAD-Programm gelernt haben und nun Wissen, dass bereits Millimeter dazu führen können, dass die Objekte nicht mehr aufeinandergesetzt werden können. Dieses Wissen kann in zukünftigen Problemlösesituationen Anwendung finden. Die Beurteilung der eigenen Lösung und die Reflektion des gesamten Vorgehens kann ebenfalls der Kategorie Control zugeordnet werden.

Die ausführliche Betrachtung und Interpretation des Schülervorgehens zeigt, dass die Problemlösung der Schülerinnen nicht linear entlang der Schritte des Problemlöseprozesses nach Pólya (1949) ver-

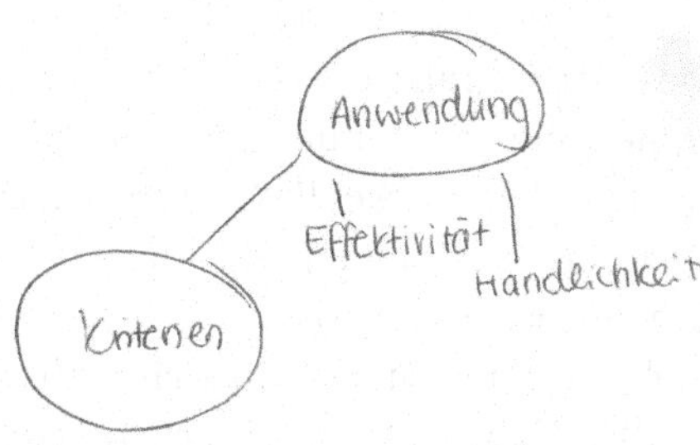

Gewicht: 0,717 oz
20,32 g

Abbildung 49: Entwicklung von Beurteilungskriterien und Gewichtsmessung im Forscherheft.

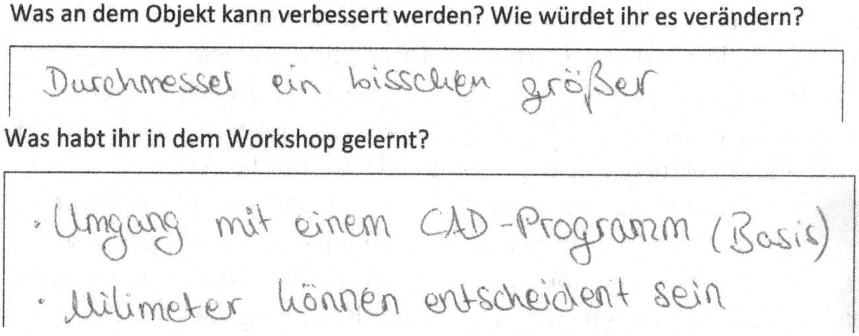

Was an dem Objekt kann verbessert werden? Wie würdet ihr es verändern?

Durchmesser ein bisschen größer

Was habt ihr in dem Workshop gelernt?

- Umgang mit einem CAD-Programm (Basis)
- Milimeter können entscheident sein

Abbildung 50: Beurteilung des erstellten Objekts und des Gelernten im Forscherheft.

läuft. Die Phase des Verstehens der Aufgabe konnte allein auf der Grundlage des Forscherheftes nicht zuverlässig rekonstruiert werden. Dennoch ist aufgrund des weiteren Vorgehens der Schülerinnen zur Problemlösung zu vermuten, dass die wesentlichen Aspekte der Aufgabenstellung verstanden wurden. Die Phase des Ausdenkens eines Plans und des Ausführens des Plans finden im Problemlöseprozess der Schülerinnen eng verzahnt statt. So wird zunächst ein grober Plan entwickelt, welcher anschließend im CAD-Programm umgesetzt wird. Die Zeichnung wird angepasst und es werden verschiedene Teilprobleme identifiziert und gelöst (z. B. abgerundete Ecken). Die Phase der Rückschau findet zu verschiedenen Zeitpunkten statt. Sowohl das virtuelle 3D-Objekt als auch das 3D-gedruckte Objekt werden auf verschiedene Eigenschaften hin untersucht. Außerdem stellt das Erstellen des Forscherheftes eine Art Rückschau dar, in welcher die Ereignisse noch einmal reflektiert werden.

5 Fazit

In diesem Beitrag wurde interdisziplinäres Problemlösen im Kontext der 3D-Druck-Technologie diskutiert. Den theoretischen Hintergrund hierfür bildeten die Schritte des Problemlöseprozesses nach Pólya (1949) sowie die Kategorien zur Analyse von Problemlöseprozessen nach Schoenfeld (1985). Digitale Werkzeuge, darunter die 3D-Druck-Technologie, eignen sich auf besondere Weise für das Arbeiten an einer Problemstellung aus der Perspektive verschiedener Unterrichtsfächer und führen somit zur Vernetzung des jeweils entwickelten Wissens.
In einer Fallstudie wurde eine Gruppe aus drei Schülerinnen untersucht, die eine so genannte reduzierte Kupplung mit Hilfe der 3D-Druck-Technologie entwickelten. Hierbei handelt es sich um einen Verbinder zwischen zwei Rohren mit unterschiedlichem Durchmesser. Es hat sich gezeigt, dass die auf diese Weise initiierten Problemlöseprozesse sehr gewinnbringend in Bezug auf die Anwendung und Entwicklung von Problemlösekompetenzen sein können. Die Schülerinnen nutzten verschiedene Heurismen (Heuristics) und steuerten den Pro-

zess eigenständig (Control). Das jeweils aktivierte Wissen (Resources) stammt sowohl aus der Mathematik (insbesondere der Geometrie) als auch aus anderen Bereichen wie Physik, Technik oder Design. Das Vorgehen ließ sich zudem mit den Schritten des Problemlöseprozesses nach Pólya (1949) beschreiben, wobei insbesondere die Phase des Ausdenkens eines Plans und der Durchführung des Plans eng miteinander verknüpft waren. Die Schülerinnen identifizierten während der Konstruktion neue Teilprobleme und lösten diese dann im Einzelnen. Die untersuchte Problemlösesituation bildet für die Schülerinnen und Schüler einen authentischen Zugang zu mathematischem Wissen unter Einsatz eines digitalen Werkzeuges, denn die 3D-Druck-Technologie stellt ein zukunftsweisendes Werkzeug dar, welches im Zuge der Digitalisierung mit der Veränderung industrieller Prozesse einhergeht und insbesondere zur Entwicklung von individuellen Produkten und Prototypen geeignet ist. Da zur Lösung des Problems nicht nur Wissen aus dem Bereich Mathematik nötig war, sondern unter anderem auch Erfahrungen aus der Physik oder Technik eingebracht wurden, handelte es sich zudem um einen interdisziplinären und authentischen Problemhintergrund. Die entwickelten reduzierten Kupplungen konnten mit den von einer regionalen Firma produzierten Kupplungen aus Rotguss verglichen werden, sodass der eigene Lösungsprozess noch einmal reflektiert wurde. Die Schülerinnen und Schüler erwarben grundlegende Kenntnisse über den Umgang mit der 3D-Druck-Technologie und das prozesshafte Arbeiten bei der Entwicklung von Produkten.

Literatur

Dilling, F., Pielsticker, F. & Witzke, I. (2019, online first). Grundvorstellungen Funktionalen Denkens handlungsorientiert ausschärfen – Eine Interviewstudie zum Umgang von Schülerinnen und Schülern mit haptischen Modellen von Funktionsgraphen. *Mathematica Didactica.*

Dilling, F. & Witzke, I. (n. d.). Was ist 3D-Druck? Zur Funktionsweise der 3D-Druck-Technologie. *Mathematik lehren*, (217), 10–12.

Dilling, F. & Witzke, I. (2020, online first). The Use of 3D-printing Technology in Calculus Education – Concept formation processes of the concept of derivative with printed graphs of functions. *Digital Experiences in Mathematics Education.*

Dilling, F. (2019). *Der Einsatz der 3D-Druck-Technologie im Mathematikunterricht: Theoretische Grundlagen und exemplarische Anwendungen für die Analysis.* Wiesbaden, Springer Spektrum.

Dörner, D. (1979). *Problemlösen als Informationsverarbeitung* (2. Aufl.). Stuttgart, Kohlhammer.

Greefrath, G. (2018). *Anwendungen und Modellieren im Mathematikunterricht: Didaktische Perspektiven zum Sachrechnen in der Sekundarstufe* (2. Aufl. 2018). Berlin, Heidelberg, Springer Spektrum.

Maier, H. & Voigt, J. (Hrsg.). (1991). *Interpretative Unterrichtsforschung: Heinrich Bauersfeld zum 65. Geburtstag.* Köln, Aulis- Verl. Deubner.

Newell, A. & Simon, H. A. (1972). *Human problem solving.* Englewood Cliffs, NJ, Prentice-Hall.

Pielsticker, F. (2020). *Mathematische Wissensentwicklungsprozesse von Schülerinnen und Schülern.* Wiesbaden, Springer Spektrum.

Pólya, G. (1949). *Schule des Denkens. Vom Lösen mathematischer Probleme.* Bern, München, Francke.

Schoenfeld, A. (1985). *Mathematical Problem Solving.* New York, Academic Press.

Smith, M. U. (1991). *Toward a unified theory of problem solving: Views from the content domains.* Hillsdale, NJ, Erlbaum.

Elemente der Arithmetik verstehen lernen – professionsorientiert, vorstellungsbasiert und digital

Daniela Götze

Grundschullehramtsstudiere zeichnen sich durch eine große Heterogenität in ihren mathematischen Leistungen aus. Manche sind Mathematik affin und auch leistungsstark, viele aber nicht. Das Projekt „Arithmetik digital" hat es sich daher zur Aufgabe gemacht, mit Hilfe von wissenschaftlich fundiert gestalteten Erklärvideos dieser Heterogenität gerecht zu werden. Im Beitrag werden vor dem Hintergrund der angedeuteten problematischen Ausgangslage die zentralen professionsorientierten Designelemente, die bei der Gestaltung der Erklärvideos leitend waren, vorgestellt. Die adaptiven Einsatzmöglichkeiten und die Studierendenevaluationen verdeutlichen die Wirksamkeit dieses digitalen Lehrkonzepts.

1 Einleitung: Zur aktuellen Situation

In den letzten Jahren ist in vielen Bundesländern die Grundschullehrerausbildung grundlegend reformiert worden. Die neuen Reformen zeichnen sich durch eine stärkere fachliche und didaktische Qualifizierung der angehenden Grundschullehrkräfte aus. Das zentrale Unterrichtsfach Mathematik muss in vielen Bundesländern nun verpflichtend als großes Fach studiert werden (z. B. in Hamburg, Hessen, NRW, Thüringen). Daneben gibt es in vielen anderen Bundesländern

F. Dilling und F. Pielsticker (Hrsg.), *Mathematische Lehr-Lernprozesse im Kontext digitaler Medien*, MINTUS – Beiträge zur mathematisch-naturwissenschaftlichen Bildung, https://doi.org/10.1007/978-3-658-31996-0_8

die Pflicht, Mathematik zumindest als kleines Fach neben dem großen Fach Deutsch (z. B. in Bremen) zu studieren. Insofern müssen sich die Grundschullehramtsstudierenden nahezu deutschlandweit – wenngleich in deutlich unterschiedlichem Umfang – mit elementaren mathematischen Studieninhalten beschäftigen. Dies ist zu begrüßen, denn schließlich ist nachgewiesen, dass die elementarmathematischen Kompetenzen vieler Grundschullehramtsstudierenden befürchten lassen, dass ein nicht unerheblicher Anteil im späteren Berufsleben nur bedingt in der Lage sein wird, kreative Kinderlösungen oder auch Fehlvorstellungen schnell zu durchdringen (Blömeke, Kaiser, Döhrmann et al., 2010; Koppitz & Schreiber, 2015).
Gleichwohl sorgt eine „Mathematikpflicht" nicht automatisch dafür, dass sich nur noch die Studierenden, die eine gewisse Affinität zum Unterrichtsfach Mathematik zeigen, für ein Grundschullehramt entscheiden. Nahezu die Hälfte der Studierende des Grundschullehramts, die Mathematik verpflichtend studieren müssen, hätten dieses Unterrichtsfach nicht freiwillig gewählt, wenn sie die Option dazu gehabt hätten (Koppitz & Schreiber, 2015; Winter, 2003). Das mag daran liegen, dass genau diese, das Mathematiklehramtsstudium ablehnenden Grundschulstudierenden in der eigenen Schullaufbahn negative Erfahrungen mit dem Fach Mathematik gemacht und Mathematik eher als Regelwerk erlebt haben (Winter, 2003). Eine große Zielsetzung der ersten elementarmathematischen Veranstaltungen im Grundschullehramt sollte daher darin liegen, insbesondere bei diesen Studierenden diese ablehnende Haltung möglichst frühzeitig im Studium aufzubrechen und durch ein auf Verstehensorientierung angelegtes Bild von Mathematik zu ersetzen.
Die andere Hälfte der Grundschullehramtsstudierenden hingegen zeichnet sich durch eine durchaus hohe Affinität zum Unterrichtsfach Mathematik aus (Koppitz & Schreiber, 2015; Winter, 2003) und verfügt über ein durchaus tiefgehendes elementarmathematisches Verständnis (Blömeke, Kaiser, Döhrmann et al., 2010). Somit ist die mathematische Heterogenität der Grundschullehramtsstudierenden entsprechend groß, so dass im Rahmen einer studierendenadressierten elementarmathematischen Vorlesung dieser Heterogenität versucht wer-

den muss, gerecht zu werden. Es müssen somit andere, möglicherweise digital adaptive Unterstützungsformen gefunden werden, um einerseits alte Überzeugungsstrukturen aufzubrechen (Barzel et al., 2016) aber gleichermaßen die Studierenden bei ihren individuellen heterogenen elementarmathematischen Lernpfaden bestmöglich zu unterstützen.
Genau das ist der Ansatzpunkt des in diesem Beitrag beschriebenen Projekts „Arithmetik digital“. Diese heterogene Studierendenschaft soll mit Hilfe von auf Anschaulichkeit setzenden Erklärvideos unterschiedlicher Art und deren differenzierten Einsatz in der Veranstaltung „Elemente der Arithmetik“ eine deutliche Unterstützung in ihrem individuellen Lernprozess erfahren. Im Folgenden wird daher zunächst die komplexe Ausgangslage des elementarmathematischen Wissens angehender Grundschullehrkräfte näher dargelegt. Anschließend wird das elementare (anschauliche) Beweisen als möglicher zentraler Lerninhalt und Ansatzpunkt zum Aufbrechen einseitiger Einstellungen zum Unterrichtfach Mathematik aber auch zur substantiellen Förderung zentraler elementarmathematischer Kompetenzen näher erläutert. Vor diesem Hintergrund erfolgt die theoriegeleitete Konzeption und Illustration der Erklärvideos, verbunden mit konkreten Einsatzmöglichkeiten dieser Videos in einer elementarmathematischen Großveranstaltung. Am Ende werden Einblicke in die Evaluation der Nützlichkeit der Erklärvideos im Lernprozess der Studierenden gegeben.

2 Elementarmathematische Kompetenzen, Einstellungen und Überzeugungen von Grundschullehramtsstudierenden

Professionelles Lehrerhandeln im Mathematikunterricht hängt bekannter Weise von einer Vielzahl von Schlüsselqualifikationen ab. Diesbezügliche Studien lehnen sich dabei häufig an die von Shulman (1986) formulierten drei Wissensbereiche professionellen Lehrerhandelns „mathematisches Fachwissen“, „mathematikdidaktisches Wis-

sen" sowie „allgemeines pädagogische Wissen" an (Helmke, 2007; Lipowsky, 2006) oder differenzieren diese weiter aus (z. B. Ball et al., 2008; Baumert & Kunter, 2006; Blömeke & Delaney, 2012). Die zentrale Bedeutung vor allem der beiden Kompetenzbereiche „mathematisches Wissen" und „mathematikdidaktisches Wissen" ist in diversen Studien der letzten Jahre vielfach belegt worden (ebd.).
So konnte gezeigt werden, dass das fachdidaktische Wissen weitgehend von der Breite und Tiefe des konzeptuellen Mathematikverständnisses abhängt (Ma, 1999). Denn das fachliche Wissen bildet oftmals die solide Basis für das didaktische Wissen, da die Lehrkräfte auf der Basis dieses fachlichen Wissens flexibler auf individuelle Schülerlösungen, Schüleräußerungen oder auch Fehlvorstellungen reagieren können (siehe z. B. Bass & Ball, 2004; Hattie, 2002). „Fachwissen ist die Grundlage, auf der fachdidaktische Beweglichkeit entstehen kann" (Baumert & Kunter, 2006, S. 496).
Die Ergebnisse der TEDS-M Studie (Blömeke, Kaiser & Lehmann, 2010) verdeutlichen allerdings, dass deutsche Grundschulstudierende am Ende ihres Mathematiklehramtsstudiums gravierende fachliche Defizite besitzen. Lediglich ein Drittel konnte der höchsten Kompetenzstufe III zugeordnet werden, während knapp 40 Prozent der angehenden Lehrkräfte ein eher mittelmäßiges elementarmathematisches Wissen vorweisen konnten. Konkretisiert bedeutet dies, dass diesen angehenden Lehrkräften die elementarmathematischen Inhalte des unteren Sekundarstufenbereichs Probleme bereiten. Diese Personen haben sogar Schwierigkeiten beispielgebundene Argumentationen zu formulieren und nachzuvollziehen und zeigen Schwächen im Umgang mit natürlichen und rationalen Zahlen in Bezug auf deren Eigenschaften und Rechengesetze (Blömeke, Kaiser & Lehmann, 2010). Etwa

> „zwei Drittel der angehenden Primarstufenlehrkräfte in Deutschland sind also nur mit einer Wahrscheinlichkeit von weniger als 50 Prozent in der Lage, [...] beispielsweise Lösungsansätze von Lernenden zu interpretieren, Fehlvorstellungen zu identifizieren, Veranschaulichungsmittel einzusetzen, um Lernprozesse zu fördern, oder zu begründen, warum eine spezifische Lehr-

> strategie angemessen ist“ (Blömeke, Kaiser & Lehmann, 2010, S. 30)

Betrachtet man nur den zentralen Bereich der Arithmetik, können ähnliche Defizite z. B. beim Erklären und Anwenden von Begriffen und Verfahren (Feldman, 2012), aber auch beim Beweisen elementarer arithmetischer Zusammenhänge (Kempen, 2019) beobachtet werden. Gleichwohl darf nicht missachtet werden, dass in der TEDS-M Studie etwa ein Drittel der Grundschullehramtsstudierenden am Ende des Studiums der höchsten mathematischen Kompetenzstufe zugeordnet werden konnte. Diese Zahlen spiegeln somit beeindruckend wider, wie elementarmathematisch heterogen diese spezielle Studierendengruppe ist.
Diese Heterogenität zeigt sich gleichermaßen in den Einstellungen zum Studienfach. Winter (2003) hat die Einstellungen der Grundschullehramtsstudierenden zum Unterrichtfach Mathematik getrennt ihrer Affinität für dieses Fach erhoben. Mehr als die Hälfte der Studierenden, die als wenig mathematikaffin eingestuft wurden, haben im Laufe ihrer eigenen Schulzeit eher negative Erfahrungen mit diesem Unterrichtsfach gemacht. Weitere 36 % dieser Studierenden stuften ihre Mathematikerfahrungen als wechselhaft ein (Winter, 2003).
Darüber hinaus sind bei diesen Studierenden oftmals sehr einseitige lehramtsspezifische Überzeugungen zu beobachten. So werden Lehrkompetenzen wie „Vorrechnen“ als bedeutsam eingestuft, während das verständlich, anschauliche Erklären von lediglich einem Viertel aller befragten Studierenden als eine zentrale Lehrkompetenz in der Grundschule angesehen wird (Winter, 2003). Unter den Mathematik ablehnenden Studierenden ist etwa ein Drittel der Meinung, dass eine diskursive Erklärkompetenz keine zentrale berufsbezogene Kompetenz sei (Winter, 2003).
Insofern müssen bei der elementarmathematischen Ausbildung angehender Grundschullehrkräfte drei zentrale Aspekte berücksichtigt werden:

- Elementarmathematische arithmetische Wissenslücken müssen möglichst *professionsorientiert* gefüllt werden, d. h. auf eine für die spätere Berufslaufbahn angemessene Art und Weise (Beutelspacher et al., 2012).

- Alte „Überzeugungsstrukturen zur Mathematik“ müssen aufgebrochen werden. „Damit eine fachwissenschaftliche Veranstaltung zum Aufbau eines angemessenen Bildes von ‚Mathematik als Prozess‘ beiträgt, muss sie begleitet sein von umfangreichen Lernsituationen der individuellen mathematischen Aktivität“ (Barzel et al., 2016, S. 38).
- Die starke Heterogenität sowohl in Bezug auf die elementarmathematischen arithmetischen Kompetenzen, als auch auf die berufsbezogenen Einstellungen und Überzeugungen muss bei der Gestaltung von Lehr-Lernprozessen berücksichtigt werden.

Erschwerend kommt hinzu, dass die Vorlesungen im Grundschullehramt oftmals von über 200 Studierenden besucht werden. Und auch die wöchentlich stattfindenden Übungen in Kleingruppen, in denen vielerorts ein konstruktiver entdeckender Umgang mit mathematischen Aufgaben gepflegt wird, scheinen der heterogenen Ausgangslage der Grundschullehramtsstudierenden zu wenig gerecht zu werden (siehe die Studien von Feldman, 2012; Kempen, 2019). Das mag – die obigen Forschungsbefunde berücksichtigend – an folgenden Schwierigkeiten teilweise bedingt durch die äußeren Rahmenbedingungen liegen:

1. Die in den Vorlesungen gegebenen inhaltlichen Erklärungen zu arithmetischen Konzepten und Beweisen sind für manche Studierenden möglicherweise zu schnell und zu flüchtig. Sie bräuchten die Gelegenheiten, diese Erklärungen in ihrem Lerntempo und möglicherweise mehrmals zu durchdringen und damit nachvollziehen zu können.
2. Im Zuge von individuellen Lösungsprozessen z. B. in Rahmen einer Kleingruppenübung aber auch bei der Bearbeitung von Hausaufgaben brauchen viele Studierende individuell adaptive Unterstützungen – sowohl für die Studierenden, die schneller sind, als auch für die Studierenden, die noch große Verstehensprobleme haben.

Die elementare Arithmetik ist vielerorts der erste Inhaltsbereich des Grundschullehramtsstudiums und zeitgleich ein Inhaltsbereich, der eine große Praxisnähe aufweist (Padberg & Büchter, 2015). Nicht zuletzt liegt das daran, dass in der elementaren Arithmetik nach Muster und Strukturen gesucht wird, die es auf vielfältige Art zu verallgemeinern gilt. Auch ist sie eine Teildisziplin, bei der das für die spätere Praxis sehr relevante Erklären inhaltlicher Zusammenhänge eine zentrale Rolle spielt (Padberg & Büchter, 2015). Was genau in diesem Zusammenhang unter Erklären inhaltlicher Zusammenhänge in der Arithmetik zu verstehen ist, wird im Weiteren geklärt werden.

3 Verstehensorientiertes Erklären in der Grundschullehrerausbildung

Spricht man im Mathematikunterricht von Erklären, so werden häufig vermeintliche Synonyme wie z. B. das Beweisen, Argumentieren und Begründen mitgenannt. Während das Begründen als breiter Oberbegriff verstanden wird, der sowohl das Beweisen als auch das Argumentieren subsummiert (Meyer & Prediger, 2009), ist unter Beweisen das formal-deduktive Beweisen und unter Argumentieren der soziale Prozess des Aushandelns von z. B. unterschiedlicher Meinung zu verstehen. Das Erklären wiederum übernimmt in Anlehnung an de Villiers (1990) funktionale Eigenschaften für das Begründen. Neben dem Überzeugen, Kommunizieren, Entdecken und Herstellen von Zusammenhängen hat Erklären die Funktion, verstehbar zu machen, warum ein bestimmter Zusammenhang gilt oder eine Aussage wahr bzw. falsch ist (Erath, 2017; Meyer & Prediger, 2009; Müller-Hill, 2017). Dabei lässt sich das Erklären in die drei Grundtypen „Erklären-Wie“, „Erklären-Was“ und „Erklären-Warum“ (Schmidt-Thieme, 2016) untergliedern. Diese verschiedenen Erklärtypen unterscheiden sich wie folgt:

- „Erklären-Wie“: Handlungserklärungen aller Art aber auch Funktionserklärungen (im Sinne einer Veranschaulichung / Visualisierung),

- „Erklären-Was“: das Aushandeln von Begriffen (im Sinne einer Definition oder inhaltlichen Bedeutung),
- „Erklären-Warum“: Motiv-, Sachverhalts- und Zusammenhangserklärungen (z. B. im Sinne eines Beweises).

In den elementarmathematisch arithmetischen Vorlesungen der Grundschulstudierenden zeigen sich nachweislich die größten Probleme beim Erklären-Wie (Feldman, 2012) und beim Erklären-Warum (Kempen, 2019). Da es sich hierbei um spezielle Formen des elementarmathematischen Erklärens handelt, bedarf es einer differentiellen Unterscheidung dieser beiden Erklärtypen.

3.1 Kurzabriss einer Didaktik des Erklärens-Wie

„Inhaltliches Denken vor Kalkül“ ist nach Prediger (2009) ein didaktisches Prinzip bzw. ein Leitgedanke, der nicht nur für schulisches Lernen, sondern auch für die universitäre Lehrerausbildung von zentraler Bedeutung ist. Damit ist gemeint, dass die Studierenden verstehen und erklären müssen, wie elementarmathematische Ideen, Konzepte oder Rechenwege inhaltlich zu verstehen sind: Wie muss man sich einen Teiler einer Zahl inhaltlich vorstellen? Wie funktioniert der euklidische Algorithmus und warum ist der letzte von Null verschiedene Rest der ggT? Wie kann man den Binomialkoeffizienten inhaltlich erklären? Wie kann die fortgesetzte Division helfen, Zahlen in ein anderes Stellenwertsystem umzuwandeln? Zeigen die Studierenden große Defizite in elementaren arithmetischen Inhaltsbereichen, so zeugen diese Fehlvorstellungen oftmals von mangelndem konzeptuellem Verständnis (Feldman, 2012). Da die Studierenden aber das Prinzip „Inhaltliches Denken vor Kalkül“ vermutlich in ihrer eigenen Schullaufbahn nicht erlebt haben, stellt die Ausbildung der Studierenden nach diesem Prinzip ein großes Anliegen in der universitären Grundschullehrerausbildung dar. Mit Hilfe anschaulicher Darstellung muss erklärt werden, wie ein mathematischer Inhalt zu denken ist oder ein Verfahren funktioniert. Dazu müssen vorstellungsbasierte Konzepte aktiviert werden. Es geht somit weniger um kalkülhaftes Erklären wie z. B. „Beim euklidischen Algorithmus liefert der letzte von Null verschiedene Rest den ggT der anfänglich betrachteten natürlichen Zahlen a und b." Aus solchen Formulierungen wird noch nicht deutlich, wie der Algorithmus hilft, den größten gemeinsamen Teiler zu bestimmen. Dafür werden inhaltlich-anschauliche Darstellungen (nicht Beweise) gekoppelt mit einer Wie-Erklärung bedeutsam.

3.2 Kurzabriss einer Didaktik des Erklärens-Warum

Es ist in der mathematikdidaktischen Diskussion hinreichend Konsens, dass nicht nur formale Beweise als die einzige mögliche Form des Erklärens-Warum akzeptiert werden. Im Zentrum des seit 1970 geführten didaktischen Diskurses „stand die Frage nach angemessenen Elementarisierungen „des Beweisens" für verschiedene Schulstufen, bei denen häufig schulstufenangemessene, „vereinfachende", zugänglichmachende Darstellungsmittel eine zentrale Rolle spielen" (Biehler & Kempen, 2016, S. 142). Ein wichtiges Anliegen dieser Elementarisierung war einerseits mathematisches Beweisen zu vereinfachen aber andererseits die Beweisidee bzw. den Beweisinhalt nicht zu verfälschen (Kirsch, 1977). So weisen Wittmann und Ziegenbalg (2007) ausdrücklich darauf hin, dass die Präsentation einer anschaulichen Zeichnung oder auch von vielen Zahlenbeispielen als „Beweis ohne Worte" nicht ausreicht. „Es muss schon durch einen erklärenden Text sichergestellt werden, dass die zur Begründung von Beziehungen angewandten Operationen wirklich allgemein ausführbar sind "(Wittmann & Ziegenbalg, 2007, S. 42). Biehler und Kempen (2016) betonen diesbezüglich, dass dabei die Sprache des jeweiligen „Diagrammsystems" mitabgebildet werden muss. Wird z. B. anschaulich mit Hilfe einer Zahlenstrahldarstellung bewiesen, muss auch die bei der Verwendung des Zahlenstrahls fachlich adäquate generalisierende Sprache (z. B. Sprünge, lückenlos ausmessen,...) in der Erklärung Berücksichtigung finden. Diese verallgemeinernde Sprache ändert sich, wenn innerhalb eines anderen Diagrammsystems z. B. mit flächigen Darstellungen oder auch generischen Beispielen argumentiert wird. Sie ist aber für die spätere Tätigkeit als Lehrkraft ungemein wichtig, denn sie verdeutlicht auch für Grundschulkinder, dass die aufgeführten Beispiele oder die konkrete Zeichnung allgemeingültig betrachtet werden und stellen damit eine zentrale Vorform für das Beweisen ohne Variablen dar (Götze, 2019).

4 Konsequenzen und Argumente für die digitale Dynamisierung elementarmathematischer Inhalte

Die bisherige Forschungslage zeigt, dass viele Grundschullehramtsstudierende zu wenig aus den in Vorlesungen und Übungen präsentierten Erklärungen profitieren und teilweise sehr große Probleme beim Erklären elementarmathematischer Sachverhalte haben (Blömeke, Kaiser & Lehmann, 2010; Feldman, 2012; Kempen, 2019). Die individuelle Nacharbeit scheint ihnen also nicht ausreichend zu gelingen. Gleichwohl ist bekannt, dass über 20 % der Jugendlichen im Alter zwischen 12 und 19 Jahren freiwillig Erklärvideos auf YouTube ansehen, um schulischen Lernstoff Zuhause nachzuarbeiten (Feierabend et al., 2016; Rat für kulturelle Bildung, 2019). Darüber hinaus ist diese Zahl in den letzten Jahren kontinuierlich angestiegen (2016 noch unter 10 % und 2017 schon etwa 13 % siehe Feierabend et al. (2016, 2017)). Dieser Trend ist zu begrüßen, denn nachweislich führt eine Auseinandersetzung mit digitalen Erklärvideos bei Lernenden zu höherem (allerdings prozeduralem) Wissen als eine Auseinandersetzung mit analogen Medien wie z. B. Informationstexte mit Bildern (St. Lloyd & Robertson, 2012). Zudem ist nachgewiesen, dass Erklärvideos sowohl die Aufmerksamkeit als auch das Bedeutsamkeitsempfinden für den Lerninhalt und das Engagement zum Weiterlernen positiv beeinflussen (Hartsell & Yuen, 2016). Digitale Erklärvideos stellen somit einen vielversprechenden Ansatz zur Erreichung der oben genannten Ziele dar. Dies ist der Ansatz des Projekts „Arithmetik digital“ (ADI), welches sich der folgenden Forschungsfrage widmet:

Inwiefern können digitale Unterstützungsmaßnahmen in Form von Erklärvideos dazu beitragen, dass im Rahmen einer universitären Großveranstaltung professionsorientiert, differenziert und verstehens-

orientiert gearbeitet werden kann?
Die grundlegende Konzeption der im Projekt erstellten Erklärvideos sowie eine (nicht repräsentative) Evaluation der Videos durch die Grundschulstudierenden folgen im nächsten Abschnitt.

5 Konzeption von Erklärvideos im Projekt „Arithmetik digital"

Im Projekt „Arithmetik digital" (gefördert im Rahmen eines Fellowships für Innovationen in der digitalen Hochschullehre vom MKW NRW und vom Stifterverband) wurden somit unterstützende Erklärvideos zu verschiedenen Themenbereichen der Arithmetik erstellt und auf der Projektwebseite adi.dzlm.de bereitgestellt. Tabelle 3 gibt eine Übersicht aller auf der Webseite verfügbaren Erklärvideos.

5.1 Zentrale Designelemente der Erklärvideos

Wenn mit Erklärvideos professionsrelevante Inhalte visualisiert werden sollen, dann müssen sie so gestaltet sein, dass sie zur Entwicklung eines inhaltlichen konzeptuellen Verständnisses beitragen („Inhaltliches Denken vor Kalkül", Prediger (2009)). Somit sind die Erklärvideos vor dem Hintergrund folgender Designelemente konzipiert worden.

- **Designelement der Anschaulichkeit und der Darstellungsvernetzung:** Wie bereits erwähnt, kann durch Anschaulichkeit Verständnis erreicht werden. Die Studierenden sollen somit in der Auseinandersetzung mit den Erklärvideos den zentralen Mehrwert von Anschaulichkeit (ikonischen Darstellungen) beim Verstehen mathematischer Inhalte erfahren. Dies impliziert gleichermaßen, dass in den Videos keine (reale oder fiktive) Person als „Vorrechner" oder „Erklärer" erscheint, sondern die einzelnen Erklärschritte und -gegenstände stets durch einen Sprecher aus dem Off erläutert werden. Dabei wird versucht, die Anschaulichkeit wirken zu lassen (Stichwort: Entwicklung

Tabelle 3: Im Projekt „Arithmetik digital" erstellte Erklärvideos (Kursivdruck: Erklären-Wie-Filme; Normaldruck: Erklären-Warum-Filme, * zusätzliche Erklärvideos zur Intensivierung).

Oberthema	Thema
Teilbarkeit	Transitivität der Teilbarkeitsrelation, Summenregel*, Differenzregel*, Produktregel*, Teilerproduktregel*, Teileranzahl, *Gemeinsame Teiler und ggT*, *Euklidischer Algorithmus*, Zusammenhang ggT und kgV, *Lineare Diophantische Gleichungen*
Rechengesetze	Konstanz der Summe, Konstanz der Differenz, Konstanz des Produkts, Konstanz des Quotienten
Kombinatorik	*Produktregel*, *Summenregel*, *Binomialkoeffizient*, *Kombination mit Wiederholung*
Stellenwerte	Quersummenregel im Dezimalsystem, Quersummenregel im 7er-System, Endstellenregel im Dezimalsystem, Endstellenregel im 8er-System, *Schriftliche Subtraktion mit Auffüllen im Dezimalsystem**, *Schriftliche Subtraktion mit Auffüllen 7er-System*, *Schriftliche Subtraktion mit Entbündeln im Dezimalsystem**, *Schriftliche Subtraktion mit Entbündeln im 6er-System*, *Schriftliche Subtraktion mit Erweitern im Dezimalsystem**, *Schriftliche Subtraktion mit Erweitern im 8er-System*, *Umrechnung von Dezimal- in ein b-System**, *Direkte Umrechnung vom 2er- ins 4er-System*
Figurierte Zahlen	Quadratzahlen, Rechteckszahlen, Dreieckszahlen, Fünfeckszahlen, Satz von Sylvester

mentaler Vorstellungsbilder). Der Sprechertext dient dem vertieften Verständnis, wie die anschauliche Darstellung mathematisch interpretiert werden sollte. Oftmals werden ergänzend und teilweise parallel auch formale Rechenschritte zum weiteren Verständnis eingeblendet.

- **Designelement der Dynamisierung:** Die digitalen Techniken bieten Möglichkeiten, die durch analoge Beweis- und Illustrationsverfahren nicht realisierbar wären: anschauliche Darstellungen können ergänzt, umgebaut, zusammengeschoben und verändert werden. So benötigen z. B. anschauliche Beweise auf dem Papier oftmals mehrere Bildsequenzen oder auch Pfeile, die Veränderungen lediglich andeuten können. Die Dynamisierung ist dann ein Prozess, der aus einer analogen fixierten Darstellung vom Betrachter selbst geleistet werden muss, was aber für viele Studierende noch eine zu große Herausforderung darstellt (Kempen, 2019). Darüber hinaus können mit Hilfe digitaler Techniken Dynamisierungen genutzt werden, die nur in der digitalen Welt realisierbar sind. So kann z. B. Dienes-Material direkt gebündelt oder entbündelt werden: zehn Einer verschmelzen regelrecht zu einem Zehner. Mit dem physischen Material müsste man die Einer gegen einen Zehner tauschen, was die Nachvollziehbarkeit durch den Wechselprozess durchaus erschwert.

- **Designelement der Sequenzierung:** Viele Studierende haben nachweislich große Probleme vollständige Beweise zu führen, da ihnen nicht bewusst ist, welche Schritte einen Beweis vollständig machen (Kempen, 2019). Daher sind die Videos durch Zwischenblendungen, aber vor allem durch den Sprechertext deutlicher sequenziert worden:

  1) Zu Beginn wird der zu beweisende oder zu illustrierende Gegenstand in eine anschauliche Darstellung übersetzt. Der Prozess der Umsetzung in eine ikonisch anschauliche Darstellung wird sprachlich eingeleitet mit Sätzen wie „Nun wird die Voraussetzung in eine anschauliche Darstellung umgesetzt…“
  2) Beweise und Illustrationen bauen sich nach und nach auf. Dabei werden – wie oben bereits erwähnt – die Möglichkeiten der digitalen Werkzeuge durch Dynamisierungen ausgenutzt: anschauliche Darstellungen bauen sich auf, verschmelzen, verschieben sich ... Der Sprechertext ist so konzipiert worden, dass er das Anschauliche stets mit dem zu beweisenden oder zu illustrierenden mathematischen In-

halt verknüpft (beispielsweise: Woran sieht man im Bild, dass a ein Teiler von b ist?).

3) Die Allgemeingültigkeit des zu beweisenden Satzes oder des zu illustrierenden Inhalts wird am Ende bewusst sprachlich herausgestellt. Dazu werden entweder die anschaulich konkreten Darstellungen mit Hilfe von Variablen nochmals verallgemeinert, oder es wird sprachlich generalisiert, warum die vorherigen Schritte verallgemeinerbar sind. Dieser Schritt der Verallgemeinerung wird immer an das Ende des Erklärprozesses gestellt und kann den Studierenden damit als zentraler Bestandteil des Verallgemeinerns verdeutlicht werden.
4) Abschließend wird die Schlussfolgerung der generalisierenden Argumentation nochmals in Zusammenhang mit dem zu beweisenden Satz bzw. dem veranschaulichten Inhalt gebracht (in der Regel über Sprache).

Alle Erklärvideos folgenden dieser bewusst sequenzierende Struktur.

- **Designelement der Sprachbewusstheit:** Wird eine bestimmte Beweisart gewählt, so folgen die sprachlichen Kommentierungen dem sogenannten „Diagrammsystem" (Biehler & Kempen, 2016) des Beweises oder des zu illustrierenden Gegenstandes. So muss beispielsweise eine sprachliche Kommentierung eines formalen Beweises anders erfolgen – d. h. sich anderer Worte bedienen – als ein anschaulicher Beweis. Während beim formalen Beweis eher formalbezogene Sprachmittel (im Sinne von Fachbegriffen) zum Tragen kommen, sind es beim anschaulichen Beweis die bedeutungsbezogenen Sprachmittel des jeweiligen Diagrammsystems (Prediger, 2017; Wessel, 2015). Das bedeutet, dass in anschaulichen Beweisen der Rückbezug zur Anschauung erfolgen muss und somit die Sprache je nach gewählter Anschauung unterschiedlich sein kann. Wird eine Teilbarkeit z. B. flächig dargestellt, muss in der Beweisführung auch von *Flächen* und *lückenlosem Ausmessen* einer Fläche gesprochen werden. Wird Teilbarkeit aber linear am Rechenstrich dargestellt, sind es *Sprünge* und *Erreichen eines Zielpunktes mit genau n Sprüngen.* Einerseits ermöglicht diese Passung von anschaulicher Darstellung und bedeutungsbezogener Kommentierung das Gezeigte und Gesagte wirklich miteinander zu verknüpfen, andererseits sind dies genau die Sprachmittel, die professionsorientiert von Studierenden erlebt und geübt werden sollten. Denn es sind die Sprachmittel, die inhaltliches Verständnis bei Schülerinnen und Schülern fördern (Götze, 2019; Prediger, 2017; Wessel, 2015). Die sprachlichen Kommentierungen der Erklärvideos folgen stringent diesem Prinzip.

- **Designelement der Erklärvariation:** Um verschiedene Möglichkeiten des Erklärens einander gegenüberstellen zu können, wurden für ausgewählte Inhalte oftmals zwei verschiedene Erkläransätze gewählt: formal und anschaulich; anschaulich am Rechenstrich und mit Hilfe flächiger Darstellungen; generisch und formal, generisch und anschaulich ... Dieses Designelement wurde nur dann gewählt, wenn der zu erklärende Inhalt nicht zu komplex war, so dass eine Gegenüberstellung kognitiv auch für schwächere Studierende leistbar ist.
- **Designelement der Intensivierung der Auseinandersetzung:** Erklärvideos bergen die Gefahr, dass sie beim Betrachtenden den Anschein von Verständnis vorschnell erwecken. Gleichwohl bereitet das selbstständige Führen solcher Beweise dann immer noch große Probleme (Kempen, 2019). Daher wurden im Projekt Variationen zu ausgewählten Erklärvideos zur vertiefenden Auseinandersetzung entwickelt:
  1) Abbrechender Sprechertext: Der zu beweisende oder zu illustrierende Sachverhalt wird gezeigt (Voraussetzungen werden geklärt). Anschließend verstummt der Sprecher. Die Animation hingegen läuft weiter. Die Studierenden sollen versuchen, einen eigenen Sprechertext zu schreiben.
  2) Unkorrekter Sprechertext: Von Fehlern anderer zu lernen, kann den Verstehens- und Erkenntnisprozess maßgeblich

beeinflussen. Zudem können solche fehlerhafte Sprechertexte die angehenden Lehrkräfte dafür sensibilisieren, wie wichtig eine eindeutige Sprache beim Erklären ist. Zeitgleich üben sie sich im – für ihre spätere Praxis zentralen – schnellen Zuhören und Wahrnehmen. Diese Erklärvideos stoppen nach Klärung der Voraussetzungen. Eine Zwischeneinblendung signalisiert, dass die folgende Kommentierung nicht angemessen und fehlerhaft ist. Die Studierenden sollen überlegen, an welchen Stellen der Sprechertext verbessert werden muss und korrigierte Sprechertexte erstellen.

3) Auswahlantworten: Im Erklärvideo bleibt offen, welcher Satz bewiesen oder welches Verfahren illustriert wird. Das Erklärvideo wird vollständig gezeigt, aber nicht kommentiert. Am Ende wird gefragt, welcher Satz bewiesen oder welcher mathematische Inhalt in diesem Video illustriert wurde. Aus verschiedenen Antwortalternativen muss eine begründet ausgewählt werden.

Zu denen in Tabelle 3 mit einem Sternchen gekennzeichneten Erklärinhalten sind solche Erklärvideos zur Intensivierung der kognitiven Auseinandersetzung erstellt worden.

Da eine intensive Begleitforschung des Projektes aus den Projektmitteln nicht finanziert werden konnte und damit dieser Beitrag die theoriegeleitete Entwicklung der Erklärvideos fokussiert, kann im Folgenden und damit abschließend lediglich ein kleiner Einblick in die Implementation der Videos und die Wirkweisen der Designelemente gegeben werden.

5.2 Implementation in der Veranstaltung „Elemente der Arithmetik“

An der Universität Siegen wurden die Erklärvideos erstmals im Wintersemester 2019/2020 in der Veranstaltung „Elemente der Arithmetik“ implementiert. Es handelt sich hierbei um eine Pflichtveranstaltung im Grundschullehramt und wird in der Regel im ersten Bachelorsemester besucht. Die im vorherigen Abschnitt geschilderten Designelemente, die bei der Gestaltung der Erklärvideos maßgeblich waren, ermöglichten veränderte Lehrkonzepte in Vorlesungen, Übungen und Hausaufgaben.

In der Vorlesung wurden die Erklärvideos dazu genutzt, um vorab an der Tafel oder auf den Vorlesungsfolien getätigte Beweise rückblickend nochmals in einer Gesamtschau anzusehen. Die Studierenden, die den vorgemachten Tafelbeweis noch nicht verstanden hatten, bekamen dadurch eine zweite dynamisierte Gelegenheit der Durchdringung (*Designelemente der Anschaulichkeit und der Dynamisierung*). Leistungsstärkere Studierende bekamen den Arbeitsauftrag, die einzelnen Bestandteile einer Beweisführung (*Designelemente der Sequenzierung*) in dem Video wiederzufinden. Diese konnten im Anschluss an das Video gemeinsam herausgestellt werden. Darüber hinaus dienten die Erklärvideos dazu, weitere Möglichkeiten der Erklärung neben der in der Vorlesung bereits getätigten anzusehen und einander gegenüberzustellen (*Designelement der Erklärvariation*). Es war mehrfach zu beobachten, dass die Aufmerksamkeit der Studierenden neu gebündelt wurde, sobald sie sich aktiver mit einem der Erklärvideos auseinandersetzen mussten. Das galt letztlich vor allem für die Videos, die fehlerhaft waren (*Designelement der Intensivierung der Auseinandersetzung*).

In den Übungen haben sich die Erklärvideos als äußerst hilfreich erwiesen, um sowohl geplante als auch spontane Unterstützungsangebote für Studierende bereitzuhalten. Da auf die Videos unter adi.dzlm.de jederzeit zugegriffen werden kann, konnte eine sehr viel individuellere Betreuung der Studierenden stattfinden. Die Unterstützungsmöglichkeiten waren dabei stets adaptiv auf die jeweiligen Bedürfnisse der Studierenden gemäß den Designelementen anpassbar:

- Reaktivierung zentraler Vorlesungsinhalte,
- Hilfestellungen bei der Erstellung eigener anschaulicher Darstellungen („Schauen Sie sich im Video der Summenregel an, wie man Teilbarkeit am Rechenstrich darstellen kann."),

- Hilfestellung beim Sequenzieren eigener Beweise („Schauen Sie sich im Video zur Produktregel an, wie man an einen Beweis herangeht!"),
- Vorbildfunktion beim Erstellen eines passenden oder bei der Korrektur des eigenen Sprechertextes,
- Hilfestellung bei der Verallgemeinerung,
- Anregungen zum Finden weiterer Erklärmöglichkeiten,
- Bereitstellung vertiefender Aufgabenstellungen für Studierende, die die gestellten Übungsaufgaben bereits erledigt haben (z. B. Fehler finden),
- ...

Letztlich konnten auch neuartige Aufgabenstellungen für die Hausaufgaben entwickelt werden: Schreiben eigener Sprechertexte, Korrektur von Sprechertexten oder begründeten Antwortwahl (*Designelement der Intensivierung der Auseinandersetzung*). Zudem hatten die vollständigen Erklärvideos für die Studierenden eine große Unterstützungsfunktion, wie im Folgenden illustrativ gezeigt wird.

5.3 Evaluation der Erklärvideos durch die Studierenden

Im Rahmen der Veranstaltungsevaluation wurden die Erklärvideos als gesondertes Item evaluiert. 117 Studierende haben diese Frage beantwortet. Auf die Frage, ob der Einsatz der Videos hilfreich im eigenen Lernprozess war, gaben 60,7 % der Studierenden an, die Videos als sehr hilfreiche Unterstützung im eigenen Lernprozess empfunden zu haben, weitere 35 % als hilfreich. Bei den Freiantworten konnten drei verschiedene Hauptfokussierungen bezogen auf die individuell wahrgenommene Unterstützung gefunden werden (siehe Tabelle 4). Selbstredend konnten manche (vor allem ausführlichere) Freiantworten mehreren Fokussierungen gleichzeitig zugeordnet werden (in Tabelle 4 sind zur Illustration eindeutige Beispiele gewählt worden). Darüber hinaus haben manche Studierende recht unspezifische Antworten wie „Die Videos haben mir einfach geholfen." abgegeben, die keiner der drei Hauptfokussierungen zugeordnet werden können.

Tabelle 4: Unterschiedliche Fokussierungen in den Freiantworten der Studierenden.

Fokussierung der Freiantwort	Beispielhafte Antworten
Die Videos helfen, einen Zugang zum betreffenden mathematischen Inhalt zu bekommen.	„Durch die gezeigten ADI-Videos wurden zum Teil komplexere Themen zugänglicher und verständlicher. Besonders durch die Veranschaulichung durch einen Zahlenstrahl etc. “; „Oftmals habe ich die Beweise etc. erst durch die Videos verstanden. Dabei half vor allem die Wortwahl und die animierte Darstellung, die mir das Verständnis enorm erleichterte. “
Die Videos ermöglichen ein selbstständiges Nacharbeiten z. B. für Hausaufgaben.	„Die Videos sind gut gemacht und helfen dabei, sich alles bildlich vorstellen zu können. Bei der Nachbereitung und bei den Hausaufgaben sind sie sehr hilfreich. “; „Unterstützung durch die Videos? Ja, die Videos waren für mich hilfreich, besonders zum besseren Verständnis und um etwas zu Hause in meinem Tempo nachzuholen bzw. wiederholen “
Die Videos unterstützen beim Nachvollziehen (der betreffenden Inhalte) während der Vorlesung.	„Die ADI-Videos, da sie das vorgetragene nochmals sehr verständlich wiedergeben. “; „Videos: helfen beim Verstehen (in der Vorlesung) “

In diesen Freiantworten der Studierenden spiegelt sich aber wiederholt wider, dass sie das professionsorientiert bedeutsame Designelement der Anschaulichkeit und Darstellungsvernetzung in den Videos als hilfreich für den eigenen Lernprozess wahrgenommen haben. Zudem ist zu erkennen, dass die Videos sowohl in der Vorlesung, aber vor allem im Selbststudium als individuell adaptiv unterstützend wahrgenommen wurden. Und obwohl die Erklärvideos und damit die Links zur Webseite adi.dzlm.de im WiSe 2019/20 lediglich an den Standorten TU Dortmund sowie Universität Siegen genutzt wurden (insgesamt etwa 600 Studierende), spiegeln durchschnittlich 185 Besuche pro Tag (5771 Besuche pro Monat) wider, dass die Studierenden die Seite aktiv für ihr Selbststudium nutzten. Es bleibt abzuwarten, wie sich die Zahlen verändern, wenn die Erklärvideos und die Webseite auch an anderen Universitäten oder sogar im Mathematikunterricht der Sekundarstufe genutzt werden.

6 Fazit und Ausblick

Das vorgestellte Projekt verfolgt somit das Ziel, Unterstützungsmaterialien zu produzieren, die sich in ihrer Konzeption dazu eignen, gleichermaßen fachliche Kompetenzen bei angehenden Grundschullehrkräften professionsorientiert zu fördern sowie der Heterogenität dieser Studierendenschaft gerecht zu werden. Die obigen evaluativen Eindrücke sowie die sehr guten Nutzerzahlen der Webseite (bei gerade mal 600 aktiven Nutzern) sind ein sehr vielversprechendes Indiz dafür, dass die theoriegeleiteten Designprinzipien ihre Wirkung zeigen.

Danksagung und Anmerkung

Das Projekt „Arithmetik digital“ wurde durch das Ministerium für Kunst und Wissenschaft des Landes Nordrhein-Westfalen und den Stifterverband im Rahmen eines „Fellowships für Innovationen in der digitalen Hochschullehre“ ermöglicht.
Bei diesem Beitrag handelt es sich um eine stark veränderte und erweiterte Fassung des Beitrags: Götze, D. (2019). Arithmetisches Verständnis bei Grundschulstudierenden fördern – Konzeptionelles und Beispiele aus dem Projekt „Arithmetik digital“. In D. Walter & R. Rink (Hrsg.), Digitale Medien im Mathematikunterricht der universitären Lehrerbildung (S. 115–132). Münster: WTM.

Literatur

Ball, D. L., Thames, M. H. & Phelps, G. (2008). Content knowledge for teaching: What makes it special? *Journal of Teacher Education*, *59*(5), 389–407.

Barzel, B., Eichler, A., Holzäpfel, L., Leuders, T., Maaß, K. & Wittmann, G. (2016). Vernetzte Kompetenzen statt träges Wissen - Ein Studienmodell zur konsequenten Vernetzung von Fachwissenschaft, Fachdidaktik und Schulpraxis. In A. Hoppenbrock, R. Biehler, R. Hochmuth & H.-G. Rück (Hrsg.), *Lehren und Lernen von Mathematik in der Studieneingangsphase* (S. 33–50). Wiesbaden, Springer Spektrum.

Bass, H. & Ball, D. L. (2004). A practice-based theory of mathematical knowledge for teaching: The case of mathematical reasoning. In J. Wang (Hrsg.), *Trends and challenges in mathematics education* (S. 107–123). Shanghai, East China Normal Univ. Press.

Baumert, J. & Kunter, M. (2006). Stichwort: Professionelle Kompetenzen von Lehrkräften. *Zeitschrift für Erziehungswissenschaft, 9*(4), 469–520.

Beutelspacher, A., Danckwerts, R., Nickel, G., Spies, S. & Wickel, G. (2012). *Mathematik neu denken: Impulse für die Gymnasiallehrerbildung an Universitäten.* Wiesbaden, Vieweg+Teubner.

Biehler, R. & Kempen, L. (2016). Didaktisch orientierte Beweiskonzepte - Eine Analyse zur mathematikdidaktischen Ideenentwicklung. *Journal für Mathematik-Didaktik, 37*(1), 223–247.

Blömeke, S., Kaiser, G., Döhrmann, M., Suhl, U. & Lehmann, R. (2010). Mathematisches und mathematikdidaktisches Wissen angehender Primarstufenlehrkräfte im internationalen Vergleich. In S. Blömeke, G. Kaiser & R. Lehmann (Hrsg.), *TEDS-M 2008: Professionelle Kompetenz und Lerngelegenheiten angehender Primarstufenlehrkräfte im internationalen Vergleich* (S. 195–251). Münster, Waxmann.

Blömeke, S. & Delaney, S. (2012). Assessment of teacher knowledge across countries: a review of the state of research. *ZDM, 44*(3), 223–247.

Blömeke, S., Kaiser, G. & Lehmann, R. (Hrsg.). (2010). *TEDS-M 2008: Professionelle Kompetenz und Lerngelegenheiten angehender Primarstufenlehrkräfte im internationalen Vergleich.* Münster, Waxmann.

de Villiers, M. (1990). The role and function of proof in mathematics. *Pythagoras, 24*, 17–24.

Erath, K. (2017). *Mathematisch diskursive Praktiken des Erklärens.* Wiesbaden, Springer Spektrum.

Feierabend, S., Plankenhorn, T. & Rathgeb, T. (2016). *JIM 2016. Jugend, Information, (Multi-)Media. Basisstudie zum Medienumgang 12- bis 19-Jähriger in Deutschland.* https://www.mpfs.de/fileadmin/files/Studien/JIM/2016/JIM_Studie_2016.pdf

Feierabend, S., Plankenhorn, T. & Rathgeb, T. (2017). *JIM 2017. Jugend, Information, (Multi-)Media. Basisstudie zum Medienumgang 12- bis 19-Jähriger in Deutschland.* https://www.mpfs.de/fileadmin/files/Studien/JIM/2017/JIM_2017.pdf

Feldman, Z. (2012). *Describing pre-service teachers' developing understanding of elementary number of theory topics.* Boston, Boston University Press.

Götze, D. (2019). Schriftliches Erklären operativer Muster fördern. *Journal für Mathematikdidaktik, 40*(1), 95–121.

Hartsell, T. & Yuen, S. C. (2016). Video streaming in online learning. *AACE Journal, 14*(1), 31–43.

Hattie, J. (2002). What are the attributes of excellent teachers? In B. Webber (Hrsg.), *Teachers make a difference: What is the research evidence?* (S. 3–26). Wellington, Council for Educational Research.

Helmke, A. (2007). *Unterrichtsqualität erfassen, bewerten, verbessern: Dieses Buch ist Franz-Emanuel Weinert gewidmet* (6. Aufl.). Seelze, Klett Kallmeyer.

Kempen, L. (2019). *Begründen und Beweisen im Übergang von der Schule zur Hochschule: Theoretische Begründung, Weiterentwicklung und Evaluation einer universitären Erstsemesterveranstaltung unter der Perspektive der doppelten Diskontinuität.* Wiesbaden, Springer Spektrum.

Kirsch, A. (1977). Aspekte des Vereinfachens im Mathematikunterricht. *Didaktik der Mathematik, 5*(2), 87–101.

Koppitz, N. & Schreiber, C. (2015). Advice and guidance for students enrolled in teaching mathematics at Primary Level (K. Krainer & N. Vondrová, Hrsg.). In K. Krainer & N. Vondrová (Hrsg.), *CERME 9 - Ninth Congress of the European Society for Research in Mathematics Education*, Prag, ERME.

Lipowsky, F. (2006). Auf den Lehrer kommt es an. Empirische Evidenzen für Zusammenhänge zwischen Lehrerkompetenzen, Lehrerhandeln und dem Lernen der Schüler. *Beiheft der Zeitschrift für Pädagogik: Kompetenzen und Kompetenzentwicklung von Lehrerinnen und Lehrern: Ausbildung und Beruf*, 47–70.

Ma, L. (1999). *Knowing and Teaching Elementary Mathematics: Teachers' understanding of fundamental mathematics in China and the United States.* Mahwah, N.J., Erlbaum.

Meyer, M. & Prediger, S. (2009). Warum? Argumentieren, Begründen, Beweisen. *Praxis der Mathematik in der Schule, 50*(30), 1–7.

Müller-Hill, E. (2017). Eine handlungsorientierte didaktische Konzeption nomischer mathematischer Erklärung. *Journal für Mathematik-Didaktik, 38*(2), 167–208.

Padberg, F. & Büchter, A. (2015). *Einführung Mathematik Primarstufe - Arithmetik* (2. Aufl. 2015). Berlin, Springer Spektrum.

Prediger, S. (2009). Inhaltliches Denken vor Kalkül – Ein didaktisches Prinzip zur Vorbeugung und Förderung bei Rechenschwierigkeiten. In A. Fritz & S. Schmidt (Hrsg.), *Fördernder Mathematikunterricht in der*

Sekundarstufe I: Rechenschwierigkeiten erkennen und überwinden (S. 213–234). Weinheim, Basel, Beltz.

Prediger, S. (2017). „Kapital multipliziert durch Faktor halt, kann ich nicht besser erklären": Gestufte Sprachschatzarbeit im verstehensorientierten Mathematikunterricht. In B. Lütke, I. Petersen & T. Tajmel (Hrsg.), *Fachintegrierte Sprachbildung: Forschung, Theoriebildung und Konzepte für die Unterrichtspraxis* (S. 229–252). Berlin, De Gruyter.

Rat für kulturelle Bildung. (2019). *Jugend/YouTube/Kulturelle Bildung. Horizont 2019.* Essen, Selbstverlag. https://www.rat-kulturelle-bildung.de/fileadmin/user_upload/%20pdf/Studie_YouTube_Webversion_final.pdf

Schmidt-Thieme, B. (2016). „Definition, Satz, Beweis". Erklärgewohnheiten im Fach Mathematik. In R. Vogt (Hrsg.), *Erklären: Gesprächsanalytische und fachdidaktische Perspektiven* (2. Auflage, S. 123–131). Tübingen, Stauffenburg.

Shulman, L. S. (1986). Those who understand: Knowledge growth in teaching. *Educational Researcher, 15*(2), 4–14.

St. Lloyd, A. & Robertson, C. L. (2012). Screencast tutorials enhance student learning of statistics. *Teaching of Psychology, 39*(1), 67–71.

Wessel, L. (2015). *Fach- und sprachintegrierte Förderung durch Darstellungsvernetzung und Scaffolding: Ein Entwicklungsforschungsprojekt zum Anteilbegriff.* Wiesbaden, Springer Spektrum.

Winter, M. (2003). Einstellungen von Lehramtsstudierenden im Fach Mathematik – Erfahrungen und Perspektiven. *Mathematica Didactica, 26*(1), 86–110.

Wittmann, E. C. & Ziegenbalg, J. (2007). Sich Zahl um Zahl hochangeln. In G. N. Müller & P. Bender (Hrsg.), *Arithmetik als Prozess* (2. Aufl., S. 35–53). Seelze, Klett/Kallmeyer.

Der Einsatz digitaler Videotechnik in der Lehrer*innenbildung – Drei Lernsettings für eine theoriebasierte Videoreflexion

Eva Hoffart

*Im Kontext der Lehrer*innenbildung werden (Unterrichts)Videos bereits seit vielen Jahren mit den unterschiedlichsten Intentionen eingesetzt. Aufgrund der fortschreitenden Digitalisierung haben sich die Erstellung und die Verwendung von Videoaufnahmen deutlich vereinfacht. In den an Lehrer*innenbildung beteiligten Fachdisziplinen ist man sich darüber einig, dass ein bloßes Anschauen von (Unterrichts)Videos wenig gewinnbringend für (angehende) Lehrer*innen ist. Stattdessen wird die Einbindung von (Unterrichts)Videos in didaktisch durchdachten Lernsettings gefordert. Im Rahmen des fachdidaktischen Seminars MatheWerkstatt arbeiten Studierende in drei an der Universität Siegen entwickelten Lernsettings zur Videoreflexion. Nach einer Vorstellung der Seminarkonzeption sowie einer theoretischen Verortung der Reflexion in der Lehrer*innenbildung erfolgt eine Konkretisierung der drei Lernsettings zur Videoreflexion anhand konzeptioneller Überlegungen sowie Erfahrungen aus der Veranstaltung.*

1 (Unterrichts)Videos in der Lehrer*innenbildung

Videoaufnahmen von Unterricht oder Lehr-Lehr-Situationen haben sich seit vielen Jahren in der Aus- und Fortbildung von Lehrer*innen etabliert (bspw. Huwendik, Mäder & Dohnicht, 2013). In den letz-

F. Dilling und F. Pielsticker (Hrsg.), *Mathematische Lehr-Lernprozesse im Kontext digitaler Medien*, MINTUS – Beiträge zur mathematisch-naturwissenschaftlichen Bildung, https://doi.org/10.1007/978-3-658-31996-0_9

ten 15 Jahren sind neben inhaltlichen Gründen auch die fortschreitende Digitalisierung und eine damit verbundene Vereinfachung der technischen Handhabung für eine vermehrte Nutzung verantwortlich. Im Zuge der länderübergreifenden Bildungsstudien um die Jahrtausendwende (bspw. der TIMSS-Videostudie) konnten anhand von Videoaufnahmen aussagekräftige Forschungsergebnisse und Einblicke in die Unterrichtsforschung für eine interessierte Öffentlichkeit zugänglich gemacht werden.

So verwundert es nicht, dass (Unterrichts)Videos in Unterrichts- und Bildungsforschung als ein wichtiges empirisches Relativ gelten (Reusser, 2005). Unabhängig von der an Lehrer*innenbildung beteiligten Fachdisziplinen ist man sich über das grundsätzliche Potential des Einsatzes von (Unterrichts)Videos einig. In der Fachliteratur lassen sich zahlreiche Vorteile eines Videoeinsatzes finden (bspw. Dorlöchter et al., 2006; Kleinknecht et al., 2014; Reusser, 2005). Ein grundlegender Vorteil des Einsatzes von Videos im Vergleich zu einer realen Hospitation von Unterricht liegt in der Möglichkeit, einzelne Sequenzen des Unterrichtsgeschehens wiederholt betrachten zu können, gegebenenfalls auch verlangsamt anzusehen. Bei einer wiederholten Betrachtung können zudem verschiedene theoretische Perspektiven eingenommen und direkt am Videomaterial diskutiert werden (Kleinknecht et al., 2014). Dorlöchter et al. (2006) führen neben einer Steigerung der Reflexionskompetenz eine über Videoaufnahmen zugängliche („sichtbare") Lehrerpersönlichkeit und deren Bedeutung für das Unterrichtsgeschehen an. Weiterführend betonen sie die Erhöhung der Qualität der Nachbereitung von Unterricht sowie die damit verbundene ausbildungsdidaktische Wirkung (ebd.). Welzel und Stadler (2005) fassen den Einsatz von Videos als Hilfsmittel zur Professionalisierung und einer damit verbundenen Verbesserung der Aus- und Fortbildung von Lehrer*innen zusammen, womit die Erprobung verschiedener fachdidaktischer Einsatzmöglichkeiten einhergeht.

Handelt es sich bei den eingesetzten Videos um Aufnahmen eigener Lehr-Lern-Situationen, wird aufgrund des zeitlichen Abstandes zur Realsituation und der damit intuitiv einhergehenden Einnahme von Distanz eine Form der kritischen Analyse möglich, die als Reflexion

ohne Handlungsdruck bezeichnet wird (Kleinknecht et al., 2014). Prinzipiell wird für die eigene Arbeit in der Hochschulpraxis zwischen folgenden Videoarten unterschieden:
Im Rahmen der Lehrer*innenbildung entstehen Videoaufnahmen von Lehr-Lern-Situationen, welche die Studierenden selbst in der Lehrer*innenrolle zeigen. Diese Videoart wird im weiteren Verlauf des Artikels als Video eigener Praxissituationen bezeichnet. Ebenso können Videos fremder Praxissituationen eingesetzt werden, wobei hier nochmals zwei Formen zu unterscheiden sind. Neben Videoaufnahmen, die Mitstudierende in ihren Unterrichtssituationen zeigen, werden auf diversen Internetplattformen zahlreiche Videovignetten für den Einsatz in der Lehrer*innenbildung bereitgestellt. Bei dieser letztgenannten Form von Videos besteht in der Regel keinerlei Verbindung zwischen den Unterrichtsakteuren und den Zuschauern.
Hinsichtlich der Funktion des Videoeinsatzes unterscheiden Kleinknecht et al. (2014) zwei Lernsettings, die sie als idealtypische Pole eines Kontinuums bezeichnen und anhand derer die Verortung eigener Lehr-Lern-Konzepte möglich werden soll. Wird mit dem Videoeinsatz ein instruierender Ansatz intendiert, erfolgt die Analyse eines im Vorfeld vom Dozierenden ausgewählten Videoausschnittes mit einem dem gewählten Lehrziel angemessenen, stark strukturierten Analyseraster. Das Lernsetting wird deutlich vom Dozierenden gelenkt und besitzt häufig einen eher demonstrativen Charakter. Der problemorientierte Ansatz hingegen ermöglicht den Studierenden eine diskursive und selbstbestimmte Auseinandersetzung mit bereitgestellten Videoaufnahmen. Die oft auch von den Lernenden selbst ausgewählten Videoausschnitte werden zunächst beschrieben, um weiterführend Handlungsoptionen erarbeiten und diskutieren zu können. Der Dozierende nimmt hier die Rolle eines Lernbegleiters ein (Kleinknecht et al., 2014). Eine ähnliche Unterscheidung der Lernsettings trifft auch Reusser (2005) für den Videoeinsatz in der zweiten Phase der Lehrer*innenbildung. Neben dem videobasierten Lernen am Modell sowie der problemorientierten und fallbasierten Analyse benennt er eine zusätzliche dritte Funktion: Die videogestützte Unterrichtsreflexion, durch die ein reflexives, feedbackorientiertes Lernen

intendiert wird. Hier können Aspekte des instruierenden sowie des problemorientierten Ansatzes integriert werden.

2 Zum Verständnis von Reflexion in der Lehrer*innenbildung

Über die verschiedenen Fachdisziplinen hinweg gilt Reflexionsfähigkeit national wie international als eine ausgewiesene Kompetenz für professionelles Lehrer*innenhandeln. Konsens herrscht darüber, dass angehende Lehrer*innen bereits in ihrer ersten Ausbildungsphase, dem Studium, zum Reflektieren motiviert werden sollen und die Reflexion ein prominentes Element der Ausbildung an der Universität darstellen sollte. In der Fachliteratur sind verschiedene Begriffsklärungen von Reflexion zu finden.[18] Für die eigene Arbeit und damit auch für das Seminar MatheWerkstatt wird aufgrund einer angemessenen fachdidaktisch-pädagogischen Perspektive die Definition von Reflexion nach Roters zugrunde gelegt: „Reflexion wird als ein mentaler Prozess gesehen, der darauf ausgelegt ist, ein Problem, eine Situation, eine neue Erfahrung kognitiv zu strukturieren, um über Reflexionsprozesse Handlungsalternativen zu generieren." (Roters, 2012, S.151). Wird Reflexion demnach als ein bewusster mentaler Prozess verstanden, kann dieser sowohl durch intrinsische als auch extrinsische Impulse angestoßen werden. Auf diese Weise wird das Nachdenken und das Strukturieren im Sinne der zuvor angeführten Definition erst möglich, was final zu einer Erweiterung des eigenen Handlungswissens für Lehr-Lern-Situationen führen kann. Roters (2012) plädiert dafür, dass „in der Lehrerbildung Reflexionsgelegenheiten bereitgestellt werden [müssen], die die Ausbildung von Expertise und Reflexion ermöglichen" (Roters, 2012, S.97). Die von den Studierenden konzipierten

[18] Der Diskurs über ein tragfähiges Begriffsverständnis von Reflexion sowie einer angemessenen theoretischen Verortung von Reflexionskonzepten lebt seit vielen Jahren. Auch wenn sich die Autorin dieses Artikels darüber bewusst ist, soll diese grundlegende Debatte an dieser Stelle nicht weitergeführt werden. Zu diesem Thema wird beispielhaft auf Abels (2011), Roters (2012) oder Häcker (2017) verwiesen.

und umgesetzten Lehr-Lern-Situationen werden im Seminar auf vielfältige Weise als solche Reflexionsgelegenheiten genutzt: Einerseits machen alle Studierenden im Rahmen des Seminars eine intensive eigene Praxiserfahrung und erhalten andererseits durch den Austausch zusätzliche Einblicke in fremde Praxissituationen.

Auf Basis des dargestellten Begriffsverständnisses von Reflexion erfolgte die Erarbeitung eines Modells als theoretische Rahmung für den Einsatz in der Lehrer*innenbildung im Fach Mathematik (Helmerich & Hoffart, 2018; Hoffart, 2015). Grundlage für dieses Modell ist das in den Erziehungswissenschaften verortete Modell zum professionellen Lehrer*innenhandeln nach (Weyland & Wittmann, 2011). Mit der vermehrten Implementation von Praxisphasen in den Lehramtsstudiengängen rückte vor einigen Jahren die Frage der Kompetenzentwicklung von Lehrer*innen sowie die damit einhergehenden Professionalisierungsprozesse wieder in den Fokus von Öffentlichkeit und Forschung. Im Zuge dieser Entwicklungen stellten Weyland und Wittmann (2011) ihr Modell zum professionellen Lehrer*innenhandeln – ursprünglich für die Arbeit im Praxissemester – vor. In diesem wurde verdeutlicht, an welchen Bezugssystemen sich das Lernen und Lehren prinzipiell ausrichtet. Benannt werden die drei Bezugssysteme Wissenschaft, Praxis und Person, die jeweils an den Eckpunkten eines Dreiecks verortet sind. Weyland und Wittmann (2011) betonen die zugehörigen unterschiedlichen Wissensformen der Bezugssysteme, welche auf grundlegende Strukturdifferenzen zurückgeführt werden. In dem Modell werden für das Bezugssystem Wissenschaft die Wissensform der Erkenntnis, für das Bezugssystem Praxis die Wissensform der Erfahrung und für das Bezugssystem Person die Wissensform der Entwicklung abgebildet. Es können verschiedene wechselseitige Beziehungen der drei Bezugssysteme beschrieben werden, gleichzeitig weist jedoch auch jedes Einzelne einen Eigensinn auf und kann somit isoliert von den anderen Bezugssystemen betrachtet werden (vgl. ebd.).

In einer ersten Version des Orientierungsrahmens zur Reflexion aus der Didaktik der Mathematik an der Universität Siegen wird die Idee der drei Bezugssysteme und der zugehörigen Wissensformen nach Weyland und Wittmann weitergeführt (Helmerich & Hoffart, 2018;

Hoffart, 2015). Im Fokus der Arbeit standen seinerzeit zunächst beschreibbare Reflexionstätigkeiten, die innerhalb der Bezugssysteme, aber auch zwischen den Bezugssystemen stattfinden können. Gleichzeitig fand eine Konkretisierung der drei Bezugssysteme statt, indem für die Lehrer*innenbildung relevante Komponenten in den Bezugssystemen bewusst angeführt wurden (ebd.). Der Einsatz des Orientierungsrahmens soll sich jedoch nicht auf das Fach Mathematik beschränken. Der Transfer auf andere Fachdisziplinen ist nicht nur erwünscht, sondern wird so in der Anlage des Orientierungsrahmens konkret berücksichtigt.

Fokussiert man das Bezugssystem Wissenschaft, wird deutlich, dass hier für das Lernen und Lehren in einem Schulfach mehrere Wissenschaftsdisziplinen bedeutend sind. Für jedes der Fächer ist zunächst die jeweilige Fachwissenschaft relevant, welche die fachlichen Unterrichtsinhalte bereitstellt. Unabdingbar ist die zugehörige Fachdidaktik, welche als gleichberechtigte Wissenschaftsdisziplin Konzepte, Modelle und Theorien für Umsetzungsoptionen in Lehr-Lern-Situationen bietet. Ebenso kommt der Wissenschaft der Pädagogik eine grundsätzliche Bedeutung zu. Erst im Zusammenspiel aller Wissenschaftsdisziplinen lässt sich das Lernen und Lernen (in einem Fach) angemessen beleuchten. Im Bezugssystem Praxis wird zwischen eigenen und fremden Unterrichtssituationen unterschieden. Die emotionale Involviertheit bei eigenen Praxissituationen ist deutlich erhöht, was für angestoßene Reflexionstätigkeiten durchaus konstruktiv genutzt werden kann. Dennoch ist eine reflexive Distanz notwendig, um z.B. Problemsituationen auf der Metaebene analysieren zu können.

Mit Blick auf das Bezugssystem Person ist zu berücksichtigen, dass jedes Individuum eigene Haltungen, Einstellungen sowie Vorstellungen von und zu gewissen Dingen ausgebildet hat. Es ist nicht nur spannend, welche Einstellungen Studierende des Lehramts zu einem (Unterrichts)Fach besitzen, die Einstellung scheint sogar elementare Bedeutung für den eigenen Professionalisierungsprozess zu besitzen. Mit Bezug zur eigenen Arbeit mit Lehramtsstudierenden im Fach Mathematik wird dies in den Veranstaltungen im Bereich Grundschule deutlich: Das Fach Mathematik muss neben dem Fach Deutsch ver-

pflichtend studiert werden. Es ist offensichtlich, dass sich viele Studierende bei einer freien Fächerwahl anders entschieden hätten. Die Haltungen, Einstellungen und Vorstellungen zum Fach Mathematik sind bei dieser Studierendengruppe extrem heterogen, was nachweislich zu differierenden Bildern von Mathematikunterricht führt.
Der Orientierungsrahmen zur Reflexion in der Lehrer*innenbildung beschreibt zudem drei Reflexionstätigkeiten, die mit Bezug zur dargelegten Begriffsdefinition die Bewusstheit des Reflektierens als mentalen Prozess betonen. Eine erste Tätigkeit ist das konkrete „Blicken auf" eines der drei Bezugssysteme, womit ein Aspekt, eine Situation oder eine Erfahrung fokussiert und verortet werden kann. Das „Blicken auf" impliziert also den Impuls, sich bewusst auf den Prozess des Reflektierens einzulassen. Aufgrund dieser Fokussierung kann dann ein „Nachdenken über" angestoßen werden. Aktiv kann so einerseits rekonstruiert werden, aus welchem Grund genau dieses Bezugssystem, dieser Aspekt, diese Situation oder diese Erfahrung in das eigene Blickfeld gerückt sind. Auch lässt sich das „Nachdenken über" durch einen äußeren Impuls anregen.
Während sich die beiden bisher beschriebenen Reflexionstätigkeiten „Blicken auf" und „Nachdenken über" auf ein einzelnes Bezugssystem beziehen können, werden mit der dritten Reflexionstätigkeit, dem „in Beziehung setzen zu", bewusst Verbindungen zwischen den Bezugssystemen thematisiert. Hier können jeweils zwei, aber auch alle drei Bezugssysteme gleichzeitig berücksichtigt werden.
Abbildung 51 zeigt die aktuelle, erweiterte Version des Orientierungsrahmens zur Reflexion in der Lehrer*innenbildung.
Neben den zuvor beschriebenen Grundlagen des Modells inklusive der angeführten Ausschärfungen des Bezugssystems Wissenschaft werden hier nun auch zwei zeitliche Dimensionen berücksichtigt: Aus der rückblickenden Perspektive einer Analyse kann mithilfe des Modells auf Aspekte, Situationen und Erfahrungen rekurriert werden, um diese bewusst und strukturiert aufzuarbeiten. Hier können deutliche Bezüge zur Idee der reflection-on-action nach Donald Schön (1983) gezogen werden. Im Kontext der Lehrer*innenbildung ist jedoch ebenso ein vorwärts gerichtetes Reflektieren relevant. Mit dieser zeitlichen Di-

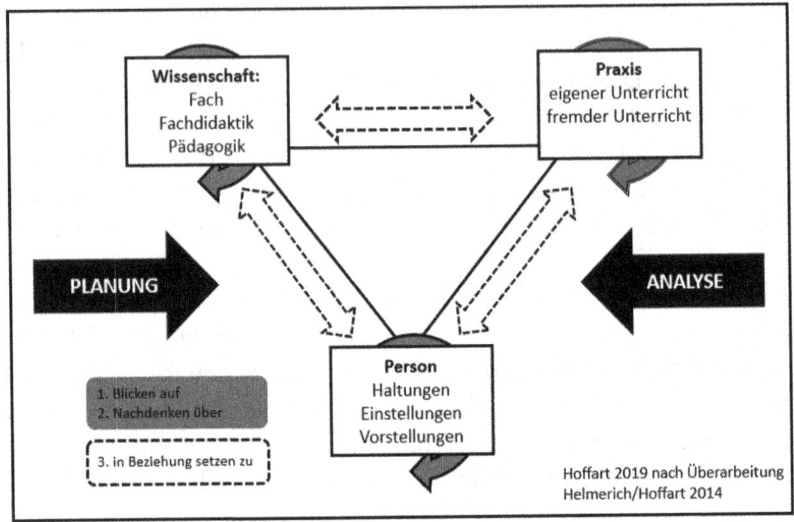

Abbildung 51: Orientierungsrahmen zur Reflexion in der Lehrer*innenbildung.

mension können mögliche Konsequenzen des eigenen Handelns durchdacht und abgeschätzt werden (Roters, 2012). Der Orientierungsrahmen kann auf diese Weise herangezogen werden, um aus einer Planungsperspektive Lehr-Lern-Situationen zu konzipieren und dabei die Bezugssysteme zu nutzen. Damit wird das von Killion und Todnem (1991) benannte reflection-for-action aufgegriffen: „Reflection then is a process that encompasses all time designations past, present and future simultaneously (Killion & Todnem, 1991, S.15).

3 Das Seminar MatheWerkstatt

Im Rahmen des seit vielen Semestern etablierten Seminars MatheWerkstatt entwickeln Bachelorstudierende des Lehramts für Grundschule, aber auch für Haupt-/Real-/Sekundar- und Gesamtschule, in Kleingruppen mathematische Lehr-Lern-Situationen. Diese werden als sogenannte Projektvormittage mit Schulklassen der Siegener Region in der MatheWerkstatt umgesetzt. Alle Projektvormittage werden vollständig videografiert. Für die Aufnahmen der Projektvormittage werden zwei handelsübliche Full HD-Camcorder verwendet. Zusätzlich kommen ein Stativ sowie externe Mikrofone zum Einsatz. Aus der Perspektive der Totalen werden mithilfe des Stativs die Einstiegs- als auch Abschlusssituationen der Projektvormittage aufgenommen. Diese Videovignetten dienen im Lernsetting der gruppeninternen Videoreflexion (siehe Abschnitt 4.1) als angeleiteter Einstieg in die Videoarbeit. Weiterhin werden, meist mit einer handgeführten Kamera und mit Unterstützung der externen Mikrofone, separate Videoaufnahmen der einzelnen Arbeitsstationen erstellt. Die Kameraführung wird von einer studentischen Hilfskraft übernommen, die während des gesamten Semesters in der Veranstaltung assistiert und dementsprechend eingewiesen ist. Am Projektvormittag übernimmt in der Regel ein Studierender bzw. eine Studierende die Verantwortung für eine Kleingruppe von Schüler*innen, so dass diese Videoaufnahmen später im Fokus der individuellen Videoreflexion stehen (siehe Abschnitt 4.3). Zu jedem Projektvormittag entstehen zwischen acht und 12 Videoaufnahmen. Die Dateien werden entsprechend betitelt und auf einem externen Speichermedium gelagert.

Anhand eines gezielten Einsatzes ermöglichen die Videoaufnahmen im weiteren Verlauf des Seminars unter Einbezug der eigenen Praxiserfahrung am Projektvormittag sowie auch den Einblicken in fremde Praxiserfahrungen eine kontinuierliche Aufforderung zur Reflexion. So wird dem Apell Abels (2011) entsprochen, konstruktive Reflexionen von Lehr- und Lernsituationen an eigene Praxiserfahrungen der Studierenden anzudocken. Zudem kann dann Reflexion als eine Haltung bei den Studierenden kultiviert werden. Diesen Ansprüchen förderlich sind die zuvor genannten Vorteile des Einsatzes von (Unterrichts)Videos, die essentieller Kern der Reflexionsaufgaben sind.

Um eine Verortung der Lernsettings zur Videoreflexion im Seminar MatheWerkstatt zu ermöglichen, ist nachfolgend eine Übersicht der Veranstaltung dargestellt (siehe Abbildung 52).

Das Seminar ist in drei chronologische Phasen gegliedert: In den ers-

Einführung (4 Wochen)

1.	Was ist guter Mathematikunterricht?	→ Reflexionsimpuls A: Kopfstandmethode guter Mathematikunterricht
		→ Reflexionsanlass 1: Was ist guter Mathematikunterricht?
2.	Bedeutung der Lehrerrolle	→ Reflexionsanlass 2: Die Lehrerrolle
3.	Reflexion in der Lehrerbildung	
4.	Start in die Projektplanung	→ Reflexionsimpuls B: Gruppenvereinbarung

Projektphase (7 Wochen)

5.	Konzeption in Kleingruppen	→ Reflexionsimpuls C: Peer-Review der Konzeptionen in den Tandemgruppen
6. bis 11.	Projektvormittage	→ Reflexionsanlass 3: Nach dem Projektvormittag

Zusammenschau (4 Wochen)

12.	Gruppeninterne Videoreflexion	→ Reflexionsimpuls D: Gruppeninterne Videoreflexion
		→ Reflexionsanlass 4: Individuelle Videoreflexion
13.	Videoreflexion in Tandemgruppen	→ Reflexionsimpuls E: Zusammenschau Videoreflexion in Tandemgruppen
14.	Gruppenübergreifende Themenaspekte	→ Reflexionsanlass 5: Rückschau
15.	Was ist guter Mathematikunterricht?	→ Reflexionsimpuls F: Was ist guter Mathematikunterricht?

Abbildung 52: Übersicht Seminar MatheWerkstatt.

ten vier Semesterwochen finden gemeinsame Seminarsitzungen mit allen Teilnehmer*innen in der MatheWerkstatt, der Hochschullernwerkstatt der Didaktik der Mathematik an der Universität Siegen, statt. Es wird in die Intention der Veranstaltung eingeführt, indem die Grundidee eines kompetenzorientierten Mathematikunterrichts ebenso erörtert wird wie die Bedeutung der Reflexion im Professionalisierungsprozess von Lehrer*innen. Auch die im Seminar genutzte theoretische Grundlage zur Reflexion in der Lehrer*innenbildung anhand des Orientierungsrahmens zur Reflexion lernen die Studierenden in dieser Seminarphase kennen (siehe Abschnitt 2). Ebenfalls werden die notwendigen organisatorischen Fragen zur Gruppenbildung, den Schulklassen, den Themenwünschen der Schulen, Terminen etc. geklärt. Ebenso wird jeder Projektgruppe eine so genannte Tandemgruppe zugeordnet, mit der im weiteren Verlauf der Veranstaltung an verschiedenen Arbeitsaufträgen zusammengearbeitet wird An diese Einführungssitzungen schließt sich die Projektphase an. In dieser

Zeit arbeiten die Projektgruppen eigenverantwortlich und werden individuell durch die Seminarleitung betreut. An ihrem jeweiligen Projekttermin setzt jede Gruppe ihre konzipierte Lehr-Lern-Situation mit der Schulklasse in der MatheWerkstatt um. In den letzten vier Wochen der Veranstaltung werden die Erfahrungen und Erlebnisse in der MatheWerkstatt gemeinsam im Rahmen des Seminars bearbeitet. In dieser Phase arbeiten die Studierenden unter anderem in den in Abschnitt 4 vorgestellten Lernsettings zur Videoreflexion.

4 Drei Lernsettings zur Videoreflexion an der Hochschule

Die bisherigen Ausführungen belegen das vorhandene Potential sowohl des Videoeinsatzes als auch der Reflexion im Rahmen des Professionalisierungsprozesses von angehenden Lehrer*innen. In der Veranstaltung MatheWerkstatt werden beide Potentiale durch die Umsetzung sorgfältig geplanter Videoreflexionen genutzt, denn „[d]as Abspielen bzw. Anschauen von Unterrichtsvideos bringt wenig, wenn diese nicht eingebettet sind in kognitiv aktivierende Settings einer Didaktik der Lehrer(fort)bildung“ (Reusser, 2005, S.16).
Alle hier vorgestellten Lernsettings nutzen die im Orientierungsrahmen zur Reflexion benannte zeitliche Dimension der Analyse, es wird demnach das zuvor angeführte reflection-on-action initiiert (Schön, 1983). Zwei der drei Lernsettings stellen hierfür bewusst Videos eigener Praxissituationen in den Mittelpunkt: Reflexionsimpuls D, anhand dessen die gruppeninterne Videoreflexion erfolgt sowie Reflexionsanlass 4, die individuelle Videoreflexion im Rahmen des persönlichen Reflexionstagebuchs (siehe Abb. 52). Als Argumente für diese Entscheidung werden zunächst die Authentizität der Unterrichtssituationen und die Bekanntheit der Kontextinformationen zu der Unterrichtssituation angeführt. Auch wirkt sich die Arbeit mit eigenen Videoaufnahmen in der Regel motivierend und aktivierend auf die Studierenden aus. Reusser (2005) betont in diesem Zusammenhang die Gelegenheit zur Reflexion des eigenen Unterrichts und der Ge-

nerierung neuer Ideen für die persönliche Unterrichtsgestaltung. Um dieses Ziel zu unterstützen, wird mit Reflexionsimpuls E (siehe Abb. 52), einer Zusammenschau der Videoreflexion in den Tandemgruppen, die Perspektive fremden Unterrichts ergänzend einbezogen.
Für die Arbeit in den drei Lernsettings werden die Videoaufnahmen auf Sciebo, einem nicht-kommerziellen Filehosting-Dienst für Forschung, Studium und Lehre eingestellt. Mithilfe eines individuellen Passwortes erhält jede Projektgruppe für ein Zeitfenster von acht Wochen Zugriff auf die Videoaufnahmen des eigenen Projektvormittags. Grundsätzlich werden die erstellten Dateien vollständig und ohne Bearbeitungen der Aufnahmen zur Verfügung gestellt, um eine diskursive und selbstbestimmte Auseinandersetzung mit den bereitgestellten Videoaufnahmen durch die Studierenden zu ermöglichen.

4.1 Gruppeninterne Videoreflexion

Nach der siebenwöchigen Projektphase, in der die Studierenden jeweils in ihren Gruppen arbeiten, gegebenenfalls Kontakt zu der Tandemgruppe besteht, kommen alle Seminarteilnehmer*innen in der ersten Sitzung der Zusammenschau wieder erstmalig zusammen (vgl. Abbildung 1). Eine Blitzlichtrunde, bei der sich jede Projektgruppe zu ihren Erfahrungen äußern kann, dient als Einstieg in die Sitzung. Kern des Seminars ist jedoch der Einstieg in die Reflexion anhand der Videoaufnahmen, bei der zunächst Videos der eigenen Praxiserfahrung zum Einsatz kommen. Kleinknecht et al. (2014) empfehlen grundsätzlich eine sorgfältige Planung der Lernbegleitung für eigene Videos. Diese Forderung ist explizit zu unterstützen, da die Ankündigung der Videografie sowie die Weiterarbeit mit den erstellten Videoaufnahmen zu Beginn des Seminars bei vielen Studierenden zu Unsicherheit, manchmal gar Unbehagen führt. Ein exemplarisches Zitat aus den aktuellen Reflexionstagebüchern illustriert diese Aussage nachvollziehbar: „Wie schon soeben in meinem Brief an mich selbst war ich anfänglich sehr skeptisch gegenüber der Videoreflexionen. Einerseits fand ich den Gedanken daran, mich selbst innerhalb einer Lernsituation in Videoform beobachten zu können, sehr spannend. Andererseits hatte ich auch Sorge Fehler zu machen und zu versagen. Das auch noch vor allen anderen Anwesenden. Wie unangenehm, dachte ich." (Reflexionstagebuch 3, Wintersemester 2019/20, S. 11)

Diesen Bedenken seitens der Studierenden wird im Lernsetting der gruppeninternen Videoreflexion Rechnung getragen, indem folgenden Konzeptionsaspekte besonders berücksichtigt werden:

- Im Laufe ihres Studiums können die Studierenden nach eigenen Aussagen nur wenige Erfahrungen mit eigenen Videoaufnahmen sammeln. Die Anspannung vor dem ersten Einsatz der Videos äußert sich primär in Fragen und Aussagen, die auf die eigene Person bezogen sind (Wie wirke ich auf dem Video? Hoffentlich hört sich meine Stimme nicht komisch an. Habe ich alles richtig gemacht? etc.). Hier steht das Bezugssystem der Person im Fokus der Gedanken (siehe Abbildung 51). Die gruppeninterne Videoreflexion ermöglicht es den Studierenden, diese Gedanken weiterzuverfolgen, um sie im Sinne der Reflexion zu strukturieren und zu analysieren.
- Die Videoaufnahmen werden ausschließlich mit der eigenen Projektgruppe angeschaut. Hierfür wird jede Projektgruppe in einem separaten Raum platziert. Somit werden eine soziale als auch eine räumliche Sicherheit geboten.
- In der ersten Phase der Videoreflexion befassen sich die Studierenden (zunächst) mit der Einstiegs- beziehungsweise Abschlusssituation ihres Projektvormittags. Einer möglichen Überforderung der Studierenden bei einer freien Auswahl aus der Fülle der Videodateien wird so explizit vorgebeugt.
- Um die Studierenden zu ersten Reflexionstätigkeiten anzuleiten, steht ein Impulsbogen zur Verfügung (siehe Abbildung 53), der im Verlaufsplan des Seminars als Reflexionsimpuls D bezeichnet wird. Neben inhaltlichen Aspekten, die für die Studierenden implizit auf den aus der Einführungsphase bekannten Orientierungsrahmen zur Reflexion rekurrieren, berücksichtigen die an-

gebotenen Impulse vordergründig die Spannung hinsichtlich des ersten Kontakts mit den eigenen Videoaufnahmen.

Um sich in die Situation der Videoreflexion einzufinden, rufen sich die Projektgruppen zunächst die Konzeption der eigenen Lehr-Lern-Situation ins Gedächtnis, erinnern sich mit Bezug zum Orientierungsrahmen zur Reflexion also nochmals an die ursprüngliche Planungsperspektive. Konkret halten die Studierenden die geplanten Intentionen hinsichtlich der Einstiegs- bzw. Abschlusssituation fest (Auftrag I). Hier kommt es nicht selten zu ersten konstruktiven Diskussionen innerhalb der Gruppen. Nach dieser Einstimmung schauen sich die Studierenden die entsprechende Videoaufnahme ein erstes Mal an. Um neben der ersten Konfrontation mit dem eigenen Selbst im Video bereits einen fachlichen Fokus anzubahnen, bietet der Impulsbogen drei Fragen mit Bezug zum Vorwissen der Kinder, der Zieltransparenz des Projektvormittags sowie der Fachlichkeit der Situation (Auftrag II). Ein Überblick der bearbeiteten Impulsbögen zeigt, dass es den Studierenden neben Eindrücken zur eigenen Person (Gestik, Mimik, Sprache etc.) darüber hinaus angemessen gelingt, Stichpunkte zu den geforderten Bezügen zu notieren. Die Kommunikation in den Gruppen zeigt, dass das Bedürfnis nach Austausch über die persönlichen Eindrücke als auch über die notierten Stichworte nach einer ersten Ansicht der Videos groß ist. Da die Zeit der gruppeninternen Videoreflexion selbstständig eingeteilt wird, entscheidet jede Gruppe frei über Länge und Inhalt des Austauschs. In der Regel vereinbaren alle Gruppen ein wiederholtes Ansehen der Videoaufnahme mit einer gezielten Beobachtung auf Lehrer*innenverhalten, Schüler*innenverhalten oder den fachlichen Gehalt (Auftrag III). Diese Fokussierung führt im Anschluss zu einem vermehrt strukturierteren Austausch innerhalb der Gruppe. Neben den intendierten Fokussierungen wird den Studierenden zusätzlich Raum für persönlich relevante Beobachtungen eröffnet (Auftrag IV). Ohne einen Bezug zu einem besonderen inhaltlichen Aspekt zu fordern, können die Studierenden abschließend notieren, was sie beim Ansehen des Videos am meisten erstaunt hat,

Gruppeninterne Videoreflexion Einstieg

Projekt ________
Durchführung am __________
Videoreflexion am __________

I. Finden Sie sich in Ihrer Projektgruppe zusammen. Formulieren Sie **vor** Ansicht der Videosequenz die Intention Ihrer Einstiegsphase!

II. Schauen Sie die Videovignette ein erstes Mal an.
Konzentrieren Sie sich zunächst auf folgende Fragen:

- Wird Vorwissen angemessen aufgegriffen?
- Ist die Einstiegsphase zieltransparent?
- Ist die Fachlichkeit angemessen (Sprache, Handlung, Notation, Inhalt)?

Notieren Sie Stichworte und tauschen Sie sich anschließend in der Gruppe aus.

III. Verteilen Sie vor einem zweiten Ansehen der Videovignette die folgenden Beobachtungsaufträge in Ihrer Projektgruppe

- Kommentare zum Lehrerverhalten
- Kommentare zum Schülerverhalten
- Kommentare zum fachlichen Gehalt

Notieren Sie Stichworte zu Ihrem Beobachtungsauftrag und tauschen Sie sich anschließend in der Gruppe aus.

IV. Notieren Sie anschließend bitte:

- Das erstaunt mich am meisten
- Das finde ich gut
- Das würde ich beim nächsten Mal anders machen

Abbildung 53: Impulsbogen (Reflexionsimpuls D) .

was sie gut fanden und auch, was sie beim nächsten Mal anders machen würden. Am Ende der gruppeninternen Videoreflexion wird den Projektgruppen die Weiterarbeit in der darauffolgenden Seminarsitzung angekündigt (siehe Abschnitt 4.2).

4.2 Videoreflexion in den Tandemgruppen

In der folgenden Seminarsitzung sammeln sich die einzelnen Projektgruppen und ziehen zunächst ein Resümee aus der gruppeninternen Videoreflexion der vergangenen Woche. Für die Weiterarbeit am Videomaterial des eigenen Projektvormittags wird dann die zugeordnete Tandemgruppe hinzugezogen. Diese Zuordnung ist seit Beginn der Seminarveranstaltung bekannt, auch haben die Tandemgruppen bereits bei der Konzeption der Projektvormittage auf der Lernplattform Moodle zusammengearbeitet (Abb. 52, Reflexionsimpuls C, Peer-Review der Konzeptionen in den Tandemgruppen). Ebenso dürfen die Tandemgruppen an dem Projektvormittag der Partnergruppe hospitieren.
Bei diesem Setting der Videoreflexion wird die methodische Idee der Reflecting Teams nach Göbel und Gösch (2019) genutzt, mit der eine ressourcenorientierte Feedbackkultur unterstützt werden soll. Gestützt auf die Erfahrungen der gruppeninternen Videoreflexion berichten beide Projektgruppen zunächst von ihrem Projektvormittag. Es folgt ein gemeinsames Anschauen der Einstiegs- oder Abschlusssituationen beider Projektvormittage, wobei die Tandemgruppen selbstständig Reflexionsaspekte vereinbaren und Beobachtungsaufträge verteilen dürfen. Verortet wird das beschriebene Setting im Orientierungsrahmen zur Reflexion maßgeblich im Bezugssystem der Praxis. Beschränkte sich das erste Setting der Videoreflexion ausschließlich auf die eigene Praxissituation, wird nun ergänzend mit einer fremden Praxissituation gearbeitet. Einerseits erhält jede Gruppe ein Feedback von der Tandemgruppe zum eigenen Video, kann andererseits aber auch Feedback zum fremden Video geben. Die kombinierten Perspektiven führen zu einer konstruktiven Eigendynamik der abschließenden Gespräche und Diskussionen. Für die folgende Sitzung des

Seminars werden inhaltliche Aspekte -aus der Fachwissenschaft, der Fachdidaktik oder auch der Pädagogik- festgehalten, an denen mit Unterstützung der Seminarleitung in den folgenden Wochen weitergearbeitet wird (bspw. Differenzierung im Mathematikunterricht, Motivation für mathematische Aufgaben etc.). Um diese Notizen zu strukturieren, werden die Aspekte im Orientierungsrahmen zur Reflexion verortet. Für die kommende Woche entscheidet sich jeder Studierende für den inhaltlichen Aspekt seiner Wahl. In der Weiterarbeit an den inhaltlichen Schwerpunkten wird ein schriftlicher Input angeboten, auf dessen Grundlage Ideen und Impulse zum Thema entwickelt und im Plenum vorgestellt werden.

4.3 Individuelle Videoreflexion

Über das Semester hinweg erstellen alle Studierenden ein individuelles Reflexionstagebuch, das in Anlehnung an die Seminarerfahrungen anhand angebotener Anlässe zu den im Orientierungsrahmen zur Reflexion benannten Reflexionstätigkeiten „blicken auf“, „nachdenken über“ und „in Beziehung setzen zu“ anregt (siehe Abschnitt 2). Im Kontrast zu den in der Veranstaltung direkt zu bearbeitenden Reflexionsimpulsen (siehe Abbildung 52) setzen sich die Studierenden mit den Reflexionsanlässen für das Reflexionstagebuch in Einzelarbeit Zuhause auseinander und halten ihre Gedanken schriftlich fest.

Nach den ersten Erfahrungen der gruppeninternen Videoreflexion wird im zugehörigen Moodlekurs der Veranstaltung Reflexionsanlass 4, die individuelle Videoreflexion, eingestellt (siehe Abbildung 54). Grundlage für diesen Auftrag sind die Videoaufnahmen, die den einzelnen Studierenden in mindestens einer Lehr-Lehr-Situation mit den Schüler*innen am Projektvormittag zeigen. Während die gruppeninterne Videoreflexion vorrangig das Bezugssystem der Person in den Mittelpunkt rückt und die Videoreflexion in den Tandemgruppen ergänzend das Bezugssystem der Praxis nutzt, konzentriert sich der Auftrag zur individuellen Videoreflexion auf das Bezugssystem der Wissenschaft. Bei der Analyse der persönlichen Videovignetten sollen die Studierenden bewusst auf die Mathematik sowie die Didaktik der Mathematik in ihrer eigenen Praxissituation fokussieren, um auch das fachliche Potential der Videoreflexion nutzen zu können. Bereits zu Beginn des Semesters erfolgte die Erörterung möglicher Leitfragen für die Planungs- und Analyseperspektive im Bezugssystem der Wissenschaft. Bewusst blicken die Studierenden hier auf den mathematischen Inhalt der eigenen Lehr-Lern-Situationen. Aus der Sichtung der Reflexionstagebücher geht hervor, dass die konkrete Benennung des mathematischen Themas, auch bei selbstgewähltem Bezug zu den Bildungsstandards für das Fach Mathematik in der Primarstufe den Studierenden nicht immer leichtfällt und meist auf einer oberflächlichen Nennung der Grundkompetenz verbleibt. Ergänzend regen die Leitfragen dazu an, auch mathematikdidaktische Planungsaspekte erneut in den Blick zu nehmen, um anhand der Videovignetten kritisch darüber nachzudenken, inwiefern der zuvor benannte mathematische Inhalt tatsächlich in der Lehr-Lern-Situation erkennbar wird und sich konkret zeigt. Um die drei Bezugssysteme bewusst miteinander in Beziehung zu setzen, intendieren weitere Leitfragen das Nachdenken über die Bedeutung von Reflexion für den eigenen Professionalisierungsprozess. Das Anstoßen wertvoller Überlegungen der Studierenden hierzu illustriert das folgende Zitat: „Abgesehen davon, dass der Praxisanteil und die wichtigen Erfahrungen, die ich damit sammeln konnte, sehr hilfreich waren, haben erst die Reflexionen dafür gesorgt, den Wert der Erfahrungen zu erkennen und mir auch Ziele für meine weitere Lern- und Lehrlaufbahn zu setzen, die ich vor diesem Seminar gar nicht erkannt hätte.“ (Reflexionstagebuch 5, Sommersemester 2019, S. 9). Ebenso lassen sich in den Reflexionstagebüchern zahlreiche Beispiele für ein Reflektieren über die Vernetzung von Mathematik und Mathematikdidaktik finden, in denen betont wird, „dass eine enge Verbindung besteht, zwischen den Dingen, die den Schülerinnen und Schülern näherbringen möchte und der Art und Weise, wie dies geschieht“ (Reflexionstagebuch 12, Wintersemester 2019/20, S. 12).

Reflexionsanlass 4 : Die individuelle Videoreflexion

Schauen Sie das Video Ihrer Lehr-Lern-Situation an.
Um die Eindrücke zu ordnen, nehmen Sie bitte den Orientierungsrahmen zur Reflexion zur Hand.

Konzentrieren Sie sich bewusst auf das Bezugssystem Wissenschaft und blicken aus dieser Perspektive analysierend auf die Videosequenz

Welche Mathematik war Inhalt?
Welche mathematikdidaktischen Aspekte spielten bei der Planung eine Rolle?
....

Wie wurde die Mathematik in der Situation dann tatsächlich erkennbar?
Wie zeigte sich das konkret?
....

Welche Bedeutung haben Sie hinsichtlich des Wissens für die Praxis erfahren?
Welches Wissen (aus Mathematik, aus Mathematikdidaktik) ist hier konkret bedeutsam?
Welche Rolle spielt die Vernetzung von Fachdidaktik und Fachmathematik?
....

Abbildung 54: Reflexionsanlass 4: Die individuelle Videoreflexion .

5 Zusammenschau

Die im Beitrag benannten Potentiale zum Einsatz von (Unterrichts-) Videos in der Lehrer*innenbildung sowie die dargelegte Bedeutung von Reflexion für den Professionalisierungsprozess angehender Lehrer*innen dienten als Grundlage einer Konzeption von drei Lernsettings zur Videoreflexion. Die von Dorlöchter et al. (2006) angeführte Steigerung von Reflexionskompetenz durch den Einsatz von Videos eigener Praxissituationen soll an dieser Stelle besonders hervorgehoben werden. Für die am Seminar MatheWerkstatt teilnehmenden Studierenden stellen die in den Lernsettings eingesetzten Videos ein „hilfreiches Reflexionsinstrument“ (Reflexionstagebuch 22, Wintersemester 2019/20, S. 8) dar. Mithilfe des Videomaterials gelingt es, „die Situation aus einem anderen Blickwinkel betrachten und mit etwas Abstand zum Geschehen möglichst objektiv zu reflektieren“ (Reflexionstagebuch 7, Wintersemester 2019/20, S. 16). Konstruktiv für die Entwicklung einer Reflexionskultur bei den Studierenden sind die im Rahmen der Videoreflexionen angebotene Hinführungen zu den verschiedenen Reflexionstätigkeiten. Ebenso bedeutend in diesem Zusammenhang ist die mit dem Orientierungsrahmen zur Reflexion vorhandene theoretischen Grundlage: „Der Orientierungsrahmen bietet auf einen Blick nochmals alle wichtigen zu reflektierenden Aspekte und wie diese in Beziehung zueinanderstehen. Erst bei den Reflexionen ist mir bewusst geworden, dass man auf alle drei „Ebenen“, sprich Wissenschaft, Praxis und Person, achten muss und diese ineinander übergehen.“ (Reflexionstagebuch 3, Wintersemester 2019/20, S. 12).

Literatur

Abels, S. (2011). *LehrerInnen als "Reflective Practitioner": Reflexionskompetenz für einen demokratieförderlichen Naturwissenschaftsunterricht* (1. Aufl.). Wiesbaden, VS Verlag für Sozialwissenschaften.

Dorlöchter, H., Krüger, U., Stiller, E. & Wiebusch, D. (2006). *Videografie in der Lehrer(aus)bildung. Argumente und Hinweise für die sinnvolle Nutzung im Rahmen von Unterrichtsbesuchen.* http://www.paedagogik-unterricht.de/3-3.2%20Infoblatt-05_Form.pdf

Göbel, K. & Gösch, A. (2019). Die Nutzung kollegialer Reflexion von Unterrichtsvideos im Praxissemester. In M. Degeling, N. Franken & S. Freund (Hrsg.), *Herausforderung Kohärenz: Praxisphasen in der universitären Lehrerbildung: Bildungswissenschaftliche und fachdidaktische Perspektiven* (S. 277–288).

Häcker, T. (2017). Grundlagen und Implikationen der Forderung nach Förderung von Reflexivität in der Lehrerinnen- und Lehrerbildung. In C. Berndt, T. H. Häcker & T. Leonhard (Hrsg.), *Reflexive Lehrerbildung revisited: Traditionen - Zugänge - Perspektiven* (S. 21–45). Bad Heilbrunn, Verlag Julius Klinkhardt.

Helmerich, M. A. & Hoffart, E. (2018). Reflektieren als aktivierendes Element in der Mathematiklehrerbildung. In R. Möller & R. Vogel (Hrsg.), *Innovative Konzepte für die Grundschullehrerausbildung im Fach Mathematik* (S. 219–234). Wiesbaden, Springer Spektrum.

Hoffart, E. (2015). Aus einem anderen Blickwinkel – Lehramtsstudierende reflektieren im Seminar „MatheWerkstatt". In Kompetenzzentrum der Universität Siegen (Hrsg.), *Die Idee dahinter...Aspekte zur Gestaltung lernreicher Lehre* (S. 47–62). Siegen, UniPrint.

Killion, J. & Todnem, G. (1991). A process of personal theory building. *Educational Leadership, 48*(6), 14–17.

Kleinknecht, M., Schneider, J. & Syring, M. (2014). Varianten videobasierten Lehrens und Lernens in der Lehrpersonenaus- und -fortbildung – Empirische Befunde und didaktische Empfehlungen zum Einsatz unterschiedlicher Lehr-Lern-Konzepte und Videotypen. *Beiträge zur Lehrerinnen- und Lehrerbildung, 32*, 210–220. URN:%20urn:nbn:de:0111-pedocs-138667

Reusser, K. (2005). Situiertes Lernen mit Unterrichtsvideos. Unterrichtsvideografie als Medium des situierten beruflichen Lernens. *Journal für Lehrerinnen- und Lehrerbildung, 5*(2), 8–18.

Roters, B. (2012). *Professionalisierung durch Reflexion in der Lehrerbildung: Eine empirische Studie an einer deutschen und einer US-amerikanischen Universität.* Münster, Waxmann.

Schön, D. A. (1983). *The reflective practitioner: How professionals think in action.* New York, Basic Books.

Welzel, M. & Stadler, H. (Hrsg.). (2005). *„Nimm doch mal die Kamera!". Zur Nutzung von Videos in der Lehrerbildung – Beispiele und Empfehlungen aus den Naturwissenschaften.* Münster, Waxmann Verlag.

Weyland, U. & Wittmann, E. (2011). Zur Einführung von Praxissemestern: Bestandsaufnahme, Zielsetzungen und Rahmenbedingungen. In U. Faßhauer, B. Fürstenau & E. Wuttke (Hrsg.), *Grundlagenforschung zum Dualen System und Kompetenzentwicklung in der Lehrerbildung* (S. 49–60). Opladen, Berlin, Farmington Hills, MI, Verlag Barbara Budrich.

Blockprogrammieren im Mathematikunterricht – ein Werkstattbericht

Fabian Eppendorf und Birgitta Marx

Blockprogrammierung bietet aus unserer Sicht zahlreiche Möglichkeiten prozessbezogene Kompetenzen wie z. B. das Problemlösen in Verbindung mit einem Verständnis von Algorithmen zu fördern und zu fordern. Damit kann sie einen Einstieg in das Programmieren schon in der Grundschule ebnen als auch in der Sekundarstufe I ermöglichen und bietet durch die handlungsorientierten Lösungsschritte einen Zugang für nahezu jedes Leistungsniveau. Der Algorithmus kann in diesem Zusammenhang als eine fächerverbindende fundamentale Idee für den Mathematik- und Informatikunterrichts betrachtet werden, dessen Erarbeitung im Unterricht zu gegenseitigen Synergieeffekten führt. Dieser Artikel basiert auf persönlichen Unterrichtserfahrungen und soll dazu beitragen, das Potenzial der Blockprogrammierung für den Mathematikunterricht zu erkennen und Berührungsängste zu nehmen.

1 Chancen für den Einsatz der Blockprogrammierung im Mathematikunterricht

Es ist Aufgabe der Schulen ihre Schülerinnen und Schüler berufs- und zukunftsorientiert vorzubereiten und auszubilden. Damit dies gelingen kann, ist u. a. der Erwerb sowohl grundlegender Medienkompetenzen als auch digitaler Kompetenzen, die in ganzheitlichen Medienkon-

F. Dilling und F. Pielsticker (Hrsg.), *Mathematische Lehr-Lernprozesse im Kontext digitaler Medien*, MINTUS – Beiträge zur mathematisch-naturwissenschaftlichen Bildung, https://doi.org/10.1007/978-3-658-31996-0_10

zepten verankert sind, erforderlich. Die Vermittlung von Basiskompetenzen (Erstellen von Word-Dokumenten, PowerPoint-Präsentationen und Exceltabellen) im Fach Informatik ist daher von großer Relevanz und wird durch das Vermitteln der obligatorischen Anwendungen im Informatikunterricht und in fächerverbindenden Unterrichtsangeboten (bspw. Roberta, Informatik/Kunst) unterstützt. Unsere Erfahrungen zeigen, dass in vielen Schulen fakultativ Kompetenzen z. B. im Umgang mit CAD-Software und der Programmierung von Mikrocontrollern, wie auch mit verschiedenen Lernprogrammen erworben werden können.
In 2018 wurde in NRW die Neufassung des sogenannten Medienkompetenzrahmens veröffentlicht, der auf dem Handlungskonzept „Bildung in der digitalen Welt“ der Kultusministerkonferenz (Kultusministerkonferenz, 2016) basiert und die Kompetenzen, die Schülerinnen und Schüler, die im Schuljahr 2018/19 eingeschult wurden oder zu einer weiterführenden Schule gewechselt sind, für den Abschluss der 4. Klasse bzw. der 10. Klasse erwerben sollen, beschreibt. Der Medienkompetenzrahmen bildet die Grundlage für die Erstellung der Medienkonzepte der Schulen in NRW, die am Ende des Schuljahres 2019/2020 von jeder Schule entwickelt und erstellt sein sollen (Medienberatung NRW, 2018). Zusätzlich wird ab dem Schuljahr 2021/2022 in NRW das Fach Informatik für die Jahrgangsstufen 5 und 6 in allen weiterführenden Schulen eingeführt werden. „Alle Kinder sollen beispielsweise Grundkenntnisse im Programmieren und Medienkompetenzen im Unterricht erlernen.“ (MSB NRW, 2019). Hierzu sieht der Medienkompetenzrahmen NRW vor, dass die Schülerinnen und Schüler sowohl in der Grundschule als auch an den weiterführenden Schulen die übergeordnete Kompetenz des *Problemlösens und Modellierens* im Umgang mit digitalen Medien entwickeln:

> „Neben Strategien zur Problemlösung werden Grundfertigkeiten im Programmieren vermittelt sowie die Einflüsse von Algorithmen und die Auswirkung der Automatisierung von Prozessen in der digitalen Welt reflektiert.“ (Medienberatung NRW, 2018, S. 22)

Die Teilkompetenzen *Prinzipien der digitalen Welt*, *Algorithmen erkennen*, *Modellieren und Programmieren* sowie *Bedeutung von Algorithmen* (Medienberatung NRW, 2018) sollen im Laufe der schulischen Ausbildung erworben werden. Das Fach Mathematik kann zum Erwerb dieser Kompetenzen beitragen, da auch aus mathematischer Sicht Schülerinnen und Schüler „Algorithmen zum Lösen mathematischer Standardaufgaben nutzen und ihre Praktikabilität bewerten“ sollen (MSJK NRW, 2004, S. 23). Schon die, in den Vorbemerkungen des Kernlehrplans NRW definierten Ziele des Faches Mathematik fordern den Erwerb von überfachlichen Kompetenzen. Mathematik soll u. a. als „kreatives und intellektuelles Handlungsfeld“ in der Umwelt wahrgenommen und mathematisches Wissen problemkontextbezogen eingesetzt werden (MSJK NRW, 2004, S. 11). So kann die Entwicklung von Algorithmen durch Schülerinnen und Schüler inner- und außermathematische Problemlösekompetenzen ansprechen. Ein einmal entwickelter Algorithmus kann dann auf ähnliche Probleme übertragen werden und stellt ein heuristisches Hilfsmittel dar. Dabei soll ein Algorithmus wie folgt verstanden werden:

> „[e]in Algorithmus ist eine eindeutige Handlungsvorschrift zur Lösung eines Problems oder einer Klasse von Problemen. Algorithmen bestehen aus endlich vielen, wohldefinierten Einzelschritten.“ (Rogers, 1987, S. 2)

Schülerinnen und Schüler sollten am Ende der Sekundarstufe I im Bereich ihrer Problemlösekompetenz die Problemlösestrategie „Verallgemeinern“ sowie das Zerlegen eines Problems in Teilprobleme und damit einhergehend das Vergleichen und Bewerten von Lösungswegen und Lösungsstrategien beherrschen (MSJK NRW, 2004, S. 23-27). Der Mathematikunterricht hat demensprechend bereits eine hohe Korrelation zu wichtigen Prinzipien (Fundamentale Ideen) der Informatik und bietet sinnvolle Anknüpfungspunkte wie z. B. den Algorithmus und den Erwerb von prozessbezogenen Kompetenzen im Bereich des Problemlösens, die bereits in den Kernlehrplänen festgelegt sind.

> „Algorithmen spielen natürlich in der Informatik eine zentrale Rolle. Nach Ansicht mancher Informatiker (und besonders solcher, die diese Wissenschaft in ihrer Entstehungsphase geprägt

> haben) ist die Informatik geradezu die Wissenschaft von den Algorithmen. Da die Algorithmik seit jeher ein Kerngebiet der Mathematik ist, liegt sie somit in Zentrum des Bereichs, wo sich Mathematik und Informatik überschneiden und gegenseitig befruchten.“ (Ziegenbalg, 2015, S. 319)

Sowohl das algorithmische als auch das problemlösende Denken können mithilfe von Blockprogrammierungen gefördert werden.
Bisher werden im Kompetenzbereich des Einsatzes von Werkzeugen im Mathematikunterricht nur explizit Dynamische Geometriesoftware, Funktionenplotter und Tabellenkalkulationssoftware genannt. Das Programmieren wird nicht erwähnt, allerdings der situationsangemessene Einsatz neuer Medien (MSJK NRW, 2004, S. 15). Geht man davon aus, dass „mit Hilfe von Werkzeugen [...] der Benutzer auf mathematische Objekte einwirken und sie verändern [kann]“ (Schmidt-Thieme & Weigand, 2015, S. 462), dann wird sicherlich ein Programm zur Blockprogrammierung in Verbindung mit einem mathematischen Inhalt in diesem Sinne als ein digitales mathematisches Werkzeug betrachtet werden dürfen. So kann beispielsweise das Transferieren einer Konstruktionsbeschreibung (sprachliche Darstellungsform) eines regelmäßigen Dreiecks in eine visuelle Programmierumgebung (ikonische Darstellung) durch die Veränderung der Darstellungsform den mathematischen Problemlöseprozess bereichern, da „[a]uch Algorithmen [...] sich als Werkzeuge für das Lösen mathematischer Problemstellungen ansehen [lassen]“ (Schmidt-Thieme & Weigand, 2015, S. 465).

2 Die Blockprogrammierung

Die Blockprogrammierung, auch visuelle Programmierung genannt, basiert auf vorgefertigten Blöcken mit Anweisungen (Codes), die in eine bestimmte Anordnung gebracht, die Ausführung eines Programms bestimmen können. Mithilfe der Blockprogrammierung lassen sich somit Algorithmen abbilden, die sich durch „eindeutige und endliche Handlungsvorschriften“ (Oldenburg, 2011, S. 1) definieren. Aus-

gehend von einer Problemstellung werden die einzelnen Handlungsschritte geplant, in Anweisungen übersetzt, als Sequenz zusammengeführt und anschließend als Programm ausgeführt. Dies kann sowohl unplugged (ohne Computer Abschnitt 2.1) als auch plugged-in (mit Computer Abschnitt 2.2) erfolgen.
Mittlerweile wird eine Vielzahl fertiger Lernumgebungen für die Blockprogrammierung angeboten. Dabei kann das Programmierniveau beginnend mit „unplugged"- über „plugged-in"-Lerneinheiten bis zum direkten Programmieren sukzessive erhöht werden. Die im Folgenden vorgestellten Blockprogrammierungssysteme und Lernumgebungen stellen eine kleine Auswahl von Ideen und möglichen Grundlagen für den Einstieg dar.

2.1 Blockprogrammierung unplugged

Erste Vorstellungen zur Programmierung können bereits im Grundschulalter spielerisch ausbildet werden, beispielsweise mit einer Vielzahl von kostenfrei zugänglichen Spielen wie *Roboterlabyrinth*[19] oder *Kidbot*[20] (Abbildung 3). Hierzu benötigt man keinerlei digitale Endgeräte, denn die Schülerinnen und Schüler werden selbst zum Programmierer und zum ausführenden „Roboter" und steuern diesen mit Bewegungsanweisungen auf einer Art Schachbrett. Für Lehrerinnen und Lehrer sind diese Materialien häufig bereits mit Hintergrundwissen und didaktischen Kommentaren aufbereitet und können so die Unterrichtsplanung entlasten.
Die Kinder erhalten bei dieser Art von Spiel Befehlskarten mit definierten Schrittfolgen, die sie so einsetzen müssen, dass ihr Roboter ein Ziel z.B. den Schatz oder das Haus erreicht. Dieses spielerische Vorgehen lässt sich als Algorithmus deuten, da eine endliche Folge von Befehlen oder Handlungsaufforderungen in einer festgelegten Reihenfolge zum Erreichen des Spielzieles verwendet werden. Diese Aneinanderreihung von Befehlskarten beschreibt im Analogen, was das System der Blockprogrammierung im Digitalen darstellt. Die Befehle

[19]https://coding-for-tomorrow.de/downloads/
[20]https://csunplugged.org/de/topics/kidbots/unit-plan/rescue-mission/

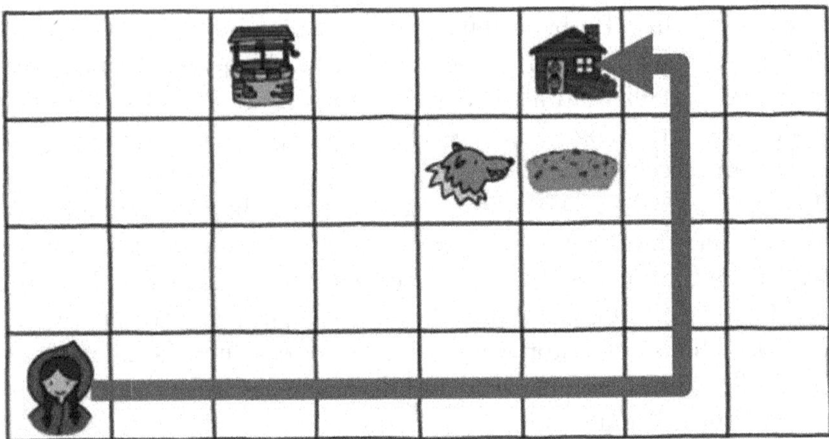

Abbildung 55: Exemplarische Abbildung eines Kidbotspielfeldes mit Hindernissen und eingezeichneter Lösung.

werden der Reihenfolge nach durchgeführt und es findet im Idealfall eine Art Debugging (Fehlerkorrektur) statt, wenn der menschliche „Roboter" nicht die erwünschte Zielposition erreicht und der Programmierer sein Programm nach Evaluation seines Zwischenergebnisses reflektiert und anpasst.

In den Jahrgängen 5 und 6 kann an solche Spiele angeknüpft werden. Das Schachbrettmuster kann weiterführend als Koordinatensystem betrachtet, das Spiel kann mit erschwerten Regeln verändert, bestimmte Befehle können verboten werden. Es können Hindernisse definiert werden, die sich nach einem vorgegebenen Muster über das Feld bewegen oder Drehungen über den Drehwinkel definiert werden. Eine simple Möglichkeit einer Kidbot-Übung ohne zusätzliches Material bietet beispielsweise die Aufgabenstellung, den Weg aus der Klasse zu einem anderen Raum durch Schrittfolgen zu beschreiben. Diese können Bewegungsbefehle und Drehungen, um einen Winkel in entsprechender Richtung, umfassen. Auch diese Spiele können nach unserer Ansicht das problemlösende und algorithmische Denken fördern, da die Schülerinnen und Schüler eine Abfolge von Befehlen zur Lösung eines Problems entwickeln müssen.

Wem diese Problemlöseexkurse zu umfangreich erscheinen, der kann diese auch in die regulären Inhaltsfelder der Mathematik eingebettet thematisieren. In den Jahrgängen 5 und 6 arbeiten die Schülerinnen und Schüler beispielsweise mit Algorithmen zur schriftlichen Addition, Subtraktion, Multiplikation und Division. Diese Grundrechenalgorithmen stellen eine Art unplugged-Programmierung im Mathematikunterricht dar. Statt von Algorithmus oder Programm kann hier von „Schritt für Schritt"-Anleitung gesprochen werden.
Überhaupt sind „Schritt für Schritt"-Anleitungen nichts Unbekanntes im Mathematikunterricht. Viele mathematische Inhalte bieten die Möglichkeit die Schülerinnen und Schüler selbstreflektierend oder in Gruppen Algorithmen zur Lösung eines Rechenproblems ausarbeiten bzw. „wiederentdecken" zu lassen. Der Kernlehrplan fordert sogar Möglichkeiten zum Kompetenzerwerb der Problemlösekompetenz des Verallgemeinerns. Schülerinnen und Schüler „nutzen Problemlösestrategien wie [...] Beispiel finden, systematisches Probieren, Schlussfolgern, Zurückführen auf Bekanntes und Verallgemeinern" (MSJK NRW, 2004, S. 14).

2.2 Blockprogrammierung plugged-in

In diesem Kapitel stellen wir eine fachübergreifende Möglichkeit der Anwendung der Blockprogrammierung im Mathematikunterricht am Beispiel von *Scratch*[21] vor. Die Programmierumgebung Scratch wird im Medienkompetenzrahmen NRW (Medienberatung NRW, 2018) explizit als eine Möglichkeit der Einführung in die Blockprogrammierung für die Jahrgangsstufen 3-9 u. a. für die Fächer Mathematik und Informatik genannt.
Im informatischen Sinne kann die Anwendung der Programmiersprache Scratch dem übergeordneten Kompetenzbereich „Problemlösen und Modellieren" und den Teilkompetenzen „Problemlösestrategien entwickeln und dazu eine strukturierte, algorithmische Sequenz planen; diese auch durch Programmieren umsetzen und die gefundene

[21] https://scratch.mit.edu/

Lösungsstrategie beurteilen" (Medienberatung NRW, 2018, S. 23) zugeordnet werden. Auch das mathematische Problemlösen sieht am Ende der Jahrgangsstufe 8 vor, dass die Schülerinnen und Schüler „ihre Vorgehensweisen zur Lösung eines Problems planen und beschreiben, Algorithmen zum Lösen mathematischer Standardaufgaben nutzen und ihre Praktikabilität bewerten, bei einem Problem die Möglichkeit mehrerer Lösungen oder Lösungswege überprüfen, die Problemlösestrategien „Zurückführen auf Bekanntes" (Konstruktion von Hilfslinien, Zwischenrechnungen), „Spezialfälle finden" und „Verallgemeinern" anwenden und Lösungswege auf Richtigkeit und Schlüssigkeit überprüfen (MSJK NRW, 2004, S. 23). Unserer Ansicht nach bietet es sich an, gerade im Kompetenzbereich des Problemlösens fächerübergreifend zu arbeiten. Da aber die Kompetenz des Problemlösens immer nur in Verbindung mit inhaltsbezogenen Kompetenzen erworben und weiterentwickelt werden kann, ist es erforderlich den Bezug zu mathematischen Inhalten wie beispielsweise der Geometrie herzustellen, da „[...] die Geometrie ein Tätigkeitsfeld für zeichnerisches Experimentieren und Gestalten, für analysierendes und begründetes Vorgehen in der Mathematik sowie für innermathematisches und anwendungsbezogenes Problemlösen [ist][...]" (Hattermann et al., 2015, S. 186).

Einige Beispiele für den Einsatz von Scratch im Geometrieunterricht stellt Förster (2014) vor. In unseren folgenden Ausführungen stellen wir eine Unterrichtsidee zur Konstruktion regelmäßiger Dreiecke in Scratch in Anlehnung an Förster (2014) vor. Aus unserer Perspektive stellt dieses Beispiel die schon angesprochenen Aspekte des sowohl informatischen als auch mathematischen Problemlösens deutlich heraus. Einerseits wird hier von den Schülerinnen und Schülern erwartet einen Algorithmus zu entwickeln, andererseits sollen die Schülerinnen und Schüler ein regelmäßiges Dreieck konstruieren. Damit ergibt sich eine Aufgabe an der Schnittstelle von Informatik und Mathematik, in welchem die Schülerinnen und Schüler ihre bereits erworbenen Kenntnisse zum Blockprogrammieren mit Scratch und Kenntnisse zu regelmäßigen Dreiecken in Zusammenhang anwenden und vertiefen können. Bevor die Schülerinnen und Schüler mit der Programmierung beginnen, müssen sie sich der einzelnen Konstruktionsschritte bewusst sein, Entscheidungen treffen und diese den entsprechenden Blöcken, die den Einzelschritten eines Algorithmus entsprechen, aus der Blockbibliothek zuordnen. D. h. sie „planen und beschreiben ihre Vorgehensweisen zur Lösung eines Problems“ und „nutzen Algorithmen zum Lösen mathematischer Standardaufgaben [...].“ (MSJK NRW, 2004, S. 23) Mit dem gelben Kopfblock „*Wenn Taste Leertaste gedrückt*“ wird die Ausführung des Skriptes gestartet. Damit die Figur, in der obigen Abbildung eine Katze, zeichnen kann, müssen die grünen Stapelblöcke „*schalte Stift ein*“ und „*setze Stiftfarbe an*“ ausgewählt werden. Die Auswahl der Stiftfarbe kann von den Schülerinnen und Schülern frei gewählt werden. Die im Vorfeld getätigten Überlegungen zur Konstruktion von regelmäßigen Dreiecken helfen nun bei der weiteren Programmierung. Da insgesamt drei Mal die gleiche Anweisung bzw. die gleiche Handlung von der Figur durchgeführt werden muss, wird an dieser Stelle in den Steuerungsblock mit „*wiederhole () mal*“ die Zahl 3 eingesetzt und an das Skript angehängt. Damit die Strecken gezeichnet werden können, müssen anschließend der blaue Bewegungsblock „*gehe () -er Schritt*“und der blaue Rotationsblock „*drehe () Grad*“ hinzugefügt werden. Die Schritte entsprechen keiner Streckenlänge, sondern der Anzahl von Pixeln, die die Katze zurücklegen soll, in diesem Fall 200. Hierbei sollten die Schülerinnen und Schüler die Maße der Bühne im Blick behalten, denn alles was über den Bühnenbereich hinaus programmiert wird, wird nicht angezeigt. Damit anschließend ein regelmäßiges Dreieck von der Figur gezeichnet werden kann, ist es unbedingt erforderlich in den Rotationsblock eine Drehung von 120° einzufügen. An dieser Stelle sollten sich die Lernenden darüber bewusst sein, dass sich die Figur nicht um 60°, sondern um 120° gegen den Uhrzeigersinn drehen muss.

Während der Programmierung können die Schülerinnen und Schüler nicht nur ihr inhaltliches Wissen im Bereich der Geometrie festigen, sondern ebenfalls „Algorithmen [...] [in Bezug auf] ihre Praktikabilität bewerten“, „[...] bei einem Problem die Möglichkeit mehrerer Lösungen oder Lösungswege [überprüfen]“, „[...] die Problemlösestrategien „Zurückführen auf Bekanntes“ (Konstruktion von Hilfslinien, Zwi-

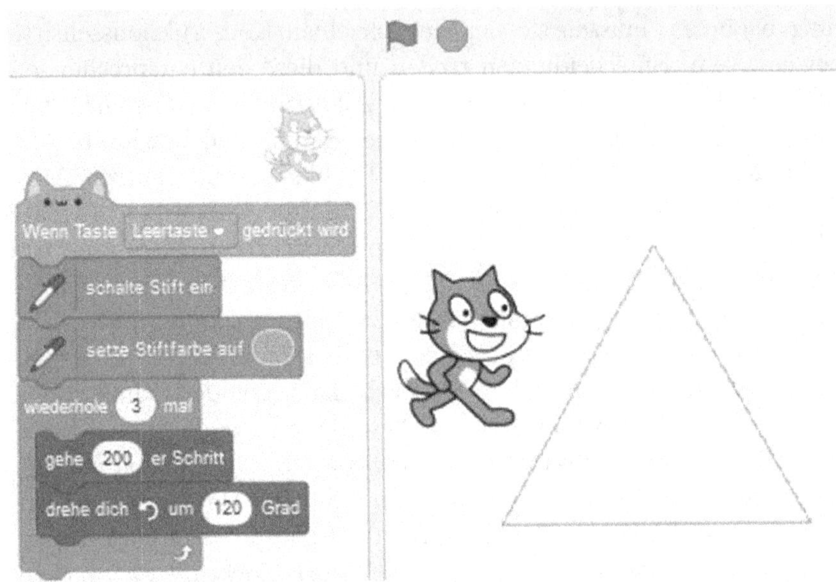

Abbildung 56: Screenshot von regelmäßigem Dreieck in Scratch in Anlehnung an Förster (2014).

schenrechnungen), „Spezialfälle finden" und „Verallgemeinern" [anwenden]" (MSJK NRW, 2004, S. 23). Anhand der erfolgreichen oder nicht erfolgreichen Ausführung des Programms oder auch durch Nachmessen der Konstruktion, wenn die Bühne als Grafik gespeichert und ausdruckt wird, können sie ihre „[...] Lösungswege auf Richtigkeit und Schlüssigkeit [überprüfen]" (MSJK NRW, 2004, S. 23).
Laut Förster (2014) könnte Scratch ebenfalls zu den Themen Heron Verfahren, Bisektion, Kreisbewegungen mittels Sinus und Kosinus, Euklidischer Algorithmus, Elemente von Computeralgebra, z. B. Funktionsterme ableiten, Sieb des Eratosthenes, Annäherung von π oder Zufallsexperimente begleitend eingesetzt werden. Ergänzend hierzu kann an dieser Stelle erwähnt werden, dass alle Blockprogrammiersprachen über einen Block zum Generieren von Zufallszahlen verfügen.

2.3 Weitere Beispiele von mathematikhaltigem Problemlösen mit Blockprogrammierung

Es sollte nicht unerwähnt bleiben, dass die Blockprogrammierung lediglich als eine Einführung in die Programmierung zu verstehen ist und nicht die textbasierte Programmierung ersetzen kann und soll. Sicherlich ist es aus informatischer Sicht erforderlich, dass die Schülerinnen und Schüler im weiteren Verlauf ihrer Schullaufbahn ihre Programmierkenntnisse vertiefen.
Die Blockprogrammierung im Allgemeinen bietet Anknüpfungspotenzial in höheres Programmiersprachenniveau. Hierfür kann z. B. Scratch selbst genutzt werden, um Blöcke händisch zu programmieren (JavaScript). Darüber hinaus stehen mittlerweile eine Vielzahl ähnlicher Systeme zur Verfügung mit denen nach dem gleichen Prinzip gearbeitet werden kann. Hier einige Beispiele:

- Pocket Code als Smartphone-App z.B. für „bring your own device“-Ansätze
- MIT-Appinventor – Blocksystem zur simplen App-Entwicklung mit „Livetest“-Funktion für Androidgeräte
- App Lab – Hier wird Blockprogrammierung zur App-Entwicklung eingesetzt. Die Blöcke können zudem flexibel als Code in JavaScript angezeigt werden. Apps können direkt im Browser getestet werden.

Kritisch anzumerken ist, dass je anspruchsvoller das programmiersprachliche Niveau einer Problemaufgabe wird, die mathematischen Inhalte eher in den Hintergrund und informatische Probleme in den Vordergrund rücken. Anderseits ist Programmierung, sei sie visuell oder skriptbasiert, nicht von mathematischen Vorstellungen zu trennen. Die folgenden Beispiele beinhalten Problemaufgaben mit informatischem Schwerpunkt, keine der Problemaufgaben ist jedoch ohne mathematikhaltiges Problemlösen und mathematisches Wissen zu lösen. Insofern können solche Probleme durchaus als Möglichkeit der Vertiefung von mathematischen Inhalten und als Training der allgemeinen Problemlösekompetenz verstanden werden. Alle beschriebe-

nen Beispiele nutzen zur Problemlösung das „Werkzeug“ der Blockprogrammierung.
Bei den sogenannten Blocklygames[22] wird das Programmierwissen der Nutzer spielerisch von der Blockprogrammierung zum händischen Programmieren mit JavaScript erweitert. Die in der Schwierigkeit ansteigenden kleinen „Rätsel“ lassen große Potenziale für den Mathematikunterricht erkennen. Die in Abschnitt 2.1 bereits angesprochene Erweiterung der „Kidbot“-Spiele auf das Koordinatensystem wird bei den „Vogel“-Challenges zusammen mit Winkeldrehungen genutzt. Im Beispiel wurde mit den zur Verfügung stehenden Blöcken ein Algorithmus programmiert, der den Vogel mit dem Steuerkurs 0° bis zu einem x-Wert von 79 fliegen lässt und bei dem x-Wert 80 einen neuen Steuerkurs von 270° nutzt, um das Nest zu erreichen. Hierfür sind klare Vorstellungen zum Koordinatensystem bzw. der x-Achse des Koordinatensystems und zu den Variablen, die die x-Koordinate des Vogels beschreiben, den booleschen Operatoren, den Vergleichszeichen (<, >, =) und den Winkeln, die den nötigen Kurs der Flugroute des Vogels bestimmen, notwendig. Fehler innerhalb dieser Aspekte können durch das Ausprobieren des Lösungsalgorithmus identifiziert und ggf. angepasst werden.
Der Levelcharakter („Gamification“) unterstützt die Motivation (sowohl für Lehrerinnen und Lehrer als auch für Schülerinnen und Schüler) durch kleinschrittige Erfolgserlebnisse und das stets ansteigende Schwierigkeitsniveau.
Ebenfalls in den Blocklygames enthalten sind Konstruktionsübungen, in denen nach erfolgreicher Problemlösung das JavaScript der korrekten Blocklösung angezeigt wird. Das Niveau der Blocklygames steigt über das Anzeigen bis zum Anpassen von Scripts und schließlich dem freien händischen Programmieren mit JavaScript. Diese Art der Kleinschrittigkeit zeigt im Selbstversuch der Autoren dieses Artikels hohen motivationalen Charakter und schnelle Fortschritte im Programmierniveau, trotz nicht vorhandener Kenntnisse von JavaScript.
An dieser Stelle soll kurz ein Beispiel aus dem Unterricht vorge-

[22]https://blockly.games/

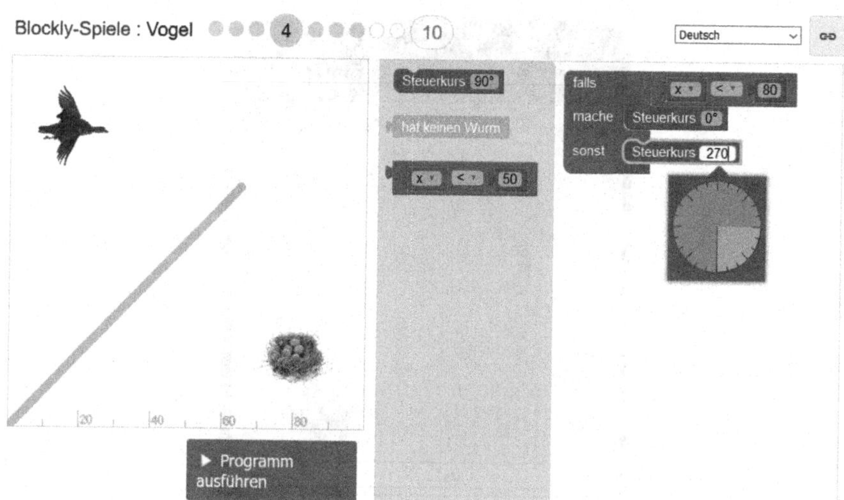

Abbildung 57: Screenshot eines Blockly-Spiels zum Themenbereich Koordinatensystem und Winkel.

stellt werden, um das Potenzial der Blockprogrammierung zu veranschaulichen. Die Schülerinnen und Schüler des wöchentlich einstündigen „Apps-Programmieren"-Kurses des Jahrgangs 7 unserer Schule konnten in der Lernumgebung MIT-Appinventor, die auf demselben Blocksystem wie z.B. Scratch basiert, innerhalb von kürzester Zeit simple Algorithmen programmieren. Mithilfe einer (kostenlosen sowie aufwendig für fachfremde Lehrkräfte aufbereiteten) Unterrichtsreihe von „Appcamps" wurden Fachlehrer sowie Schülerinnen und Schüler schnell von Anfängern ohne Vorwissen zu App-Programmierern. Dabei fiel auf, dass die Schülerinnen und Schüler sich konstant mit mathematischen Fragen auseinandersetzen mussten. Das in Abbildung 58 dargestellte Spiel „Hundehütte" funktioniert so, dass der Hund mithilfe der Buttons Hoch, Runter, Links und Rechts möglichst schnell zur Hundehütte gesteuert werden kann. Sobald er die Hütte erreicht hat, wird die Hütte an einem zufälligen neuen Ort aufgestellt. Innerhalb eines Zeitintervalls muss die Hundehütte so oft wie möglich erreicht werden.

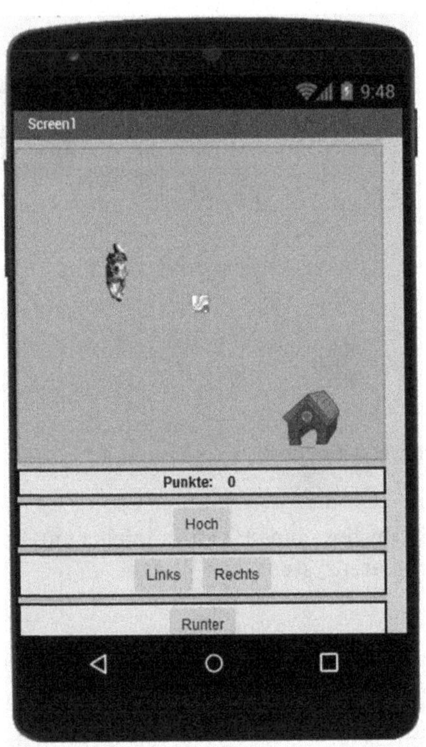

Abbildung 58: Screenshot des Hundehütte-App-Designs.

Die Schülerinnen und Schüler mussten bei der Programmierung der App vor allem mit x- und y-Koordinaten der Spielfigur Abbildungen (Hund und Hütte) arbeiten. Dafür war zunächst die Erkenntnis wichtig, dass der Bildschirm in ein Koordinatensystem eingeteilt werden kann. Anschließend mussten für die Koordinaten der Spielfigur Hund und für die Hütte Blöcke programmiert werden, die zufällige Zahlen kreieren und diese für die Variablen der Koordinaten einsetzen.
Wenn beispielsweise einer der Steuerungsbuttons den Hund in die verkehrte Richtung bewegte, waren die Schülerinnen und Schüler in der Lage zu erkennen, dass sie den Variablenwert für die entsprechende x- oder y-Koordinate der Hundeposition erhöhen oder senken müssen, um die gewünschte Steuerung zu erzielen. Gegebenenfalls erkannten

sie sogar, dass sie die falsche Achse für den aktuell zu programmierenden Steuerungsbutton ausgewählt hatten. Eine hier vorliegende Vertiefung von Vorstellungen zum Koordinatensystem und zu Variablen ist insofern naheliegend. Ob sich das Verständnis einer Variablen als „Zahlenspeicher“ oder Platzhalter für eine noch zu generierende Zahl und die Vorstellung des Spielfelds als Koordinatensystem tatsächlich auf die mathematischen Vorstellungen der Schülerinnen und Schüler ausgewirkt haben, können wir ohne weitergehende Studien durchgeführt zu haben, aber noch nicht weiter belegen.
Der potentielle Mehraufwand in der Vorbereitung der Lehrerinnen und Lehrer wird mit der großen Freude von Schülerinnen und Schüler am Testen und Installieren von selbsterstellten Apps auf dem eigenen Smartphone belohnt.
Ein zu den Blocklygames vergleichbares Vorgehen wäre mit der browserbasierten Programmierumgebung *Applab*[23] von Code.org möglich. Dort lassen sich Apps per Blockprogrammierung erstellen und es besteht die Möglichkeit sich die Blöcke als JavaScript anzeigen zu lassen. Anders als bei den Blocklygames kann flexibel zwischen Block- und Scriptprogrammierung gewechselt werden. Das Script kann zudem händisch programmiert werden. Das Debugging Tool zeigt sogar an, in welchen Zeilen ein Fehler im Code ist. Leider kann nicht aus einem fehlerhaften Script in die Blockansicht gewechselt werden, da die Blockprogrammierung Syntaxfehler ausschließt.
Appcamps[24] bietet aufwendig aufbereitete Lerneinheiten zur Apperstellung mit Lernvideos, Lehrermaterial, Lösungen und Lernkarten (Anleitungen) zum Appbau mit Blöcken. Die Möglichkeit die programmierte App sofort „live“ im Browser zu testen motiviert und bietet schnelles Feedback.

[23]https://code.org/educate/applab
[24]https://appcamps.de/unterrichtsmaterial/app-entwicklung/

3 Blockprogrammierung in der Lehrerausbildung

Unter der Annahme, dass Blockprogrammierung stets in Algorithmen ausgeführt wird und demzufolge auf eine fundamentale mathematische Idee hinweist, stellt sich die Frage inwieweit Blockprogrammierung innerhalb der Mathematiklehrerausbildung eingesetzt werden könnte.

> „Der Begriff des Algorithmus zählt zu den fundamentalen Begriffen der Mathematik, ohne dessen Berücksichtigung ein angemessenes Verständnis für Mathematik heutzutage unmöglich ist. Ihrer Bedeutung entsprechend ist es angemessen, wenn die Algorithmik in geeigneter Weise als Grundlagenveranstaltung an zentraler Stelle in den Studienplänen der Fächer Mathematik und Informatik verankert ist." (Ziegenbalg, 2015)

Es wäre aus dieser Perspektive betrachtet sinnvoll, wenn die zukünftigen Mathematiklehrerinnen und -lehrer, aber auch die im Schuldienst aktiven Lehrenden, Einblicke in den Einsatz der Blockprogrammierung im Mathematikunterricht erhalten würden. Der Erwerb der Kompetenzen könnte deshalb auch in der Lehrerausbildung Wirksamkeit entfalten. Hierbei könnte Blockprogrammierung als Chance zum motivierenden Vertiefen von mathematischen Inhalten angesehen werden und weiterhin als ergiebige Möglichkeit Problemlösekompetenzen wie die Problemlöseplanung, Teilproblemzerlegung, und Problemlösungsreflexion zu trainieren.
Dafür gilt es Strategien zu entwickeln und Berührungsängste zu nehmen, „wenn man in Schulen geht und mit Lehrern spricht. Auch wenn digitale Medien vorhanden sind, ist deren Potenzial für das Lernen von Mathematik im Wesentlichen unbekannt oder wird ignoriert" (Pallack, 2018, S. 58). Insofern sollten spielerische Zugänge Interesse wecken und das Potenzial der Blockprogrammierung für den Einsatz im Mathematikunterricht erahnen lassen. Hierzu eignet sich u. a. die Programmiersprache Scratch. „Im Gegensatz zu vielen anderen Programmiersprachen benötigt Scratch durch seinen visuellen Ansatz kaum Einarbeitungszeit und vermeidet durch die Programmierung entsprechend eines Baukastenprinzips Syntaxfehler. Die Pro-

gramme selbst können leicht miteinander verglichen und analysiert werden. Lehramtsstudierende aller Fächer können mit Scratch schon in den ersten Semestern mit Schülerinnen und Schülern sogar der ersten Klasse erfolgreich programmieren (Förster, 2014; Förster, 2011). Diese Vorteile sind unserer Erfahrung nach auf die oben vorgestellten Programmanwendungen, die mit ähnlichen Blockprogrammierungssystemen arbeiten, übertragbar. Aufgrund des vielfältigen Angebots visueller Programmierumgebungen ist es wichtig, dass schon im Studium Kriterien vermittelt werden, die eine zielführende und reflektierte Auswahl eines entsprechenden Programms bzw. einer App für den Einsatz im Mathematikunterricht ermöglichen.
An vielen Schulen werden, dafür braucht man kein Prophet sein, die Mathematiklehrerinnen und -lehrer aufgrund der inhaltlichen Nähe der Fächer Mathematik und Informatik den enormen Mangel an ausgebildeten Informatiklehrern fachfremd auffangen müssen; die Einführung des Pflichtfaches Informatik im Schuljahr 2021/22 in Nordrhein-Westfalen verschärft die Situation weiter. Mathematik mit informatischen Inhalten zu kombinieren kann dieses Problem nicht lösen, trägt aber möglicherweise dazu bei, den anstehenden Übergang zu erleichtern. Besonders wenn bereits in der Ausbildung neuer Mathematiklehrer informatisch-mathematische Inhalte vermittelt würden.

4 Fazit

Wir sind davon überzeugt, dass die Blockprogrammierung in mathematischer Rahmung den Schülerinnen und Schülern handlungsorientierte Möglichkeiten der Vertiefung zu verschiedenen Themen der Mathematik eröffnet und parallel dazu, das Interesse am Programmieren an sich fördern kann. Die oben beschriebenen Erfahrungen mit auf Blockprogrammierung basierenden Apps lässt wechselseitige Synergien für die Fächer Mathematik und Informatik erkennen. Lösungswege sind durch den Aufbau der Blöcke leicht zugänglich und analysierbar, das Testen und Weiterentwickeln von Programmen und Apps motiviert mit der Zielperspektive eines echten Lernproduktes.

Die Schülerinnen und Schüler erhalten Einsichten inwiefern Algorithmen Apps prägen. Es ist außerdem vorstellbar, dass der Algorithmus als fundamentale Idee für den Mathematikunterricht gestärkt wird indem er als fächerverbindendes Element der Fächer Mathematik und Informatik einfließt.
Das Fach Mathematik kann und soll das Fach Informatik nicht ersetzen, aber im Konsens können beide Fächer einen gemeinsamen Beitrag dazu leisten, die Schülerinnen und Schüler sowohl mathematisch als informatisch auf ihre Lebens- und Berufswelt vorzubereiten.

Literatur

Förster, K.-T. (2014). Scratch von Anfang an: Programmieren als begleitendes Werkzeug im mathematischen Unterricht der Sekundarstufe. In J. Roth & J. Ames (Hrsg.), *Beiträge zum Mathematikunterricht 2014* (S. 373–376). Münster, WTM.

Förster, K.-T. (2011). Neue Möglichkeiten durch die Programmiersprache Scratch: Algorithmen und Programmierung für alle Fächer. In R. Haug & L. Holzäpfel (Hrsg.), *Beiträge zum Mathematikunterricht 2011* (S. 263–266). Münster, WTM.

Hattermann, M., Kadunz, G., Rezat, S. & Sträßer. (2015). Geometrie: Leitidee Raum und und Form. In R. Bruder, L. Hefendehl-Hebeker, B. Schmidt-Thieme & H.-G. Weigand (Hrsg.), *Handbuch der Mathematikdidaktik* (S. 411–434). Berlin, Springer Spektrum.

Kultusministerkonferenz. (2016). *Strategie der Kultusministerkonferenz „Bildung in der digitalen Welt" (Beschluss der Kultusministerkonferenz vom 08.12.2016).* https://www.kmk.org/fileadmin/Dateien/pdf/PresseUndAktuelles/2016/Bildung_digitale_Welt_Webversion.pdf

Medienberatung NRW. (2018). *Medienkompetenzrahmen NRW.* Verfügbar 5. Mai 2020 unter https://medien-%20kompetenzrahmen.nrw.de/fileadmin/pdf/LVR_ZMB_MKR_Broschuere_2018_08_Final.pdf

MSB NRW. (2019). *Pressemitteilung vom 19.11.2019.* https://www.schulministerium.nrw.de/docs/bp/Ministerium/Presse/Pressemitteilungen/2019_17_LegPer/PM20191119_Wirtschaft_Informatik/index.html

MSJK NRW. (2004). *Kernlehrplan für die Gesamtschule - Sekundarstufe I in Nordrhein-Westfalen. Mathematik.* Frechen, Ritterbach Verlag.

Oldenburg, R. (2011). *Mathematische Algorithmen im Unterricht: Mathematik aktiv erleben durch Programmieren.* Wiesbaden, Vieweg+Teubner.

Pallack, A. (2018). *Digitale Medien im Mathematikunterricht der Sekundarstufen I + II.* Berlin, Heidelberg, Springer Spektrum.

Rogers, H. (1987). *Theory of Recursive Functions and Effective Computability.* Cambridge, MIT Press.

Schmidt-Thieme, G. & Weigand, H.-G. (2015). Medien. In R. Bruder, L. Hefendehl-Hebeker, B. Schmidt-Thieme & H.-G. Weigand (Hrsg.), *Handbuch der Mathematikdidaktik* (S. 461–490). Berlin, Springer Spektrum.

Ziegenbalg, J. (2015). Algorithmik. In R. Bruder, L. Hefendehl-Hebeker, B. Schmidt-Thieme & H.-G. Weigand (Hrsg.), *Handbuch der Mathematikdidaktik* (S. 303–329). Berlin, Springer Spektrum.

„Die Würfel auf dem Tablet waren aber anders" – Zur Kontextgebundenheit des Wissens bei Stationenarbeiten mit Digitalen Medien

Anne Rahn und Frederik Dilling

Stationenlernen ist eine beliebte Methode im Mathematikunterricht der Grundschule. Das Anbieten von Stationen, die verschiedene Zugänge und Schwerpunkte zu einem Oberthema deutlich machen, ermöglicht ein ganzheitliches Lernen für alle Schülerinnen und Schüler. Gerade der Einsatz von digitalen Medien kann hierbei weitere Aspekte nutzbar machen und die vorhandenen analogen Stationen erweitern. Jedoch stellen die vielen verschiedenen Kontexte in den einzelnen Stationen eine Herausforderung für die Wissensentwicklung dar. Es stellt sich die Frage, ob die Schülerinnen und Schüler isolierte Begriffe entwickeln oder ob die verschiedenen Schwerpunkte miteinander in Beziehung gesetzt werden können. In der vorliegenden Studie wurde in einem dritten Schuljahr eine Stationenarbeit zum Thema Würfelgebäude unter anderem mit digitalen Medien (Tablet und PC) erprobt, um der Frage nachzugehen, inwieweit das erlernte Wissen der Schülerinnen und Schüler an die Kontexte der Erarbeitung gebunden ist und welche Rückschlüsse sich daraus für den Einsatz digitaler Medien im Mathematikunterricht ziehen lassen.

F. Dilling und F. Pielsticker (Hrsg.), *Mathematische Lehr-Lernprozesse im Kontext digitaler Medien*, MINTUS – Beiträge zur mathematisch-naturwissenschaftlichen Bildung, https://doi.org/10.1007/978-3-658-31996-0_11

1 Einleitung

Das Stationenlernen stellt eine weit verbreitete Arbeitsform im Mathematikunterricht mit digitalen Medien dar. Dabei wird ein mathematisches Thema bewusst aus verschiedenen Blickwinkeln bezogen auf die Sozialform, die Aufgabenstellung, die Methode oder den Kontext betrachtet. Im Bereich der Begriffsentwicklung scheint die Kontextgebundenheit des in einem solchen Setting entwickelten Wissens eine entscheidende Herausforderung darzustellen.
Der Zusammenhang zwischen der Methode des Stationenlernens mit digitalen Medien und der Kontextgebundenheit des entwickelten Wissens soll in diesem Beitrag anhand einer Fallstudie untersucht werden. Im Fokus steht dabei eine Stationenarbeit zum Thema Würfelgebäude unter Einbezug von Tablet-Apps, einem CAD-Programm und verschiedenen analogen Stationen. Die Stationenarbeit wurde in einer dritten Klasse durchgeführt und einzelne Schülerinnen und Schüler wurden im Anschluss an die Arbeitsphase interviewt. Das Datenmaterial wurde vor dem Theorierahmen der Subjektiven Erfahrungsbereiche nach Bauersfeld (1983) in einer qualitativen Inhaltsanalyse nach Mayring (2015) analysiert und interpretiert.

2 Theoretischer Hintergrund

2.1 Das Thema Würfelgebäude in der Grundschule

Würfelgebäude spielen im Mathematikunterricht der Grundschule in der Raumgeometrie eine zentrale Rolle und im Sinne des Spiralcurriculums auch in den weiterführenden Jahrgangsstufen. Sie lassen sich dem Inhaltsbereich „Raum und Form“ der Bildungsstandards Mathematik für den Primarbereich zuordnen. Hier wird unter anderem gefordert, dass zwei- und dreidimensionale Darstellungen von Bauwerken zueinander in Beziehung gesetzt werden, indem zum Beispiel Bauwerke nach Vorlagen gebaut werden oder umgekehrt Baupläne zu Bauwerken erstellt werden. Des Weiteren sollen räumliche Beziehungen in Plänen und Ansichten erkannt, beschrieben und genutzt werden, sowie Zeichnungen von Körpern oder Würfelgebäuden mit Hilfsmitteln oder als Freihandzeichnung angefertigt werden (Kultusministerkonferenz, 2005). Würfel bieten als symmetrisches Material einen besonders leichten Zugang zu entsprechenden Aktivitäten. Beim freien Bauen mit Würfeln sollen Eigenschaften dieser, wie die Kongruenz der Außenflächen, erkannt oder verschiedene Konstellationen der Würfel klassifiziert werden. Eine weitere Aktivität ist das Bauen von Würfelgebäuden nach einer Vorgabe. Diese kann sowohl in Form eines Bauplans oder einer Ansicht als auch als sprachliche Beschreibung gegeben sein. Entsprechend werden auch Baupläne und andere Beschreibungen für gegebene Würfelgebäude erstellt. Auf diese Weise werden wesentliche Aspekte der Raumvorstellung angesprochen. Schließlich können so genannte Würfelviellinge, Anordnungen von Würfeln mit 2, 3, 4, usw. Würfeln, durch die Schülerinnen und Schüler untersucht werden (Franke, 2011).

2.2 Digitale Medien und das Thema Würfelgebäude

Der Einbezug digitaler Medien ermöglicht neue Herangehensweisen und Aktivitäten beim Thema Würfelgebäude im Mathematikunterricht. Verwendung fanden in der in diesem Artikel untersuchten Stationenarbeit die Tablet-Apps Klötzchen und Isometriepapier von Heiko Etzold sowie die CAD-Software Tinkercad™.

Die App Klötzchen

Die App Klötzchen wurde von Heiko Etzold 2015 im Projekt „Digitales Lernen in der Grundschule“ der Universität Potsdam entworfen und veröffentlicht. Ihr Schwerpunkt liegt auf dem Einsatz im Themengebiet Würfelgebäude der Grundschule. Die App ermöglicht das Bauen von Würfelgebäuden mit Einheitswürfeln in verschiedenen Ansichten. Für die Sekundarstufe I ermöglicht der Modus Programmieren (Code-Ansicht) zusätzlich einen Einsatz im Bereich informatische Grundbildung, wobei dieser Aspekt in der Studie keine Verwendung fand. Im Folgenden werden zunächst der Aufbau der App und die

Verwendungsmöglichkeiten vorgestellt. Der konkrete Einsatz mit Aufgabenstellungen im Rahmen der Stationenarbeit wird anschließend in Kapitel 3.2 beschrieben.
Die App Klötzchen zeichnet sich durch einen zweigeteilten Fensterbereich aus. Dieser kann unterschiedlich kombiniert werden, sodass unterschiedliche Aufgabenschwerpunkte gesetzt werden können. Zur Auswahl stehen für die linke Seite eine Zentralprojektion (Abbildung 59 und 60) und die Ansicht Bauplan. In der 3D-Ansicht können über einen weiteren Button in der linken, oberen Ecke weitere Einstellungen vorgenommen werden. So lassen sich zum Beispiel „Wände" hinzufügen, auf die das Bauwerk einen Schatten wirft, um Seiten- und Frontansicht darzustellen. Für die rechte Bildschirmseite stehen die Ansichten Bauplan (Abbildung 59), Zweitafel (Abbildung 60), Schrägbild (isometrische Darstellung oder Kavalierprojektion) und die Code-Ansicht zur Auswahl. Veränderungen am Würfelgebäude können nur in der Ansicht Bauplan und der Raumansicht vorgenommen werden. Beide Fensterseiten können wahlweise einzeln ausgeblendet werden (Etzold & Janke, 2019).
Über Tippen im Bereich der vorgegebenen Grundfläche werden Würfel erzeugt und über langes gedrückt Halten wieder entfernt. Das ganze Würfelgebäude lässt sich über den Papierkorb-Button löschen. Erstellte Bauwerke können gespeichert, exportiert und geteilt werden. Die App selber enthält keine Aufgaben zum Erstellen oder Nachbauen von Würfelgebäuden, sie nimmt vielmehr die Funktion eines Arbeitsmittels ein und kann im Zusammenhang mit ganz unterschiedlichen Aufgabenstellungen verwendet werden (Krauthausen, 2012).
Ein besonderes Potential der Verwendung der Klötzchen-App liegt in den sich synchron anpassenden Ansichten, die einen direkten Vergleich ermöglichen (Walter, 2018). Außerdem ist es möglich, das erstellte Würfelgebäude in der dreidimensionalen Ansicht um alle Achsen zu drehen und so schnell eine umfassende räumliche Vorstellung des Gebäudes zu erhalten, was eine kognitive Entlastung darstellt (Bönig & Thöne, 2018). Dabei gilt es allerdings zu beachten, dass die vom Programm generierten Ansichten von den Schülerinnen und Schülern auch immer interpretiert werden müssen.

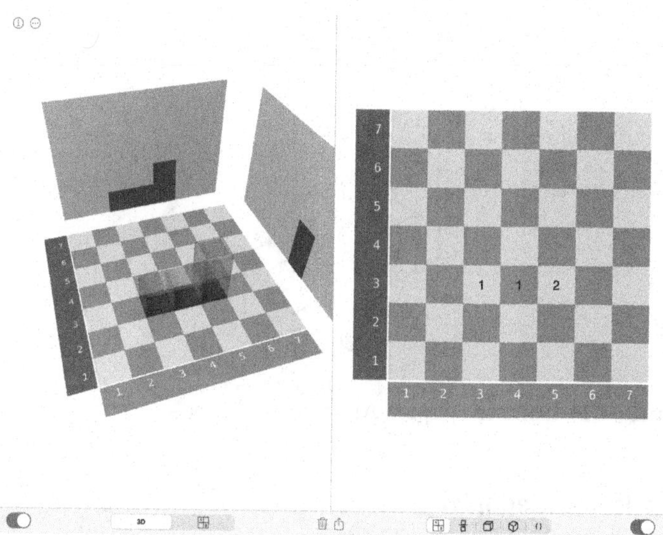

Abbildung 59: Klötzchen-App mit den Einstellungen Raumansicht/ Ansicht Bauplan.

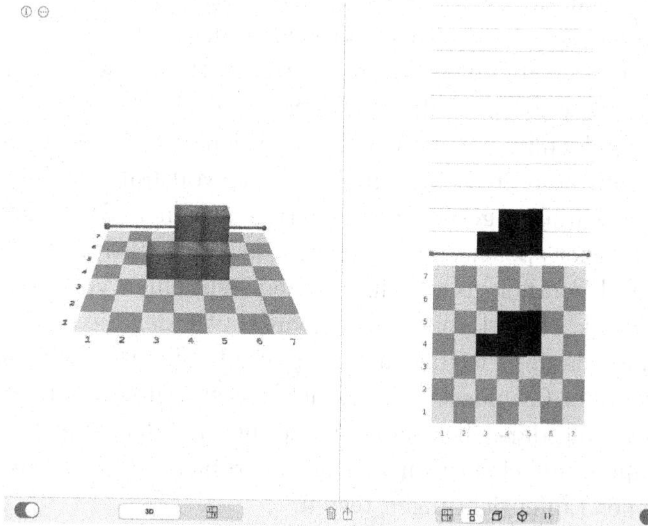

Abbildung 60: Klötzchen-App mit den Einstellungen Raumansicht/ Zweitafelansicht.

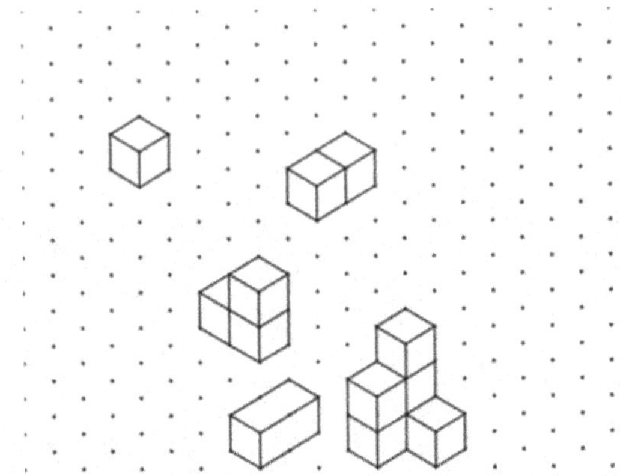

Abbildung 61: Isometriepapier-App.

Die App Isometriepapier

Eine weitere Anwendung, die sich im Geometrieunterricht der Grundschule zum Thema Würfelgebäude einsetzen lässt, ist die App Isometriepapier, ebenfalls entwickelt von Heiko Etzold. Sie ermöglicht es, isometrische Zeichnungen von Würfelgebäuden auf dem Tabletbildschirm anzufertigen. Linien können gezeichnet und wieder entfernt werden. Die App zeichnet dabei immer gerade Linien zwischen zwei benachbarten Punkten, sodass einfach mit dem Finger gearbeitet werden kann. Eine erstellte Zeichnung kann auch vollständig gelöscht und eine neue Zeichnung gestartet werden. Gezeichnete Würfelgebäude lassen sich ferner speichern und teilen. Die Möglichkeit des schnellen Löschens und Veränderns einzelner Linien stellt einen Vorteil der App gegenüber wirklichem Papier dar. Außerdem werden die Zeichnungen übersichtlich, da das Programm immer gerade Linien erstellt, was insbesondere in der Grundschule bei Zeichnungen mit einem Lineal eine Herausforderung darstellen kann. So können Kinder ohne Anleitung zum Zeichnen zunächst eigenständig ausprobieren und die Wirkung verschiedener Linienrichtungen testen.

Das CAD-Programm Tinkercad^{TM}

Tinkercad^{TM} ist eine Computer-Aided-Design-Software zur maßstäblichen Konstruktion von dreidimensionalen Objekten. Die im Programm erstellten Objekte können mit einem beliebigen 3D-Drucker ausgedruckt werden und damit zu Arbeitsmaterialien entwickelt werden.
Es handelt sich bei Tinkercad^{TM} um ein so genanntes Direktmodellierungsprogramm, was bedeutet, dass der Benutzer eine Reihe von Grundkörpern auswählen und per Drag and Drop auf eine virtuelle Arbeitsebene ziehen kann. Die Objekte werden als Zentralprojektion auf dem Computerbildschirm angezeigt und können durch die Eingabe von Zahlenwerten als Maßangaben oder durch direktes Ziehen mit der Maus an Objektteilen (Ecke, Kante, etc.) in Größe und Position verändert werden. Verschiedene Körper können als Volumenkörper oder so genannte „Bohrkörper“ (Objekt wird aus einem anderen herausgeschnitten) definiert und dadurch verbunden werden (Dilling & Witzke, 2019).
Im Bereich Würfelgebäude können mit Tinkercad^{TM} sehr frei Würfel als geometrische Körper kombiniert und zu verschiedenen Würfelgebäuden zusammengesetzt werden. Im Gegensatz zur Klötzchen-App ist die Position und Größe der Würfel nicht festgelegt und kann beliebig angepasst werden. Die konstruierten Würfelgebäude können anschließend mit einem 3D-Drucker produziert und für die Weiterarbeit genutzt werden.

2.3 Stationenlernen

Der Begriff Stationenlernen beschreibt nach Bauer (1997, S.27) das „zusammengesetzte Angebot mehrerer Lernstationen, das die Kinder im Rahmen einer übergeordneten Thematik bearbeiten und unter Umständen teilweise selbst mitgestaltet haben“. Eine einzelne Lernstation besteht dabei aus einem einzelnen Arbeitsauftrag, der im Rahmen des Stationenlernens zur Verfügung steht.
Die Schülerinnen und Schüler können bei dieser Arbeitsform selbst-

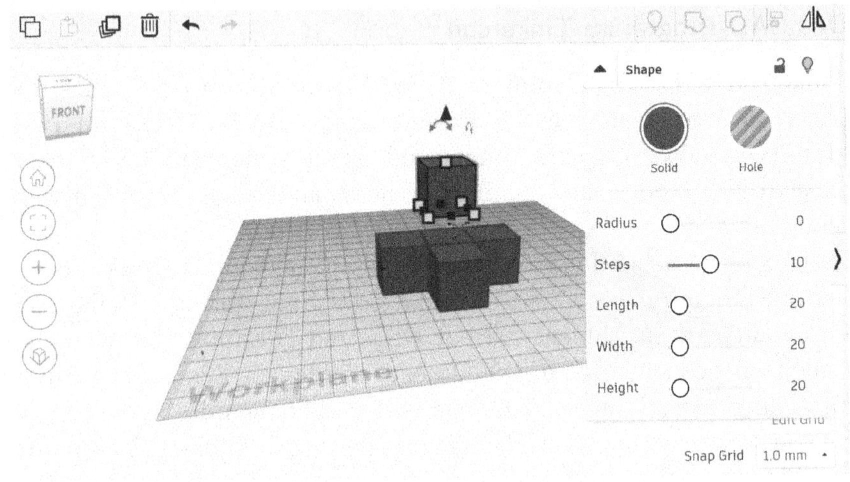

Abbildung 62: Würfelgebäude im CAD-Programm Tinkercad™.

ständig, in beliebiger Reihenfolge und gegebenenfalls sogar in frei wählbarer Sozialform an den Arbeitsaufträgen arbeiten. Die Stationen bestehen aus Arbeitsanweisungen und zusätzlichen Materialien, die im Klassenzimmer verteilt aufgestellt sind. Das Ziel des Stationenlernens ist es, den Schülerinnen und Schülern ein optimales Lernen zu ermöglichen, indem die Aktivität von ihnen selbst ausgeht (Bauer, 1997).

Ein wesentlicher Grundsatz des Stationenlernens ist die inhaltliche und methodische Offenheit der Lernstationen (Bauer, 1997). Mit digitalen Medien kann dies besonders gut realisiert werden, da sie bei einer sinnvollen Verwendung ein freies und schülerbezogenes Arbeiten fördern. Inhaltlich können teilweise neue Aspekte der Thematik kennengelernt werden, die anders nicht zugänglich wären. So kann der Einsatz verschiedener digitaler und klassischer Medien, wie es auch im Rahmen der in diesem Artikel vorgestellten Fallstudie erfolgt, eine methodische Öffnung der Stationenarbeit ermöglichen.

Gerade die Verwendung verschiedener Medien und Aufgabenstellungen zu einem inhaltlichen Schwerpunkt, wie dem Bauen mit Würfeln, stellt eine Besonderheit für den kontextgebundenen Wissenserwerb dar. Auf diese theoretische Grundlage als Ausgangspunkt der Studie wird im folgenden Abschnitt eingegangen.

2.4 Kontextgebundenheit von Wissen

Die Bedeutung der Lernsituation für den Wissenserwerb von Schülerinnen und Schülern wird schon seit langem in der Pädagogik diskutiert. Brown et al. (1989, S.32) schreiben über das Verhältnis von dem zu lernenden Wissen und der Lernsituation Folgendes:

> Recent investigations of learning, however, challenge this separating of what is learned from how it is learned and used. The activity in which knowledge is developed and deployed, it is now argued, is not separable from or ancillary to learning and cognition. Nor is it neutral. Rather, it is an integral part of what is learned. Situations might be said to co-produce knowledge through activity. Learning and cognition, it is now possible to argue, are fundamentally situated.

Entsprechend des Ansatzes der „Situated Cognition“ findet das Lernen von Mathematik nicht isoliert im Sinne einer reinen intellektuellen Aktivität statt, sondern wird stets von sozialen, kulturellen, kontextuellen und physischen Faktoren beeinflusst (u.a. Cobb, 1994; Lave, 1988; Núñez et al., 1999). Diese durch die Lernsituation bestimmten Faktoren, im Folgenden verkürzt als Kontext bezeichnet, bestimmen demnach wesentlich das von den Lernenden entwickelte Wissen.

Ein Konzept zur Beschreibung von mathematischen Lernprozessen in spezifischen Kontexten ist die Theorie der Subjektiven Erfahrungsbereiche nach Bauersfeld (1983). Die Grundannahme der Theorie ist, dass jede menschliche Erfahrung in einem bestimmten Kontext gemacht wird und damit an die Erwerbssituation gebunden ist. Die Speicherung dieser Erfahrungen erfolgt in voneinander getrennten so genannten subjektiven Erfahrungsbereichen (kurz: SEB). Ein SEB umfasst neben einer kognitiven Dimension alle weiteren subjektiv wichtigen Erfahrungen wie Motorik, Emotionen, Wertungen oder die Ich-Identität. Je stärker die Erfahrungen an Emotionen gebunden sind, desto präziser können später die Einzelheiten der Situation aufgerufen werden.

Die so genannte „society of mind" bildet die Gesamtheit der SEB. Sie sind in diesem System hierarchisch nicht geordnet und konkurrieren um ihre Aktivierung. Die Wiederholung einer ähnlichen Situation führt zu einer Festigung und Isolierung eines SEB und damit auch zu einer effektiveren Aktivierung. Eine Störung der Identitätsbalance oder negative Emotionen während dieser Festigungsphase können dagegen zur Regression, also dem Rückfall in einen früheren SEB führen. Durch häufige Aktivierung können SEB zudem verändert und umgeformt werden. Eine wichtige Bedeutung bei der Verknüpfung bereits vorhandener SEB hat die Sprache. Da ein Begriff nur im Zusammenhang mit anderen Begriffen Sinn erhält, hat jeder SEB einen spezifischen Sprachgebrauch. Dies bedeutet auch, dass kein Begriff allgemein, d.h. bereichsunabhängig aktivierbar ist. Somit kann insbesondere der Sprachgebrauch zur Rekonstruktion eines SEB herangezogen werden (Bauersfeld, 1985b).

In Begriffsentwicklungsprozessen im Mathematikunterricht kommt der Anwendung von in einem Kontext erworbenem Wissen auf weitere Kontexte eine besondere Bedeutung zu. Eine solche Verallgemeinerung von Begriffen geschieht durch den aktiven Versuch, unter der Bildung eines vergleichenden SEB, Perspektiven verschiedener SEB zu vernetzen. Dieser Vergleich kann nur aus der Perspektive des neuen SEB geschehen, dessen Bildung einer aktiven Sinnkonstruktion des Lernenden bedarf. Der Prozess der Sinnstiftung kann zwar von außen unterstützt werden, muss aber vom Lernenden selbst vorgenommen werden. Eine wichtige Rolle spielt in dieser Phase auch das Aushandeln von Begriffen in der Interaktion mit anderen Personen (Bauersfeld, 2000).

In einem Mathematikunterricht mit digitalen Medien lernen die Schülerinnen und Schüler in teilweise sehr verschiedenen Kontexten. Gerade Erfahrungen, die am Computer gemacht werden, führen nach Bauersfeld (1985a, S.114-115) „wegen ihrer vermittelten Tätigkeiten, der amputierten Sprache und der monographischen Bildschirmerträge“ zu „auffällig isolierten Subjektiven Erfahrungsbereichen“. Das mit digitalen Medien entwickelte Wissen wird somit nicht ohne Weiteres mit dem in anderen Situationen erworbenen Wissen in Verbindung gesetzt (Struve, 1987). Verschiedene empirische Untersuchungen konnten aufzeigen, dass das Wissen, welches mit einem digitalen Medium entwickelt wurde und das Wissen, welches ohne dieses Medium entwickelt wurde von Schülerinnen und Schülern meist zunächst in voneinander isolierten SEB gespeichert wird (Dilling et al., 2019, online first; Dilling & Witzke, 2020, online first; Pielsticker, 2020; Pielsticker F. et al., 2020, eingereicht). Diese subjektiven Erfahrungsbereiche können dann in einem übergeordneten SEB zusammengeführt werden. Beim Stationenlernen mit digitalen Medien scheinen sich die Kontexte, in denen Schülerinnen und Schüler ihr Wissen entwickeln, besonders deutlich zu unterscheiden. So werden sie bei jeder Station mit einer anderen Aufgabe, der Nutzung anderer Hilfsmittel und digitaler Medien, und sogar einem anderen Ort im Klassenraum und unter Umständen der Zusammenarbeit mit anderen Personen konfrontiert. Dennoch wird meist durch die Lehrkraft klar vermittelt, um welches übergeordnete Thema es sich handelt, was eine leichtere Verknüpfung der entwickelten SEB fördern kann. In der folgenden Fallstudie sollen die Auswirkungen der Methode Stationenlernen mit digitalen Medien auf die Entwicklung der subjektiven Erfahrungsbereiche von Schülerinnen und Schülern in Bezug auf das Thema „Bauen mit Würfeln “untersucht werden.

3 Fallstudie

3.1 Methodologie und Rahmenbedingungen

In einer empirischen Untersuchung sollte der Einfluss digitaler Medien eingebunden in ein Stationenlernen auf die Entwicklung der Begriffe Würfel und Würfelgebäude untersucht werden. An der Untersuchung haben 28 Schülerinnen und Schüler einer 3. Klasse teilgenommen, die bereits zuvor Eigenschaften des Würfels als geometrisches

Objekt im Unterricht kennengelernt haben. Das Bauen von Würfelgebäuden war bisher noch nicht Teil des Unterrichts. Insgesamt bestand das Stationenlernen aus zwölf Stationen mit Aufgabenstellungen zum Thema Würfelgebäude. Die Stationen wurden teilweise mit den in Abschnitt 2.2 beschriebenen Programmen Tinkercad^{TM}, Klötzchen und Isometriepapier oder mit Holzwürfeln bearbeitet. Eine genauere Beschreibung der Stationen ist in Abschnitt 3.2 zu finden.
Im Fokus der Untersuchung der Begriffsentwicklungsprozesse der Schülerinnen und Schüler standen mit Bezug auf die Theorie der Subjektiven Erfahrungsbereiche nach Bauersfeld (1983) die folgenden drei Forschungsfragen:

1. *Welche subjektiven Erfahrungsbereiche können im Anschluss an das Stationenlernen bei den Schülerinnen und Schülern identifiziert werden?*
2. *Welche Eigenschaften werden den Begriffen Würfel und Würfelgebäude in den jeweiligen subjektiven Erfahrungsbereichen zugeschrieben?*
3. *Wird von den Schülerinnen und Schülern im Rahmen des Stationenlernens ein übergeordneter subjektiver Erfahrungsbereich gebildet?*

Zur Beantwortung dieser Fragen wurden im Anschluss an das Stationenlernen Einzelinterviews mit insgesamt acht Schülerinnen und Schülern geführt. Der Interviewleitfaden bestand aus einigen einführenden Fragen zur Beschreibung einzelner Stationen und der jeweiligen Aktivitäten sowie gezielten Fragen zu möglichen Unterschieden und Gemeinsamkeiten bei den Stationen und den jeweiligen Objekten, mit welchen umgegangen wurde.
Die videografierten Interviews wurden zur weiteren Analyse nach den vereinfachten Transkriptionsregeln nach Dresing und Pehl (2017) transkribiert. Die Auswertung der Daten mit Bezug auf die Forschungsfragen erfolgte mit der Methode der induktiven qualitativen Inhaltsanalyse nach Mayring (2015). Zunächst wurden auf Grundlage der Forschungsfragen zwei Oberkategorien deduktiv gebildet (siehe Tabelle 5).

Tabelle 5: Deduktiv entwickeltes System von Oberkategorien zur Analyse des Datenmaterials.

Oberkategorie	Definition	Kodierregeln
K1: Eigenschaften von Würfel und Würfelgebäude	Alle Aussagen, die Eigenschaften der Begriffe Würfel und Würfelgebäude in den einzelnen Situationen beschreiben.	Aussagen die sich auf zum Bauen verwendete Würfel und deren Merkmale beziehen
K2: Übergeordneter subjektiver Erfahrungsbereich	Alle Aussagen, die die Entwicklung oder Nichtentwicklung eines übergeordneten subjektiven Erfahrungsbereiches andeuten.	Dies umfasst Aussagen zum Thema und zu den Zielen des Stationenlernens.

Aus den Aussagen der Schülerinnen und Schüler in den Interviews wurden Unterkategorien induktiv gebildet. Die Analyseeinheit beinhaltete dabei jede sinntragende Texteinheit und das analysierte Material entsprach den gesamten acht Transkripten. Zur Kodierung wurden die relevanten Textteile paraphrasiert und anschließend generalisiert. Gleichbedeutende Aussagen wurden in einer Kategorie zusammengefasst. Das Kategoriensystem aus deduktiv gebildeten Oberkategorien und induktiv entwickelten Unterkategorien wurde schließlich am gesamten Datenmaterial überprüft. Die Ergebnisse der qualitativen Inhaltsanalyse werden in Abschnitt 3.3 zusammenfassend dargestellt, indem Definition und Ankerbeispiele für jede Kategorie angegeben werden.

3.2 Stationenlernen zum Thema Würfelgebäude

Die in der Studie verwendete Stationenarbeit zum Thema Würfelgebäude bestand aus zwölf Stationen. Der Aufbau der Stationenarbeit kombinierte sowohl digitale als auch klassische Medien und Aufgaben(formate). Für jede Station wurde dabei ein geeignetes Medium verwendet und für inhaltliche Schwerpunkte in verschiedenen Stationen versucht eine entsprechende Vielfalt zu schaffen. Die Reihenfolge der Bearbeitung der Stationen war frei wählbar. Die Kinder arbeiteten dabei mit festgelegten Partnern. Fünf Stationen waren ohne digitale Medien zu bearbeiten, drei Stationen beruhten auf der App *Klötzchen*, eine Station verwendete die App *Isometriepapier* und drei Stationen sollten mit Hilfe der Online-Anwendung *Tinkercad*^{TM} gelöst werden. Die Stationen mit digitalen Medien standen jeweils doppelt zur Verfügung, damit zu jeder Zeit alle Schülerinnen und Schüler aktiv mitarbeiten konnten. Zusätzlich gab es verschiedene Hilfsmaterialien, darunter Holzwürfel und 3D-gedruckte Würfelgebäude sowie Arbeitsblätter zum Festhalten von Ergebnissen. Es folgt eine kurze Darstellung der einzelnen Stationen. Die Reihenfolge der vorgestellten Stationen orientiert sich dabei an gemeinsamen inhaltlichen Schwerpunkten.

Ein erster Schwerpunkt liegt auf dem Bauen von Würfelgebäuden mit ihren zugehörigen Bauplänen. Bei Station 1 „Würfelgebäude nach Bauplan“ sollten dazu vorgegebene Baupläne in der App *Klötzchen* nachgebaut werden. Die linke Seite zeigt hierfür die Raumansicht (über den geführten Modus konnten Einstellungsänderungen verhindert werden) und die rechte Seite die Ansicht Bauplan (siehe Abbildung 59). Letztere war zunächst ausgeschaltet und konnte nach Fertigstellen zur Kontrolle hinzugeschaltet werden. In der Station 2 „eigenes Würfelgebäude“ konnten mit der gleichen App-Einstellung (Raumansicht/Bauplan, siehe Abbildung 59) eigene Würfelgebäude erstellt werden. Das eigene Gebäude sollte zusätzlich als Bauplan im zugehörigen Arbeitsheft notiert werden. Station 10 „Welche Reihenfolge“ sollte in *Tinkercad*^{TM} gelöst werden. Nachdem zunächst 4 Bilder in der richtigen Baureihenfolge sortiert wurden, konnte diese Reihenfolge als Bauhilfe für das Würfelgebäude im Programm genutzt werden. Ergänzend hierzu konnten die Schülerinnen und Schüler in Station 6 das Spiel *Potz Klotz* gemeinsam spielen. Nur ein Würfel des Würfelgebäudes darf bei diesem Spiel umgesetzt werden, um die eigenen Spielkarten mit vorgegebenen Gebäuden nachbauen zu können. In der Vorstellung müssen die Kinder mögliche Bauvarianten ausgehend vom vorliegenden Würfelgebäude durchspielen.

In Station 8 „Umgefallen" und Station 9 „Würfelvierlinge" wurden besondere Arten von Würfelgebäuden in den Blick genommen. Bei Station 8 sollten Anordnungen für fünf Holzwürfel auf einer 2x2 Grundfläche und bei Station 9 als Vorgabe Gebäude mit vier Würfeln erstellt werden. Diese Station sollte in der Anwendung *Tinkercad*^{TM} bearbeitet werden. Zum einen können so alle Möglichkeiten von Vierlingen auf einer Arbeitsebene dargestellt und durch Drehen der Arbeitsebene deckungsgleiche Gebäude entdeckt werden, zum anderen kann als Weiterführung mit den ausgedruckten Elementen der SOMA-Würfel erörtert werden.
Ein weiterer Schwerpunkt der Stationenarbeit liegt in der Beachtung von Würfelgebäuden aus verschiedenen Ansichten. Station 3 „versteckte Würfel" bezieht sich dabei auf die Zweitafelansicht. Zu einer gegebenen Zweitafelansicht sollen verschiedene Würfelgebäude gefunden werden. Hierzu wurde die App Klötzchen in der Einstellung (Raumansicht/ Zweitafelansicht) verwendet (siehe Abbildung 60). Station 7 „Schauen und Bauen" mit dem Spiel *Schauen und Bauen 1* aus dem Kallmeyer Verlag diente hierzu als Ergänzung. Hier mussten Quader an Hand von vier gegebenen Ansichten passend angeordnet werden. Mit Hilfe eines Drehtellers konnte diese Station auch alleine, ohne den Platz wechseln zu müssen, gelöst werden.
Die App *Isometriepapier* fand in Station 5 Verwendung, in der ohne Vorgaben Zeichnungen von Würfeln, Quadern und Würfelgebäuden angefertigt werden konnten. Die Förderung der Kompetenz der Raumvorstellung, die durchaus in allen Stationen eine Rolle spielt, stellte in den Station 4, 11 und 12 den Schwerpunkt dar. So sollten in der Station 4 „Was fehlt?" die Schülerinnen und Schüler das fehlende Stück zu einem vollständigen Würfel in *Tinkercad*^{TM} konstruieren. Als Vorgabe dienten zwei 3D-gedruckte Teilstücke eines Würfels in unterschiedlichen Schwierigkeitsvarianten (siehe Abbildung 63). In *Tinkercad*^{TM} sollte ggf. mit Hilfe von „durchsichtigen" Würfeln, eigentlichen Bohrkörpern im Programm, ergänzend dazu das Gegenstück entworfen werden (Abbildung 64). Fertige Gegenstücke wurden auf dem 3D-Drucker ausgedruckt und konnten in der darauffolgenden Stunde zur Überprüfung zusammengesteckt werden. In Station

Abbildung 63: Teilstücke des Würfels zu Station 4.

11 „Wie viele" sollten die Würfelanzahlen von gegebenen Würfelgebäuden angegeben werden, wobei gedanklich nicht sichtbare Würfel für die Statik des Gebäudes ergänzt werden. Station 12 „Versteckt" legte den sprachlichen Schwerpunkt auf das Beschreiben von Würfelgebäuden unter Zuhilfenahme von Koordinaten in Partnerarbeit.
Im folgenden Abschnitt werden die Ergebnisse aus der Datenanalyse, insbesondere die induktiv gewonnenen Kategorien, vorgestellt und auf die Forschungsfragen rückbezogen.

3.3 Ergebnisdarstellung

Anhand der Interviews konnten mit Bezug auf die erste Oberkategorie acht Unterkategorien gebildet werden, die die den Würfeln und Würfelgebäuden in den jeweiligen Situationen zugeschriebenen Eigen-

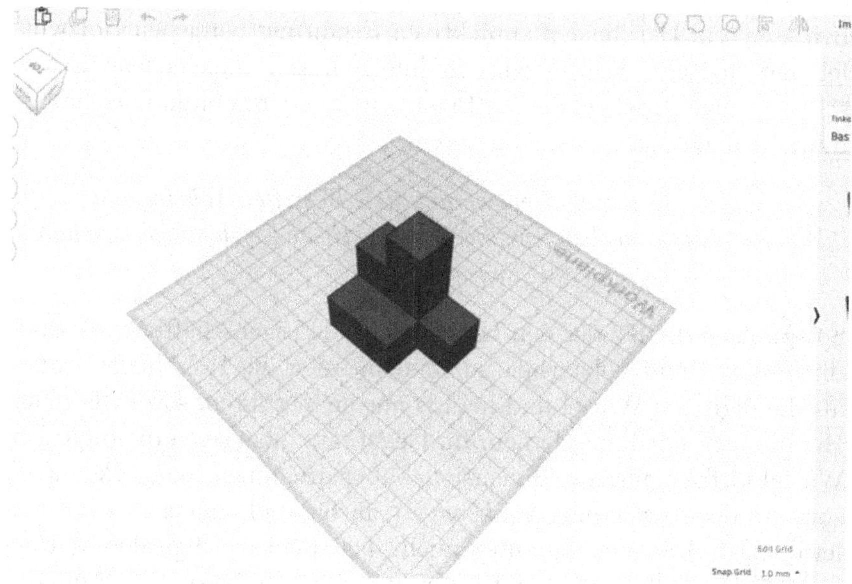

Abbildung 64: Fertige Schülerlösung des Gegenstücks zu Station 4.

schaften darstellen. Diese werden in Tabelle 6 mit jeweils einem Ankerbeispiel aufgeführt. Dabei spiegeln die Kategorien K1.1-K1.7 Unterschiede von digitalen und echten Holzwürfeln wider. Lediglich K1.8 konnte als Gemeinsamkeit - die Form der Würfel - festgestellt werden. In Bezug auf die erste Forschungsfrage

Welche subjektiven Erfahrungsbereiche können im Anschluss an das Stationenlernen bei den Schülerinnen und Schülern identifiziert werden?

konnten verschiedene Erfahrungsbereiche identifiziert werden. Diese betreffen in erster Linie die Holzwürfel und die digitalen Würfel (mit geringfügigen Unterschieden) in den Anwendungen *Tinkercad*^{TM} und *Klötzchen*. Einzelne spezifische Eigenschaften können den Aufgabenstellungen der einzelnen Stationen zugeschrieben werden. So erinnerten sich einzelne Schülerinnen und Schüler insbesondere an ihre (Lieblings-)stationen, die sie im Interview detailliert beschreiben konnten. Den beiden subjektiven Erfahrungsbereichen Holzwürfel und digitaler Würfel wurden infolgedessen verschiedene Eigenschaften zugesprochen, die zur Beantwortung der zweiten Forschungsfrage herangezogen werden konnten:

Welche Eigenschaften werden den Begriffen Würfel und Würfelgebäude in den jeweiligen subjektiven Erfahrungsbereichen zugeschrieben?

So sprachen die Kinder den Holzwürfeln die Eigenschaften real, dreidimensional und holzfarben zu. Zudem seien die Holzwürfel größer als die digitalen Würfel und man könne sie berühren, sowie als echte Handlungen mit ihnen bauen. Im Gegensatz dazu seien die digitalen Würfel virtuell, nur zweidimensional aber dreidimensional erkennbar, sowie in der Anwendung *Tinkercad*^{TM} farbig und kleiner. Viele Schülerinnen und Schüler betonten auch, dass man die digitalen Würfel nicht berühren konnte, und führten verschiedene besondere Baumöglichkeiten an, die das (virtuell-enaktive, siehe hierzu (Ladel, 2009)) Bauen mit den digitalen Würfeln ermöglicht. In *Tinkercad*^{TM} können Würfel beispielsweise schweben oder ineinander rutschen; in der App Klötzchen erscheinen oder verschwinden Klötzchen durch einfaches Tippen. Auch das gänzliche Löschen mit nur einem Klick stellte für die Kinder eine Besonderheit der digitalen Varianten dar.
Im nächsten Schritt konnten zur Beantwortung der dritten Forschungsfrage,

Wird von den Schülerinnen und Schülern im Rahmen des Stationenlernens ein übergeordneter subjektiver Erfahrungsbereich gebildet?

zwei Unterkategorien aus den Analyseeinheiten gebildet werden (siehe Tabelle 7). Schüleräußerungen, die die Entwicklung von Oberbegriffen für die Stationen, die Formulierung eines Themas für die Stationenarbeit oder auch die Zusammenfassung von Aufgaben mit verschiedenen Medien in der Beschreibung betreffen, wurden in einer Kategorie zusammengefasst. Entsprechende Aussagen können ein

Tabelle 6: Induktiv entwickelte Unterkategorien zur ersten Oberkategorie.

Kategorie	Beschreibung	Ankerbeispiel
K1: Eigenschaften von Würfel und Würfelgebäude	Alle Aussagen, die Eigenschaften der Begriffe Würfel und Würfelgebäude in den einzelnen Situationen beschreiben.	
K1.1: Unterschied Farbe	Würfel unterscheiden sich in ihrer Farbe.	„Ja, bei Computer gibt es da so welche Farbe, aber bei so welche Holz nich."
K1.2: Unterschied 2D/3D	Holzwürfel als 3D-Objekt, im Gegensatz zur 2D-Ansicht auf dem Bildschirm, die aber eine 3D-Ansicht suggeriert.	„Also es war immer, ehm, 3D, also wenn Du eh sagst, wenn du von der, von oben auf einen Würfel guckst, dann siehst du ja auch nur das (zeigt mit den Fingern einen Würfel und dann ein Viereck), mit ner Zahl drauf und dann, dass wenn das dann hinstellst dann fällts um, und wenn du das doch überall hast, dann fällts nicht um."
K1.3: Unterschied (nicht) anfassen	Würfel in digitalen Anwendungen lassen sich nicht anfassen, Holzwürfel hingegen schon.	„Ja, man konnte ihn ja halt nicht anfassen, das haben auch alle anderen gesagt, das ist aber auch klar!"

K1.4: Unterschied Bauhandlung enaktiv/ virtuell-enaktiv	Das Erstellen von Würfelgebäuden unterscheidet sich mit Holzwürfeln und digitalen Würfeln. Vor allem in Tinkercad^{TM} lassen sich Besonderheiten wie das Schweben und das Ineinanderrutschen der Würfel beobachten. Zusätzlich unterscheiden sich die Bauhandlungen in dem direkten Aufeinandersetzen, dem Medium Maus und über die Touchfunktion.	„Ja weil, ehm, da musst du nicht so auf die Maus drücken und die Würfel dann ziehen, da kannst du einfach mit die Hand sie nehmen und drehen." „Bei den anderen Würfeln in dem Computer war es immer so, da waren ja vier Würfel immer, dann hattest Du verrutscht auf die halbe Hälfte von einem kleinen Würfel." „Konnte ja dann auch um die Ecke dann bauen, dass man einen Würfel erst ma, ehm, um die Ecke schweben ließ quasi und dann da an der Seite noch was drauf baut, dass das dann stabil wird"
K1.5: Unterschied Größe	Die Würfel unterscheiden sich in ihrer Größe.	„die Würfel sind manchmal größer, manchmal kleiner"
K1.6: Unterschied Löschen	In der Anwendung Tinkercad und der App Klötzchen lassen sich Gebäude mit einem Klick entfernen.	„Weil da kann man auch alles weg"
K1.7: Unterschied real/virtuell	Schülerinnen und Schüler unterscheiden das Würfelgebäude in der Realität und im virtuellen Raum.	„am Computer und halt in Wirklichkeit, also mit den Holzwürfeln"
K1.8: Gemeinsamkeit Form	Die Form der digitalen und echten Holzwürfel wird als gleich wahrgenommen.	„Gleich war halt, dass es immer Würfel waren und wir konnten ja keine anderen, ehm, Gegenstände, wie zum Beispiel, sag ich jetzt mal ein Dreieck oder so benutzen"

Indiz für die Ausbildung eines übergeordneten Erfahrungsbereichs sein. Zusammenhangslose Aufzählungen einzelner Stationen, Medien oder Materialien ohne gegenseitige Bezugnahme wurden in einer zweiten Kategorie beschrieben. Entsprechende Äußerungen können darauf hindeuten, dass kein übergeordneter subjektiver Erfahrungsbereich gebildet wurde.
Betrachtet man die Häufigkeit der Kategorien in den Interviews, so konnte K2.1 „Oberthema "mehrfach bestimmt werden, was darauf hindeutet, dass im Rahmen einer so gestalteten Stationenarbeit überwiegend ein Oberthema von den Schülerinnen und Schülern erkannt wurde und unter Umständen ein übergeordneter subjektiver Erfahrungsbereich ausgebildet wurde. Die Verwendung verschiedenartiger Würfel mit ihren spezifischen Eigenschaften, die in der Analyse festgestellt wurden, scheint somit dem nicht entgegenzuwirken. Dieses Ergebnis muss allerdings kritisch betrachtet werden, da lediglich die Aussagen der Schülerinnen und Schüler nach der Stationenarbeit ausgewertet wurden, nicht aber ihr Vorgehen in den einzelnen Stationen. Außerdem können subjektive Erfahrungsbereiche erst verlässlich rekonstruiert werden, wenn sie bei der Interpretation von Schüleraktivitäten als isoliert voneinander auftreten. Die Rekonstruktion von übergeordneten subjektiven Erfahrungsbereichen ist somit vergleichsweise vage.

4 Fazit

Abschließend lässt sich sagen, dass die Verwendung von digitalen Medien im Stationenlernen das Potential bietet, Inhaltsbereiche auf verschiedene Art und Weise aufzubereiten und den Schülerinnen und Schülern zur Verfügung zu stellen. In der in diesem Beitrag beschriebenen Studie haben die Schülerinnen und Schüler in den einzelnen Stationen verschiedene Eigenschaften von Würfeln und Würfelgebäuden kennengelernt und diese in den Interviews geäußert. Bestimmte Eigenschaften wurden den Objekten lediglich in einzelnen Stationen zugeschrieben. Mit den Eigenschaften sind die Schülerinnen und Schü-

Tabelle 7: Induktiv entwickelte Unterkategorien zur zweiten Oberkategorie.

Kategorie	Beschreibung	Ankerbeispiel
K2: Übergeordneter subjektiver Erfahrungsbereich	Alle Aussagen, die die Entwicklung oder Nichtentwicklung eines übergeordneten subjektiven Erfahrungsbereiches andeuten.	
K2.1: Oberthema	Schüleräußerungen gehen auf ein Oberthema ein, welches in der Stationenarbeit von verschiedenen Perspektiven betrachtet wird.	„Interviewer: Okay, was hast Du heute bei uns gelernt? Schüler: Dass man mit Würfeln ganz viel bauen kann und so."
K2.2: Kein Oberthema	Schüleräußerungen sind eine zusammenhangslose Aufzählung einzelner Aktivitäten.	„Eh, wir haben mit Tablet und Computers gearbeitet. Wir haben ... mit Würfeln gearbeitet, ein paar Spiele gespielt, so was halt."

ler in der Studie im Allgemeinen reflektiert umgegangen, sodass unter Umständen ein übergeordneter subjektiver Erfahrungsbereich entwickelt wurde. Sie konnten Gemeinsamkeiten verschiedener Stationen und den darin verwendeten Materialien in Bezug auf die Eigenschaften der Würfel und der Lerninhalte verknüpfen und so von Station zu Station ihr Wissen zum Oberthema Würfelgebäude erweitern. Situationen, in denen die Isoliertheit einzelner subjektiver Erfahrungsbereiche deutlich wurde, traten nur sehr vereinzelt auf.

Die in diesem Beitrag beschriebene Fallstudie zeigt, dass das Stationenlernen mit digitalen Medien die Wissensentwicklung der Schülerinnen und Schüler fördern kann. Herausfordernd bleibt in diesem Zusammenhang die Kontextgebundenheit des entwickelten Wissens, auch wenn diese im Rahmen der Fallstudie nur vereinzelt zu isolierten Begriffen geführt zu haben scheint. Die ersten Ergebnisse können in weiteren Studien aufgegriffen werden. Hier sollten die Aktivitäten der Schülerinnen und Schüler in den einzelnen Stationen direkt in den Blick genommen werden, anstatt anschließende Interviews auszuwerten. Auf diese Weise können tiefere Einblicke in den Zusammenhang der Methode Stationenarbeit mit digitalen Medien und der Kontextgebundenheit des entwickelten Wissens gewonnen werden.

Literatur

Bauer, R. (1997). *Lernen an Stationen in der Grundschule: Ein Weg zum kindgerechten Lernen.* Berlin, Cornelsen Scriptor.

Bauersfeld, H. (1985a). Computer und Schule – Fragen zur humanen Dimension. *Neue Sammlung, 25*, 109–119.

Bauersfeld, H. (1985b). Ergebnisse und Probleme von Mikroanalysen mathematischen Unterrichts. In W. Dörfler & R. Fischer (Hrsg.), *Empirische Untersuchungen zum Lehren und Lernen von Mathematik* (S. 7–25). Wien, Hölder-Pichler-Tempsky.

Bauersfeld, H. (2000). Radikaler Konstruktivismus, Interaktionismus und Mathematikunterricht. In E. Begemann (Hrsg.), *Lernen verstehen – Verstehen lernen: Zeitgemäße Einsichten für Lehrer und Eltern* (S. 117–145). Frankfurt am Main, Peter Lang.

Bauersfeld, H. (1983). Subjektive Erfahrungsbereiche als Grundlage einer Interaktionstheorie des Mathematiklernens und -lehrens. In H. Bauersfeld, H. Bussmann & G. Krummheuer (Hrsg.), *Lernen und Lehren von Mathematik. Analysen zum Unterrichtshandeln II* (S. 1–57). Köln, Aulis-Verlag Deubner.

Bönig, D. & Thöne, B. (2018). Die Klötzchen-App im Mathematikunterricht der Grundschule – Potenziale und Einsatzmöglichkeiten. In S. Ladel, U. Kortenkamp & H. Etzold (Hrsg.), *Mathematik mit digitalen Medien – konkret: Ein Handbuch für Lehrpersonen der Primarstufe.* Münster, WTM.

Brown, J. S., Collins, A. & Duguid, P. (1989). Situated cognition and the culture of learning. *Educational Researcher, 18*(1), 32–41.

Cobb, P. (1994). Where is the mind? Constructivist and sociocultural perspectives on mathematical development. *Educational Researcher, 23*(7), 13–20.

Dilling, F., Pielsticker, F. & Witzke, I. (2019, online first). Grundvorstellungen Funktionalen Denkens handlungsorientiert ausschärfen – Eine Interviewstudie zum Umgang von Schülerinnen und Schülern mit haptischen Modellen von Funktionsgraphen. *Mathematica Didactica.*

Dilling, F. & Witzke, I. (2019). Was ist 3D-Druck? Zur Funktionsweise der 3D-Druck-Technologie. *Mathematik lehren, 217*, 10–12.

Dilling, F. & Witzke, I. (2020, online first). The Use of 3D-printing Technology in Calculus Education – Concept formation processes of the concept of derivative with printed graphs of functions. *Digital Experiences in Mathematics Education.*

Dresing, T. & Pehl, T. (Hrsg.). (2017). *Praxisbuch Interview, Transkription & Analyse: Anleitungen und Regelsysteme für qualitativ Forschende* (7. Auflage). Marburg, Eigenverlag.

Etzold, H. & Janke, S. (2019). Klötzchen, noch ein Klötzchen, noch ein Klötzchen: Lernende werden Architekten von Würfelbauwerken. *Mathematik lehren*, (215), 18–21.

Franke, M. (2011). *Didaktik der Geometrie in der Grundschule* (2. Aufl., [Nachdr.]). Heidelberg, Spektrum Akad. Verl.

Krauthausen, G. (2012). *Digitale Medien im Mathematikunterricht der Grundschule.* Berlin, Spektrum Akademischer Verlag.

Kultusministerkonferenz. (2005). *Bildungsstandards im Fach Mathematik für den Primarbereich.* München, Neuwied, Wolters Kluwer.

Ladel, S. (2009). *Multiple externe Repräsentationen (MERs) und deren Verknüpfung durch Computereinsatz: Zur Bedeutung für das Mathematiklernen im Anfangsunterricht.* Hamburg, Verlag Dr. Kovac.

Lave, J. (1988). *Cognition in Practice: Mind, Mathematics and Culture in Everyday Life.* Cambridge, Cambridge University Press.

Mayring, P. (2015). *Qualitative Inhaltsanalyse: Grundlagen und Techniken* (12., überarb. Aufl.). Weinheim, Beltz.

Núñez, R. E., Edwards, L. D. & Filipe Matos, J. (1999). Embodied cognition as grounding for situatedness and context in mathematics education. *Educational Studies in Mathematics, 39*, 45–65.

Pielsticker, F. (2020). *Mathematische Wissensentwicklungsprozesse von Schülerinnen und Schülern.* Wiesbaden, Springer Spektrum.

Pielsticker F., Hoffart, E. & Witzke, I. (2020, eingereicht). Begriffsentwicklung in der Geometrie der Primarstufe unter Einsatz neuer Medien: Eine Interviewstudie zu einer Lernumgebung im Lehr-Lern-Labor der Universität Siegen mit der 3D-Druck-Technologie. *Mathematica Didactica.*

Struve, H. (1987). Probleme der Begriffsbildung in der Schulgeometrie - Zum Verhältnis der traditionellen Euklidischen Geometrie zur „Igelgeometrie". *Journal für Mathematik-Didaktik, 8*(4), 257–276.

Walter, D. (2018). *Nutzungsweisen bei der Verwendung von Tablet-Apps.* Wiesbaden, Springer Spektrum.

Printed in the United States
By Bookmasters